DevSecOps
企业级实践

理念、技术与案例

陈能技 ◎ 著

人民邮电出版社

北　京

图书在版编目（CIP）数据

DevSecOps企业级实践：理念、技术与案例 / 陈能
技著. -- 北京：人民邮电出版社，2023.10
ISBN 978-7-115-60113-1

Ⅰ. ①D… Ⅱ. ①陈… Ⅲ. ①软件开发 Ⅳ.
①TP311.52

中国版本图书馆CIP数据核字(2022)第180844号

内 容 提 要

　　DevSecOps 在 DevOps 的基础上融入安全底线思维，是软件工程领域的前沿理论。本书系统地阐述企业实践 DevSecOps 所需的理论、技术和方法，首先从软件工程发展趋势，尤其是敏捷、DevOps 等领域的发展趋势出发，结合 DevOps 实践、DevSecOps 相关报告和标准，循序渐进地阐述 DevSecOps 理念；然后解读 DevSecOps 最佳实践，根据 DevSecOps 最佳实践涉及的重点阶段和相关技术讲解平台设计与工具应用，并结合开源、云原生等领域的流行工具介绍 DevSecOps 工具链及平台建设方法；最后以作者的实战经验和业界的实践案例介绍 DevSecOps 的实施方法。

　　本书适合有 DevSecOps 转型需求的国内 IT 从业人员阅读，包括项目管理、开发、测试、运营、安全等相关工作的 IT 从业人员，同时也适合作为 IT 培训机构和高校教授先进软件工程理论及开发运营模式的教材。

◆ 著　　　　　陈能技
　　责任编辑　　孙喆思
　　责任印制　　王　郁　马振武
◆ 人民邮电出版社出版发行　　北京市丰台区成寿寺路 11 号
　　邮编　100164　　电子邮件　315@ptpress.com.cn
　　网址　https://www.ptpress.com.cn
　　三河市君旺印务有限公司印刷
◆ 开本：800×1000　1/16
　　印张：15　　　　　　　　　2023 年 10 月第 1 版
　　字数：350 千字　　　　　　2023 年 10 月河北第 1 次印刷

定价：79.80 元

读者服务热线：(010)81055410　印装质量热线：(010)81055316
反盗版热线：(010)81055315
广告经营许可证：京东市监广登字 20170147 号

前　言

　　我们正处于"VUCA"[不稳定（volatile）、不确定（uncertain）、复杂（complex）和模糊（ambiguous）]时代，企业也处于一个易变、不确定、复杂、模糊的环境。在这样的环境下，IT 在企业数字化转型过程中发挥着越来越重要的作用，越来越多的企业开始拥抱敏捷，拥抱 DevOps。"没有网络安全就没有国家安全"，我国近几年陆续出台了《中华人民共和国网络安全法》《中华人民共和国密码法》《中华人民共和国数据安全法》等安全方面的法律法规。随着国家对安全越来越重视，DevSecOps 应运而生。

　　DevSecOps 思想源自 DevOps 但超越了 DevOps，它凝聚了国内外软件工程领域专家多年来的探索和实践精华，代表了 IT 领域最新的发展趋势。它在 DevOps 的基础上融入安全底线思维，企业采纳 DevSecOps 方法和相关技术是符合数字化发展趋势和安全合规要求的。

　　本书从 DevSecOps 基础、DevSecOps 最佳实践、DevSecOps 平台设计与工具应用以及 DevSecOps 相关的实践案例等方面，系统地阐述了企业采纳 DevSecOps 实践所需的理论、技术与方法。

　　在本书的写作过程中，我得到了中国信息通信研究院（简称信通院）、极狐信息技术有限公司（简称极狐 GitLab）和开源 GitOps 产业联盟（简称 OGA）的大力支持。本书关于 DevSecOps 领域发展趋势的内容，很多数据来源于信通院和极狐 GitLab 发布的调研报告和白皮书。在介绍 DevSecOps 相关的理论框架时，我参考了很多信通院发布的相关标准和成熟度模型，在此感谢信通院郭雪、吴江伟等领导对本书出版做出的贡献。信通院在云原生、DevOps、DevSecOps 等领域牵头制定了相关标准和白皮书，为产业发展做出了很大的贡献。

　　本书关于 DevSecOps 平台设计与工具应用的内容，极狐 GitLab 提供了不少参考素材，在此感谢极狐 GitLab 公司的陈悦、张扬、彭亮和刘峰对本书出版做出的贡献。GitLab 是业界广泛采纳的 DevOps 工具，常用于构建企业工具链。在本书定稿之际，恰逢极狐 GitLab 公司获得 A 轮融资，在此表示祝贺，并对他们联合云原生计算基金会、信通院成立 OGA 以及在推动中国开源 DevOps 生态建设方面做出的贡献表示感谢。

　　本书关于安全架构、入侵与攻击模拟等新技术领域的内容，我参考了好朋友霍光先生的公众号文章中的相关内容。霍光先生是一位安全界的老兵，他一直在关注国外最新的安全技术趋势和动态，经常给我很多启发。在此感谢他对本书出版做出的贡献，以及在安全技术研究方面的持续努力。

　　本书关于网络安全网格架构的内容得到了云帧公司的袁桥老师的支持。袁桥老师是国内第一个完整深入理解 Gartner 提出的网络安全网格架构（CSMA）趋势并创新性地基于流量微探针 UniProbe 实现 CSMA 的人。在此感谢他对本书出版做出的贡献，以及在安全技术研究方面的持续努力。

　　本书的写作得到了 OGA 的大力支持，写作之初成立了本书编委会，编委会成员郭雪、吴江伟、陈悦、张扬、彭亮、刘峰、刘则、陈贺等人在各自的领域都耕耘多年，他们为本书提供了写作素材、内容修改建议，在此向他们表示衷心的感谢。

　　在本书出版过程中，极狐 GitLab 公司陈悦、罗天璐等人付出了大量的时间与精力，做了很多资源协调和后勤保障等方面的工作，人民邮电出版社编辑孙喆思及其同事在书稿的编辑处理等方面付出了大量时间与精力，在此向他们表示衷心的感谢。

资源与支持

资源获取

本书提供如下资源：

- 本书思维导图；
- 异步社区 7 天 VIP 会员。

要获得以上资源，您可以扫描下方二维码，根据指引领取。

提交勘误

作者和编辑尽最大努力来确保书中内容的准确性，但难免会存在疏漏。欢迎您将发现的问题反馈给我们，帮助我们提升图书的质量。

当您发现错误时，请登录异步社区（https://www.epubit.com/），按书名搜索，进入本书页面，点击"发表勘误"，输入勘误信息，点击"提交勘误"按钮即可（见下图）。本书的作者和编辑会对您提交的勘误进行审核，确认并接受后，您将获赠异步社区的 100 积分。积分可用于在异步社区兑换优惠券、样书或奖品。

图书勘误		发表勘误
页码： 1	页内位置（行数）： 1	勘误印次： 1
图书类型： ◉ 纸书 ○ 电子书		

添加勘误图片（最多可上传4张图片）

+

提交勘误

全部勘误 我的勘误

与我们联系

我们的联系邮箱是 contact@epubit.com.cn。

如果您对本书有任何疑问或建议，请您发邮件给我们，并请在邮件标题中注明本书书名，以便我们更高效地做出反馈。

如果您有兴趣出版图书、录制教学视频，或者参与图书翻译、技术审校等工作，可以发邮件给本书的责任编辑（sunzhesi@ptpress.com.cn）。

如果您所在的学校、培训机构或企业，想批量购买本书或异步社区出版的其他图书，也可以发邮件给我们。

如果您在网上发现有针对异步社区出品图书的各种形式的盗版行为，包括对图书全部或部分内容的非授权传播，请您将怀疑有侵权行为的链接发邮件给我们。您的这一举动是对作者权益的保护，也是我们持续为您提供有价值的内容的动力之源。

关于异步社区和异步图书

“异步社区”（www.epubit.com）是由人民邮电出版社创办的 IT 专业图书社区，于 2015 年 8 月上线运营，致力于优质内容的出版和分享，为读者提供高品质的学习内容，为作译者提供专业的出版服务，实现作者与读者在线交流互动，以及传统出版与数字出版的融合发展。

“异步图书”是异步社区策划出版的精品 IT 图书的品牌，依托于人民邮电出版社在计算机图书领域多年的发展与积淀。异步图书面向 IT 行业以及各行业使用 IT 技术的用户。

目　录

第 1 章

DevOps 基础

DevSecOps 是开发、安全和运营的一体化,是 DevOps 概念的延展和理念的提升。为了更好理解 DevSecOps,我们首先应该理解 DevOps 的含义。

1.1 从瀑布到敏捷,从敏捷到 DevOps

DevOps 起源于开发和运营的融合,通过合并开发与运营实战,消除隔离,让团队统一关注点,聚集于提升产品交付的效能,是一种新型的软件生产与交付的协作方式。

1.1.1 软件的生产力

软件行业的发展至今不足百年的时间,相比传统行业,尤其是工业,成熟度还不算高。软件工程的学者和从业人员一直在摸索成熟的行业解决方案,从早年的软件质量工程、能力成熟度模型集成(Capability Maturity Model Integration,CMMI)到前几年流行的敏捷、精益等方法,无不在尝试解决软件行业的诸多痛点,但是效果不是很理想,这印证了 Fred Brooks 所说的"没有银弹"。Fred Brooks 在 1987 年发表的一篇关于软件工程的经典论文 "No Silver Bullet—Essence and Accidents of Software Engineering",该论文强调真正的"银弹"并不存在,而所谓的"没有银弹"是指没有任何一项技术或方法可以让软件生产力在 10 年内提高 10 倍。

Brooks 的理念触碰了软件行业的本质问题之一:软件工程的生产力。生产力是衡量某行业发展水平的重要指标,观察当今软件行业的发展水平,生产力低下,生产过程为手工作坊模式。例如,某移动运营商客户的业务运营支持系统(Business & Operation Support System,BOSS)因为系统规模庞大、业务逻辑复杂、业务流程关联性强、业务操作步骤多,致使新需求无法快速、高效、准确地得到满足,往往一个需求需要经过 2~3 个月的开发才能上线。而软件行业衍生出所谓的"外包行业"存在价格无序竞争和管理混乱等问题,导致软件的生产力水平低下。

1.1.2 从瀑布到敏捷

DevOps 思想可以说是敏捷开发思想的延伸和扩展,接下来我们来回顾一下敏捷开发思想的发展历程,以便更好地理解 DevOps 和软件工厂的理念。

谈敏捷开发思想就不得不谈瀑布模型。瀑布模型的问题在于,它假设项目只经历一个过程,而且架构是优秀且易于使用的，设计是合理可靠的，编码实现在测试过程中是可以随时修改和调整的。换句话说，瀑布模型假设错误全发生在编码实现阶段，因此在单元测试和系统测试中修复代码缺陷很容易。瀑布模型的价值交付方式如图 1-1 所示，在系统验证完成之前，瀑布模型的价值交付是基本处于不可用状态的半成品，对最终用户而言价值为零，无法及时反馈。随着时间的推移，在整体系统交付客户的阶段才体现出可用价值，但是往往在这个阶段会暴露出很多前期阶段隐藏的问题和缺陷，这些问题和缺陷很难在后期阶段进行更改，尤其是需求、架构层面的问题和缺陷。

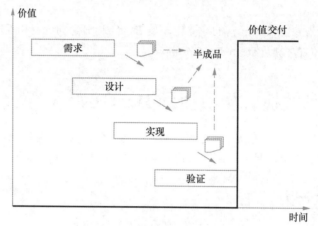

图 1-1　瀑布模型的价值交付方式

从项目管理的角度来看，它将各种工作角色隔绝，人们无法看到各个职责之间的关联性，更侧重于将工作扔到"瀑布"下游团队。因此，各个团队更像"我们与他们"式的独立团队，这带来的结果就是，"现在的"工作是"我们的"，"以后的"工作是"他们的"。

1.1.3　DevOps 的源起

2007 年，比利时的独立 IT 咨询师 Patrick Debois 开始注意开发团队和运营团队之间的问题。当时，他参与了比利时一个政府下属部门的大型数据中心迁移项目，在这个项目中，他负责测试和验证工作，他既要和开发人员一起工作，还要和运营人员一起工作。他第一天在开发团队要保持敏捷的节奏，第二天又要以传统的方式维护这些系统，这种工作环境的切换令他十分沮丧。他意识到开发团队和运营团队的工作方式和思维方式有巨大的差异：开发团队和运营团队处于不同的工作模式和环境，又坚守着各自的利益，所以同时在这两种环境下工作经常经历各种冲突。作为一个敏捷的拥趸，他逐渐明白了如何改进自己的工作。

2008 年 6 月，O'Reilly 公司举办了首届 Velocity 技术大会，这次大会主要围绕 Web 应用的性能和运营展开，分享在构建和运营 Web 应用时提升其性能、稳定性和可用性上的最佳实践。大会吸引了来自 Austin 的几个系统管理员和开发人员，他们对大会中分享的内容十分感兴趣，因此记录下了所有的演讲内容，并分享到一个名为 The Agile Admin 的博客上，博客内容以敏捷在系统管理工作中的应用为主。同年 8 月，Patrick 在 Agile Conference 2008 上结识了 Andrew Shafer，他们一起建立了一个名为 Agile System Administration 的谷歌讨论组。这个阶段可以认为是 DevOps 在业界的思潮萌芽阶段。

2009 年 6 月，在第二届 Velocity 技术大会上，来自 Flickr 的 John Allspaw 和 Paul Hammond 一起做了一个题为 "10+ Deploys Per Day：Dev and Ops Cooperation at Flickr" 的演讲，用 Flickr 的实践证明了 Dev 和 Ops 可以有效地协同工作，共同提升软件交付的效能。Patrick Debois 受此大会的启发，发起了名为 DevOpsDays 的会议，会议很成功，业界持续讨论相关话题。由于推特有字符数的限制，因此大家就把推特上的话题#DevOpsDays 简写成了#DevOps，于是 DevOps 一词便在社区中慢慢传播开了。这个阶段可以认为是 DevOps 在业界的崭露头角阶段。

关于 DevOps 相关的方法、技术和实践，可以参考笔者编著的《大规模组织 DevOps 实践》一书。

1.2 DevOps 的实践方法论

在理解了软件工程实践方法从瀑布到敏捷、DevOps 的发展之后，我们来看看 DevOps 实践方法的 3 个原则和 5 个理念。

1.2.1 DevOps 的 3 个原则

在 DevOps 领域开创性的著作《DevOps 实践指南》中，合著者 Gene Kim、Jez Humble、Patrick Debois 和 John Willis 描述了支撑 DevOps 的 3 个原则。他们通过研究制造行业内成功的生产线和软件开发的最佳实践，为软件工程行业建立了这些原则。

- 第一个原则是使用从左到右的流程流。在这一原则下，构成高效率流程的重点是将代码审查、单元测试、自动化测试等质量保障手段集成到部署流水线中，从而降低交付版本的风险。
- 第二个原则是使用从右到左的反馈机制，允许开发人员和运营人员预测和解决问题，而不是等待问题在生产环境中发生。
- 第三个原则是提供一个持续学习和实验的环境，允许开发人员和运营人员不断改进开发和运营，作为流程的一个嵌入部分。

1.2.2 DevOps 的 5 个理念

在《DevOps 实践指南》发布之后，Gene Kim 的《独角兽项目：数字化转型时代的开发传奇》将 DevOps 的原则扩展为 5 个共同定义 DevOps 核心价值的理念。

- 第一个理念是 DevOps 团队具有局部性和简单性。为了能够独立地为客户构建、测试和部署价值，DevOps 团队需要避免依赖大量其他团队、人员和流程。每个 DevOps 团队都可以做出自己的决定，而无须其他人的批准。DevOps 促进了组件的解耦以简化开发和测试，并建议将数据实时提供给需要数据的人以高效完成任务。

- 第二个理念是 DevOps 团队必须专注、流畅和快乐。这意味着他们必须摆脱阻碍他们完成任务能力的限制：同时从事多项活动或在从事一项活动时受到多次干扰。受到这种限制的个人不太可能达到高标准，如果团队能够不受干扰地专注于个人行动，他们就会从流畅的工作中获得快乐。这有助于团队为客户创造价值。

- 第三个理念是 DevOps 团队应改善日常工作。这一理念侧重于减少技术债务，包括安全漏洞。技术债务如果得不到解决，将会增加到让大多数或所有日常工作都围绕它来交付功能、修复缺陷和减轻风险的程度。因此，团队日常工作的很大一部分必须涉及投资开发人员的生产力和减少技术债务。在《DevOps 实践指南》中，Gene Kim 确定了 4 种类型的工作：业务相关的（如创建新功能）、IT、基础设施改进和计划外工作。计划外工作会分散团队的注意力，并表现为大量的技术债务。

- 第四个理念是 DevOps 团队不应该害怕开放和诚实。这是心理安全的本质，与其发展出一种"责备、重名誉和羞耻"的团队文化，不如让个人能够直言不讳，且不必担心受到影响。在 DevOps 团队中加强开放文化很重要，这样问题一旦出现，就会暴露并被修复。

- 第五个理念是 DevOps 团队应以客户为中心。DevOps 团队有两种类型的客户：外部（从交付给他们的功能中受益的付费客户）和内部（在价值流中承接前者交付物的下游个人或团队，例如运维人员就是开发人员和测试人员的下游）。通过关注输出的直接消费者，有更多的机会获得即时反馈，从而带来更好的客户体验。

1.3 DevOps 解决的问题

DevOps 不是某个作者或专家想象出来的管理框架或产品，而是诞生于解决实际问题的过程。目前，不同组织应用 DevOps 试图解决的问题主要有 3 类：缩短市场响应时间、减少技术债务和消除系统脆弱性。

1.3.1 缩短市场响应时间

传统 IT 部门遵循"为成本而优化（optimize for cost）"的模式，而 DevOps 组织遵循"为速度而优化（optimize for speed）"的模式，具体包括减少批量大小、减少交接次数、持续识别和消除损失、自动化所有例行的运维工作、实现团队内部专业人员可替换、拥有自给自足的团队，其中自给自足的团队包含产品人员、开发人员、测试人员、运维人员、安全人员等，即上线产品不需要依赖外部团队。

1.3.2 减少技术债务

技术债务是在团队成员选择一个非最优的方案来解决问题以缩短开发时间时产生的。这是一个自然的过程，问题是累积的非最优方案将导致 IT 产出逐步退化，从而导致产品质量降低。

DevOps 追求持续重构程序代码，重视在操作中取得的经验以及与构造新功能同等重要的、用来消除之前所造成的瓶颈的工作。DevOps 强烈推荐"尽可能频繁地直面问题",以防出现这样一种情况:每个人都知道问题就在那儿,却没有人着手去处理。

1.3.3　消除系统脆弱性

在组织中,与业务收益相关的最重要的系统往往是最脆弱的。由于业务中断的风险高,系统对停机零容忍,以及持续发生的变更和改进与这些系统关联紧密,因此降低这些系统的脆弱性非常困难。

DevOps 以一种激进的方式反对脆弱性:完全消除。在 DevOps 中,代码和系统作为一个整体,在某个时刻是全功能的,如果接下来的变更破坏了性能,就要马上回滚并让系统恢复正确工作。DevOps 的实践会有意地将混乱和不稳定因素引入生产环境,目标 IT 系统必须以独立和快速的方式做出反应,探测到故障并恢复系统的正常运作,在理想情况下用户是无感知的,当然也不会丢失数据。

1.4　DevOps 现状及发展趋势

在了解了 DevOps 的实践方法和价值之后,我们来看下 DevOps 近几年的发展情况和趋势。

1.4.1　中国 DevOps 现状

根据中国信息通信研究院(简称信通院)发布的《中国 DevOps 现状调查报告(2021 年)》(受访企业以互联网企业、金融企业、运营商等为主),我们可以发现如下信息。

中国企业 DevOps 落地实践成熟度向全面级继续扩张。调查结果显示,目前成熟度处于全面级的企业占 35.40%,同比增长 8.84%;16.53%的企业成熟度处于优秀级;0.87%的企业成熟度处于卓越级。

超八成企业已在不同程度上实践敏捷开发,同比增长近三成。调查结果显示,在采用 DevOps 的企业中,32.24%的企业已经使用敏捷开发了一段时间;28.82%的企业已有一半以上的团队具备较高水平的敏捷开发能力;22.04%的企业的所有团队已经熟练掌握敏捷开发。

超六成企业能够在项目过程中实现调整需求顺序或置换需求。调查结果显示,36.88%的企业在项目过程中可以定期调整需求顺序和置换需求;15.95%的企业在项目全程随时可以调整需求顺序和置换需求,并实现全过程可视化管理。

企业广泛采用实体化敏捷团队,并以持续交付更多业务价值为发展方向。调查结果显示,超七成企业具有实体化敏捷团队,同比增长两成。

Sprint 迭代成为继发布计划、看板/任务板、每日站会之后第四位应用超半数的敏捷管理实践。调查结果显示,Sprint 迭代、发布计划、看板/任务板、每日站会这 4 位应用占比分别为 51.38%、67.01%、66.14%和 62.43%,而 2020 年的应用占比分别为 40.47%、60.06%、52.96%和 57.91%,普及程度明显提高。

超半数企业培训或实践过 **Scrum** 和看板敏捷管理理论。调查结果显示，培训或实践过 Scrum 和看板敏捷管理理论的企业占比分别为 53.88% 和 50.00%。

持续集成是最受欢迎的敏捷工程实践，与自动构建、单元测试、持续部署一起占据敏捷工程实践的前四。 这 4 种敏捷工程实践在所调查的企业中的采用占比分别为 85.16%、81.61%、81.53% 和 80.66%

企业重视采用需求和项目管理工具、协作工具以及文档知识库工具提升开发效率与质量。 调查结果显示，在需求和项目管理工具方面，49.67% 的企业使用 Jira；在协作工具方面，52.24% 的企业使用微信，45.96% 的企业使用钉钉；在文档、知识库工具方面，31.34% 的企业使用 Confluence。

多数企业将源代码、应用配置、构建和部署自动化脚本均纳入版本控制系统进行统一管理。 调查结果显示，31.81% 的企业将源代码、应用配置、构建和部署自动化脚本均纳入版本控制系统；23.43% 的企业将源代码、应用配置、构建和部署自动化脚本、数据变更脚本、环境配置等均纳入版本控制系统；仅有 2.32% 的企业将源代码分散在本地自行管理。

近九成企业将构建产物纳入统一制品库进行规范管理，同比增长一成，并且企业对制品晋级管理关注度上升。 调查结果显示，26.05% 的企业将构建产物以唯一版本号纳入统一制品库进行规范化管理；30.62% 的企业将构建产物、构建依赖组件等所有交付制品纳入统一制品库进行规范化管理；17.14% 的企业将所有交付制品纳入统一制品库进行规范化管理，并且实现制品晋级管理；13.55% 的企业将所有交付制品纳入统一制品库，实现制品晋级管理，并且具有完善的开源合规的制品管理。

大部分企业的变更管理过程逐渐清晰，但是具备统一的工作项管理系统的企业仅三成，这导致企业变更过程可视化和全过程数据分析能力不足。 调查结果显示，30.71% 的企业已建立代码基线，有统一的工作项管理；29.02% 的企业所有代码变更均关联工作项；19.29% 的企业已使用统一的工作项管理系统并贯穿软件生命周期；10.09% 的企业已支持可视化变更生命周期和全程数据分析管理。

企业自动化构建能力普及，提交即构建采用率为 66.30%。 调查结果显示，14.57% 的企业已实现代码提交自动触发构建，不同分支的代码构建频率可根据团队需要自定义调整；31.13% 的企业实现代码提交自动触发构建，且按需制定构建计划，团队可自定义调整；20.60% 的企业仅实现代码提交自动触发构建。

企业自动化构建能力进步升级可以推动企业构建频率提升。 调查结果显示，在采用人工构建的企业中，75.12% 的企业构建频率为不定期执行构建，构建周期长；在采用脚本实现自动化构建的企业中，25.59% 的企业能够实现每日自动构建，构建周期明显缩短；在支持多种构建方式、持续优化构建服务平台的企业中，62.41% 的企业具备代码提交自动触发构建、不同分支的代码构建频率根据团队需要自定义调整的能力。

企业持续集成平台自服务化，助力组织级交付能力提升。 调查结果显示，19.03% 的企业有专门的持续集成团队负责维护持续集成平台；24.67% 的企业实现持续集成平台自服务化；而 31.18% 的企业已经在此基础上提升组织级交付能力，实现能够持续优化和改进团队的持续集成服务。

近三成企业已实现每天多次向代码主干集成，较去年增长 10%。 调查结果显示，27.74% 的企业每天多次向代码主干集成，即可按需集成；23.89% 的企业任何变更（代码、配置或环境）都会触发完整的持续集成流程；20.97%的企业每天至少一次向代码主干集成。

软件质量被企业持续关注，持续集成问题普遍在 1 天内完成修复。调查结果显示，近九成企业能在 1 天内修复持续集成问题，其中，25.78%的企业一般能在半天到 1 天内修复持续集成问题；25.49%的企业能在半天内完成修复持续集成问题；22.22%的企业能在半小时内完成修复持续集成问题；10.09%的企业能在 10 分钟内修复持续集成问题。

近七成企业的团队已实现代码扫描、单元测试和接口测试自动化，但模糊测试、混沌测试和全链路测试等仍待提升。调查结果显示，68.79%的企业实现了代码扫描自动化；68.50%的企业实现了单元测试自动化；64.29%的企业实现了接口测试自动化。

测试阶段持续左移，越来越多的企业使用单元测试，并且接口/服务级测试覆盖率高。调查结果显示，26.34%的企业以单元测试为主，接口/服务级测试覆盖率高；24.31%的企业的接口/服务级测试在接口开发完成后进行；20.13%的企业测试在开发前介入，代码级和接口/服务级测试均在代码开发时同步进行。

虚拟机和容器技术被广泛应用。调查结果显示，超过八成的企业使用了虚拟机和容器技术，同比增长约 5%。

近五成企业实现部署发布自服务化。调查结果显示，45.46%的企业实现部署发布自服务化，仅有 3.78%的企业人工完成所有环境的部署。

超七成企业的持续交付流水线包括构建、部署和测试等多个环节。调查结果显示，43.65%的企业的持续交付流水线中包括自动化构建、部署、测试等环节；另外，17.23%的企业的持续交付流水线可以直通生产环境；14.57%的企业在此基础上实现了智能调度，并持续优化。

近五成的企业变更前置时间小于 1 周。调查结果显示，7.99%的企业变更前置时间小于 1 小时；11.55%的企业变更前置时间为 1 小时到 1 天；21.28%的企业变更前置时间为 1 天到 1 周。

部署频率为 1 周到 1 个月一次的企业占比超六成，同比增长近一成。调查结果显示，6.19%的企业平均 1 天到 1 周在生产环境部署一次；28.25%的企业平均 1 周到 2 周在生产环境部署一次；32.90%的企业平均 2 周到 1 个月在生产环境部署一次。

GitLab、Maven、Jenkins 和 Docker 是实践较广泛的持续交付工具。调查结果显示，这 4 种工具应用占比分别为 53.45%、59.33%、64.20%和 55.48%。

企业监控管理趋于完备，自动化、智能化决策能力亟待增强。调查结果显示，超过八成的企业具备全面的监控管理能力，监控已覆盖至系统、应用与接口日志等；仅二成的企业实现了监控告警平台的智能化与自动化决策。

近七成企业实现统一的标准化的监控数据采集管理，部分具备数据采集传输保障及智能化分析运维全生命周期数据的能力。调查结果显示，仅有 19.48%的企业的数据监控管理现状是分散的；34.25%的企业具有统一的标准化的监控数据采集、存储及应用；17.44%的企业具备监控大数据的基础运维能力；12.12%的企业具备用智能化技术分析运维全生命周期数据的能力。

企业持续重视事件与变更管理能力建设，可视化能力不足问题仍然突出。调查结果显示，目前占比最多的是有完善的事件与变更管理流程的企业，占比 37.00%，同比增长 14.21%；23.49%的企业具备覆盖全生命周期的事件与变更管理能力，流程与场景部分实现自动化和可视化；10.55%

gnmgnn88gnЉА

的企业深度规范化，部分场景实现智能化技术应用。

不足四成企业具备自动化配置管理系统/平台，企业智能化配置管理和关联分析能力较弱。调查结果显示，18.77%的企业具有自动化配置管理平台；13.70%的企业具备智能识别配置对象的关联关系的能力，其配置信息能为技术运营活动提供决策支持；仅有 9.11%的企业具有智能化配置管理，支持场景智能生成配置对象的关联规则和提供准确的决策依据。

企业重视容量和成本管理的关联分析、柔性服务及灵活管控能力。调查结果显示，超七成企业支持全生命周期的容量和成本管理，同比增长近一成，其中 35.04%的企业具有技术运营全生命周期的容量和成本管理，有规则和流程支持；25.34%的企业具备灵活管控成本的能力；15.21%的企业支持全链路的容量管理能力。

超三成企业结合监控实现自动化扩缩容的高可用管理，同比增长两成。调查结果显示，16.74%的企业能够结合监控自动扩缩容，自动梳理系统拓扑结构；20.82%的企业实现了动态扩容自动化，并采用分布式缓存、分表分库等技术，实现了同城多机房实时数据备份、异地数据备份；仅有 10.68%的企业实现了全面自动化和智能化的高可用管理。

业务连续性管理能力仍待健全，半数企业恢复时间目标（Recovery Time Objective，RTO）在 99.9%以下。调查结果显示，21.99%的企业具有基础的业务影响分析与业务风险分析能力，故障恢复时间较长；29.18%的企业整体 RTO 达到 99.9%；19.66%的企业整体 RTO 达到 99.95%；13.70%企业整体 RTO 达到 99.99%；仅有 8.08%的企业整体 RTO 达到 99.995%。

仍有近三成企业处于快速处理关于用户体验的投诉问题的阶段，对用户体验管理的重视程度应继续加强。调查结果显示，仍处于快速处理关于用户体验的投诉问题的阶段的企业占比 26.56%，同比下降 14.52%；27.33%的企业具有端到端全链路事件埋点，提升部分场景的用户体验；9.73%的企业引入人工智能技术，建立业务领域级别的用户体验类知识图谱或专家系统。

自动化运维工具可以帮助企业更稳定、更安全和更高效地完成监控、分析和服务保障。调查结果显示，Elastic、Zabbix、Grafana、Logstash 和 Prometheus 是较受欢迎的 5 种自动化运维工具，其应用占比分别为 43.01%、36.58%、34.25%、30.41%和 29.32%。

Spring Boot 和 Spring Cloud 仍占据当前企业为实现微服务所选择的技术的前两席。调查结果显示，有超过四成企业使用 Spring Boot 或 Spring Cloud 实现微服务，使用 Spring Boot 和使用 Spring Cloud 的企业占比分别为 54.94%和 44.23%，同比分别增长 23.72%和 10.26%。

近七成企业应用架构由专业人士设计，仍有超两成企业应用架构按经验简单拆分成若干可独立开发和编译的功能模块。调查结果显示，19.52%的企业应用架构由专业人士设计和进行模块拆分，各模块可以通过本地进程间通信独立部署；25.95%的企业应用架构由专业人士设计，对设计质量有明确的度量流程，应用各模块通过网络进行通信、独立部署和运行；18.78%的企业应用架构由专业人士设计，能够将系统复杂度降到最低，对应用架构拆分情况形成持续反馈与改进机制。

多数企业均有接口规范和管理流程，越来越多的企业使用统一的接口开发与管理平台。调查结果显示，仅有 1.53%的企业无接口规范和管理流程；34.33%的企业有接口规范和管理流程，并强制实施；27.69%的企业有接口规范和管理流程，使用统一的接口开发和查询平台；14.48%的企业有接口规范和管理流程，使用统一的接口开发与管理平台，并实现各个模块自动注册接口相关信息和自动校验。

　　超七成企业的应用可实现不同程度的自动扩缩容，部分企业能够根据系统部分特征自动生成扩缩容策略。调查结果显示，24.90% 的企业可人工修改应用部署配置，由系统实现应用的自动扩缩容；根据应用的部分特征指标自动生成扩缩容策略、采用自动化方式进行扩缩容的企业占比 28.51%，同比增长 6.42%；具有多维度自动扩缩容策略、采用自动化方式按需进行扩缩容占比 20.03%，同比增长 6.20%。

　　企业重视应用故障修复能力建设，超六成企业具有统一的故障修复平台。调查结果显示，31.00% 的企业有统一的日志规范、统一的故障修复平台，可利用工具辅助分析故障；18.22% 的企业的应用日志支持全链路追踪，单个应用系统可自动处理部分故障，同比增长 6.87%；12.81% 的企业的应用日志支持图形化展示全链路追踪信息，实现了自动预警、故障定位和故障自动修复。

　　超六成企业实现了对整体应用性能管理的优化设计。调查结果显示，33.78% 的企业对整体应用性能进行了系统化的、全方位的设计；15.30% 的企业支持性能循环管理，建立了制度化的性能设计流程；12.39% 的企业建立了完善的性能设计流程，并支持对性能指标的自动化实时分析。

　　五成以上的企业尝试实践 DevSecOps。调查结果显示，53% 的企业引入了 DevSecOps。

　　企业关注安全能力建设，近五成的企业有专业安全团队，较去年增长一成。调查结果显示，42.48% 的企业具有专门的安全管理团队与安全主管，其中 23.01% 的企业具有高级别的安全管理组织及不同方向的安全专家团队，仅有 13.63% 的企业具有对行业作出突出贡献与业界影响力较大的安全专家团队。

　　企业关注代码安全性、安全测试与漏洞扫描、第三方开源库的安全性、设计符合安全标准和规范等方面的安全内容，外部威胁与攻击、个人信息保护也受到企业重视。调查结果显示，关注代码安全性（76.46%）、安全测试与漏洞扫描（73.10%）、第三方开源库的安全性（66.73%）、设计是否符合安全标准和规范（64.25%）、数据安全（63.89%）、需求是否包括安全相关需求（59.65%）、安全监控（57.88%）、外部威胁与攻击（56.64%）以及个人信息保护（54.51%）这 9 个方面的安全内容的企业均超过半数。

　　企业自动化安全测试持续向全流程覆盖演进，可帮助企业尽早发现问题，避免安全风险。调查结果显示，55.09% 的企业在代码开发阶段添加了自动化安全测试，同比增长 14.51%；50.79% 的企业在构建与集成阶段引入自动化安全测试，同比增长 10.79%；49.66% 的企业在质量保证（Quality Assurance，QA）/测试阶段引入自动化安全测试；42.83% 的企业能够在应用架构设计阶段就引入自动化安全测试。

　　源代码静态安全检测、容器镜像安全扫描和 Web 应用防火墙（Web Application Firewall，WAF）成为企业应用较广泛的 DevSecOps 技术实践。调查结果显示，这 3 种 DevSecOps 技术实践具体应用占比为 52.57%、44.25% 和 42.30%。

　　半数企业具有完善的数据安全管理要求和流程，但自动化、智能化地识别、预测和处置数据安全风险的能力不足。调查结果显示，26.59% 的企业具有数据安全管理要求和数据安全管控机制；34.43% 的企业具有完善的数据安全管理要求和流程，可对数据进行全生命周期安全管理，并具有自动化数据安全管理工具。

九成以上企业在软件开发过程中进行安全需求管理，但企业的自动化管理能力和智能化威胁建模能力亟待提升。调查结果显示，27.35%的企业进行安全需求分析和安全设计评审；22.65%的企业具有完善的威胁建模分析方法；24.29%的企业对安全需求进行自动化管理，具有标准化的威胁建模方法和工具以及标准化安全功能组件；21.63%的企业在软件开发过程中的安全管理具备智能化能力；仅有 4.08%的企业在软件开发过程中无安全管理。

超六成企业具有完善的安全测试工具链，并实现对源代码、依赖组件及配置的安全管理。调查结果显示，26.86%的企业具有完善的安全测试工具链，并部分集成到流水线，安全测试结果可自动化展示；23.11%的企业持续集成/持续交付（Continuous Integration/Continuous Delivery，CI/CD）流水线中自动化集成较完善的安全测试工具，具有集中的漏洞管理平台；16.48%的企业将安全管理纳入开发交付全过程，并具有智能化的全过程安全交付平台。

企业重视对安全运营监控平台的建设，但智能化运营安全风控平台的感知、决策及处置能力不足。调查结果显示，29.84%的企业具有安全运营中心（Security Operation Center，SOC），具备完善的情报监测、威胁发现、告警及应急响应流程；25.42%的企业具有安全监控及告警管理平台，定期进行安全扫描和漏洞修复；16.53%的企业具有智能化运营安全风险管控平台，可智能化感知、决策和处置运营过程风险等。

安全工具百花齐放，其中代码安全工具、主机安全工具及 Web 安全工具等应用较广，容器安全、交互式应用安全测试和网络流量分析技术等应用率较低。调查结果显示，代码安全工具 Coverity、主机安全工具绿盟、代码安全工具 Fortify 以及 Web 安全工具 AppScan 是企业应用最为广泛的 4 种安全工具，占比分别为 32.74%、31.86%、23.36%和 23.36%。

1.4.2 DevOps 发展方向

尽管 DevOps 包含 IT 领域的大量技术和方法，但是它更多是一种协作文化和企业管理的理念和思路，也正因如此，DevOps 的应用框架不是一成不变的，它会随着技术和工具的发展而不断革新，不断适应新的软件开发环境和市场需求。整体来看，未来 DevOps 应用发展将呈现自动化、数据化、一体化、智能化四大趋势。这四大趋势分别对应目前软件开发和运营领域人工参与较多、量化指标不够清晰、开发运营链条有待完善和智能化程度尚待提高这 4 个主要问题。DevOps 应用的最终目标是最大限度地减少人对无意义、重复工作的参与并提高软件开发和运营工作的有效性。

- 自动化。尽管自动化的开发和运营流程在我国已经过多年沉淀，但目前 IT 部门仍有大量的任务是通过人工完成的，这加大了出错的可能。DevOps 在未来将通过与机器人流程自动化（Robotic Process Automation，RPA）相结合，进一步提高开发运营效率。
- 数据化。随着 DevOps 工具的自动化升级，企业将能够从软件开发和运营过程中收集到更多一线数据，然后通过整理和分析生成指导未来 IT 工作的有效信息，形成"开发—数据—开发效能提升"的工作闭环。
- 一体化。一体化的 DevOps 平台和统一标准的工作流更加符合 IT 从业人员的提效需求。目前在软件开发和运营市场以及相关领域的开源社区中已经存在大量获得广泛认可的工具，然而这些工具在过程衔接和平台适配方面还有很大的提升空间。

- 智能化。目前人工智能在诸多领域的应用都体现出显著的人工替代效能，即利用机器替代重复性的工作，这与 DevOps 在软件工程领域的目标高度一致。人工智能在 DevOps 领域的运营将进一步提升 IT 从业人员的工作效率和体验。

1.5　DevOps 相关标准规范

在 1.4.1 节我们提到：中国企业 DevOps 落地实践成熟度向全面级继续扩张。这离不开国内 DevOps 领域的标准化水平提升，本节将介绍国内 DevOps 领域相关的标准规范。

1.5.1　DevOps 能力成熟度模型

目前业界尚未对 DevOps 的规范达成一致。2013 年，OASIS（Organization for the Advancement of Structured Information Standards，结构化信息标准促进组织）推出的 TOSCA（Topology and Orchestration Specification for Cloud Applications，云应用拓扑编排规范）反映了 DevOps 的思想。2018 年，DevOps 标准项目——"研发运营一体化（DevOps）能力成熟度模型"在中国通信标准化协会立项成功，信通院牵头制定和发布了总体架构、敏捷开发管理、持续交付、技术运营、应用设计等部分的标准。

DevOps 能力成熟度模型覆盖端到端软件生命周期，是一套体系化的方法论、实践和标准的集合。DevOps 能力成熟度模型的总体架构可划分为 3 部分，即过程（包括敏捷开发管理、持续交付、技术运营）、应用架构（包括应用设计、安全风险管理）和组织结构（包括评估方法、系统和工具），如图 1-2 所示。

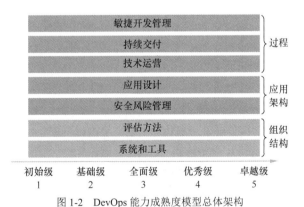

图 1-2　DevOps 能力成熟度模型总体架构

下面介绍 DevOps 能力成熟度模型定义的相关内容。

（1）敏捷开发管理从需求管理、计划管理和过程管理 3 个维度，关注需求到开发阶段的有序迭代、灵活响应和价值的快速交付，具体如下。

- 需求管理细分为需求收集、需求分析、需求与用例以及需求验收 4 个方面。其中，需求收集从单个需求点、需求全貌、需求的管理、人员机制和工具能力 5 个维度进行评估；需求分析从需求内容与形式、需求协作、需求的管理、人员机制和工具能力 5 个维度进行评估；需求与用例从需求与用例编写、需求用例验证、需求与用例的管理、人员机制和工具能力 5 个维度进行评估；需求验收从需求验收频率、需求验收范围、需求验收反馈效率、人员机制和工具能力 5 个维度进行评估。

- 计划管理细分为需求澄清与拆解、故事与任务排期以及计划变更 3 个方面。其中，需求澄清与拆解从需求澄清的时间、内容的完备性、协作情况、人员机制和工具能力 5 个维度进行评估；故事与任务排期从排版要素、排版容量、排版管理、人员机制和工具能力 5 个维度进行评估；计划变更从变更决策、应对变更、减少变更、人员机制和工具能力 5 个维度进行评估。

- 过程管理细分为迭代管理、迭代活动、过程可视化及流动以及度量分析 4 个方面。其中，迭代管理从迭代时间周期、迭代协作机制、迭代流程改进、人员机制和工具能力 5 个维度进行评估；迭代活动从迭代活动约定、迭代活动时间约定、迭代活动范围、人员机制和工具能力 5 个维度进行评估；过程可视化及流动从过程可视化、过程价值流动、迭代过程改进、人员机制和工具能力 5 个维度进行评估；度量分析从度量粒度、度量范围、度量驱动持续改进、人员机制和工具能力 5 个维度进行评估。

（2）持续交付关注软件集成交付环节，通过配置管理、构建与持续集成、测试管理、部署与发布管理、环境管理、数据管理、度量管理领域的能力建设和工程实践，保证软件持续、顺畅、高质量地完成发布，具体如下。

- 配置管理细分为版本控制、版本可追踪性两个方面。其中，版本控制从版本控制系统、分支管理、构建产物管理、单一可信数据源 4 个维度进行评估；版本可追踪性从变更过程、变更追溯、变更回滚 3 个维度进行评估。

- 构建与持续集成细分为构建实践、持续集成两个方面。其中，构建实践从构建方式、构建环境、构建计划和构建职责 4 个维度进行评估；持续集成从集成服务、集成频率、集成方式和反馈周期 4 个维度进行评估。

- 测试管理细分为测试分级策略、代码质量管理以及测试自动化 3 个方面。其中，测试分级策略从分层方法、分层策略和测试时机 3 个维度进行评估；代码质量管理从质量规约、检查策略、检查方式和反馈处理 4 个维度进行评估；测试自动化从自动化设计、自动化开发、自动化执行和自动化分析 4 个维度进行评估。

- 部署与发布管理细分为部署与发布模式、持续部署流水线两个方面。其中，部署与发布模式从部署方式、部署活动、部署策略和部署质量 4 个维度进行评估；持续部署流水线从协作模式、流水线过程和过程可视化 3 个维度进行评估。

- 环境管理从环境类型、环境构建以及环境依赖与配置管理 3 个维度进行评估。

- 数据管理细分为测试数据管理、数据变更管理两个方面。其中，测试数据管理从数据来源、数据覆盖、数据独立性和数据安全 4 个维度进行评估；数据变更管理从变更过程、兼容回滚、版本控制和数据监控 4 个维度进行评估。

- 度量管理细分为度量指标、度量驱动改进两个方面。其中，度量指标从度量指标定义、度量指标类型、度量数据管理和度量指标更新 4 个维度进行评估；度量驱动改进从报告生成方式、报告有效性、报告覆盖范围和反馈改进 4 个维度进行评估。

（3）技术运营关注软件发布后的环节，涉及运营成本服务、高可用架构服务、用户体验服务、客户服务、监控服务、产品运行服务和运营数据服务，保障良好的用户体验，打造持续的业务价值反馈流。

（4）应用设计主要从 API、应用性能、应用扩展、故障处理 4 个维度进行评估，良好设计的应用架构有助于系统解耦和灵活发布，也是高可用系统的核心能力。

（5）安全风险管理主要从控制通用风险、控制开发过程风险、控制交付过程风险、控制技术运营过程的安全风险 4 个维度进行评估，端到端的安全考量和全局规划，可以让安全发挥更大的价值，并真正助力全价值链。

（6）评估方法是通过各个维度的指标打分之后评价企业在 DevOps 成熟度方面能达到的级别，具体如下。

- 1 级：初始级，在组织局部范围内开始尝试 DevOps 活动并获得初期效果。
- 2 级：基础级，在组织较大范围内推行 DevOps 实践并获得局部效率提升。
- 3 级：全面级，在组织内全面推行 DevOps 实践并贯穿软件生命周期获得整体效率提升。
- 4 级：优秀级，在组织内全面落地 DevOps 并可按需交付用户价值达到整体效率最优化。
- 5 级：卓越级，在组织内全面形成持续改进的文化并不断驱动 DevOps 在更大范围内取得成功。

（7）系统和工具主要从项目与开发管理、应用设计与开发、持续交付、测试管理、自动化测试、技术运营 6 个维度进行评估。

1.5.2 DevOps 解决方案标准

2020 年，信通院发布了《DevOps 解决方案标准》，该标准规范了 DevOps 解决方案平台及工具应具备的服务能力，覆盖了项目管理域、应用开发域、测试域、运营/运维域和安全能力等应用开发运营全生命周期的能力子域，其中每个子域包含数个二级模块，每个二级模块力求描述覆盖开发运营解决方案中的某个环节或工具，如图 1-3 所示。整个标准包含 34 个二级模块，共计 550 个能力要求项。该标准根据平台及工具满足的能力要求项，将 DevOps 解决方案平台及工具具备的服务能力分为 3 个级别：基础级、增强级和先进级。34 个二级模块的描述如下。

1. 项目管理域

需求管理：在开发过程中对用户需求进行管理。

任务管理：对不同开发阶段的任务进行管理。

文档管理：对架构设计、操作手册、产品说明等文档材料进行管理。

缺陷管理：对发现和解决软件生命周期内发生的缺陷的过程进行管理。

度量管理：对开发运营过程中的可执行指标进行提取和量化。

项目管理：对多个关联项目进行集中管理与协调管理。

版本迭代管理：对集成版本进行管理。

知识库：提供成员知识共享的平台，用于企业知识管理，通过可协作文档将知识积累沉淀，提高企业运营效率。

图 1-3 应用开发运营全生命周期的能力子域与二级模块

2. 应用开发域

集成开发环境：解决方案提供的开发环境，开发人员可以开箱即用进行应用的开发。

代码托管：为开发人员提供在线代码托管服务。

代码评审：对完成开发的代码进行评审、审批的流程。

编译构建：为开发人员提供将源代码转换为可执行程序的能力。

流水线：解决方案提供的可视化、可定制的自动化流水线编排能力。

部署发布：为应用部署提供标准化和自动化的能力以及对发布到生产环境的过程进行管理。

移动端发布管理：将客户端安装包推送到用户移动端的能力。

制品管理：管理软件源代码编译构建后的产物的能力。

3. 测试域

用例管理：对测试过程中涉及的用例进行管理。

数据管理：对测试过程中涉及的数据进行管理。

代码扫描：对代码进行安全检查的能力，通过对代码进行质量检查，提供改进意见，保证代码开发阶段不因为代码漏洞影响整个建设。

接口测试：对 API 的功能、性能和安全性进行测试。

UI 测试：对 UI 风格、通用性、准确性、美观性和易操作性进行测试。

适配测试：对应用的移动端适配性进行测试。

单元测试：对开发过程中某个模块、某个函数或某个类进行正确性检验测试。

性能测试/客户端性能测试：通过借助特定的系统或工具对客户端平台或程序进行测试。

4. 运营/运维域

资源管理：对应用发布运行期间所需的 IT 资源进行调度和管理，以保证 IT 资源的高效利用。

监控管理：在开发运营过程中对应用、资源、配置等不同状态进行采集、分析和可视化。

变更管理：对整个请求生命周期内的变更请求进行管理，旨在最大程度地减少因实施变更而对现有 IT 服务造成的不良干扰，确保使用标准化方法和步骤来处理变更。

日志管理：对开发运营过程中应用日志、业务状态日志进行收集、管理和分析。

配置管理数据库：存储与管理企业 IT 架构中设备的各种配置信息，它与所有服务支持和服务交付流程都紧密相连，它支持流程的运转，发挥配置信息的价值，同时依赖于相关流程保证其数据的准确性。

故障管理：对应用发生的故障进行管理，旨在尽快恢复正常服务运营。

5. 安全能力

身份认证：对用户提供身份认证能力，便于人员安全管理。

安全审计：对与安全有关的活动和执行关键操作行为的相关信息进行识别、记录、存储和分析。

权限控制：开发运营平台可对不同用户、角色进行功能和权限的控制，对不同的租户进行资源有效隔离。

高可用：通过故障检测、数据备份等手段保障可用性。

1.5.3 信息技术服务开发运维技术要求

2018 年 ITSS（Information Technology Service Standards，信息技术服务标准）发布了《信息技术服务开发运维技术要求》，规定了信息技术服务开发运维的技术要求，包括产品应具备的功能、应满足的性能要求以及应提供的集成接口，架构如图 1-4 所示。该要求适用于如下场景：

- 信息技术服务开发运维工具的开发、测试或选择；
- 评价信息技术服务组织的开发运维整体技术支撑能力；
- 可单独选择进行评价的模块，包括源代码审查、SQL 审查、单元测试、持续集成、持续部署、性能测试、数据环境管理、制品库管理、接口管理等。

根据图 1-4，DevOps 产品应包括持续规划、持续集成、持续部署、持续测试和持续反馈的基础功能模块，具体如下。

- 持续规划模块应通过自身实现或整合工具平台的方式具备项目管理、需求管理、开发任务管理和 API 管理的能力，从而达到对业务需求的变化进行持续变更管理的能力。
- 持续集成模块应通过自身实现或整合工具平台的方式具备版本管理、编译构建、代码审查和单元测试的能力。
- 持续部署模块应通过自身实现或整合工具平台的方式具备发布管理、脚本管理、制品库管理和编排调度的能力。
- 持续测试模块应通过自身实现或整合工具平台的方式具备测试管理、测试自动化的能力。

- 持续反馈模块应通过自身实现或整合工具平台的方式具备报表管理、KPI（Key Performance Indicator，关键绩效指标）管理的能力。

另外，DevOps 产品还应具备用户管理、权限管理、通知管理、基础设施管理等功能。

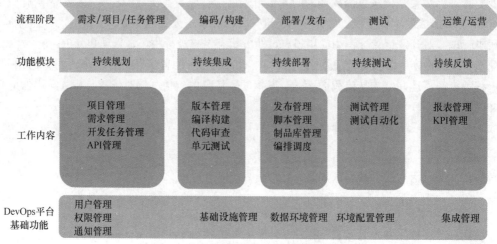

图 1-4 信息技术服务开发运维技术要求架构

DevOps 产品应从架构设计的角度适当分层，如业务服务层、工具服务层、数据服务层、度量层等。业务服务层应包括如下内容：

- 应支持组件的自定义模型、组件参数输入与输出定义；
- 应支持业务链路的用户自定义组装；
- 应支持 3 种以上业务链路驱动策略，如定时驱动、人工驱动、变更驱动等；
- 应支持业务链路分权控制，不同的角色只能管控它所归属的业务链路信息；
- 应支持业务链路的状态、运行日志和运行结果的实时查看；
- 应支持业务链路运行记录的摘要信息查看和详细信息查询；
- 应支持业务的审核、管控；
- 应支持信息或者运行结果变更后的信息通知，至少支持一种通知方式，如电子邮件、短信、微信等；
- 应支持数据交互推送或者定时加载这两种模型；
- 宜支持业务链路的第三方 API 调用；
- 宜支持与管理流程结合，实现信息双向互通；
- 宜支持业务链路节点的定时模型；
- 宜支持标准化的 API 服务模型；
- 宜支持数据度量、自动计算和聚合；
- 宜支持业务链路的节点重置、暂停、终止、再次运行等业务操作。

工具服务层应包括如下内容：

- 应支持工具根据业务请求动态驱动；

- 应支持工具所生成的日志信息的采集；
- 应支持工具运行的状态以及结果数据的分析与采集；
- 宜支持工具的负载均衡；
- 宜支持工具热插拔模型，增加或者减少工具不会对平台架构产生任何影响；
- 宜支持日志过大而进行数据分片传输模型；
- 宜支持工具心跳服务，避免工具僵死而引发业务中断。

数据服务层应包括如下内容：
- 应支持不同的业务节点的数据独立存储；
- 应支持运行结果业务信息的关联存储；
- 应支持数据逻辑的存储；
- 应支持业务统计数据的存储；
- 应支持数据一致性的管理；
- 宜支持数据订阅服务；
- 宜支持动态数据的模型存储；
- 宜支持数据消费接口的拉取。

度量层应包括如下内容：
- 应支持不同组件架构的项目质量的度量，例如部门、产品、系统和项目的分层度量；
- 应支持整体业务链路的过程度量，例如从需求、设计、集成、部署、测试和运维整体度量；
- 应支持不同版本或者每次代码提交之间的数据横向度量，例如一个分支多次提交后的质量的度量趋势等；
- 宜支持度量问题的自动创建和自动关闭；
- 宜支持质量与人之间进行关联，支持人的行为分析，例如将质量的问题与人进行关联，分析具体的人的开发质量、代码习惯等；
- 宜支持跨项目度量分析，分析和度量企业或者不同部门之间的共性问题。

第 2 章

从安全视角看 DevOps

DevOps 是为提升软件的开发和运营效率而诞生的，其初衷就是满足软件快速交付和持续迭代的需求。DevOps 的主要特点是追求敏捷、迭代快速，但其忽视了安全检查。DevOps 倡导开发与运营之间的协作，却没有要求安全部门参与双环流程。DevOps 的这些特点，导致许多安全问题相继出现，例如在快速迭代的过程中，大量引入第三方组件会将组件中存在的漏洞和不合规的许可声明引入软件，形成潜在风险；DevOps 实践中对容器技术和微服务架构的使用，也会不可避免地引入安全风险，如容器逃逸漏洞和 API 爆炸式增长等。面对这些问题，我们需要从安全的角度出发，进一步完善 DevOps，以满足新时代、新技术和新趋势下软件的开发、运营和应用。

DevSecOps 是一套基于 DevOps 体系的软件安全实践框架，2012 年由 Gartner 提出，它是一种融合了开发、安全及运营相关最佳实践的全新的软件安全管理模式。2016 年 9 月，Gartner 发布报告 "DevSecOps: How to Seamlessly Integrate Security into DevOps"，这是业界首次对 DevSecOps 进行详细的解释。DevSecOps 的核心理念为：安全是 IT 团队（包括开发、测试、运维及安全团队）全员的责任，贯穿软件生命周期的每一个环节。

DevSecOps 并非简单的 DevOps+Sec。DevSecOps 需要将安全融入开发和运营过程，安全应该存在于每一环节。如果只是单纯地认为 DevSecOps 是在 DevOps 流程中加入安全工具，以及安全工具的集成平台和管控平台，那显然是不足的。如果只是在技术环境中加入安全技术，依赖大量安全人员解决相关的安全问题（尤其是开发阶段），那么安全依然独立于 DevOps 流程之外，这就成了 DevOps+Sec，而非 DevSecOps。

DevSecOps 应该将安全人员从开发流程当中解放出来，通过提前配置的规则，让安全能够自动化地赋能开发流程。在提高开发和运营相关人员的安全意识与安全能力后，通过简单易用的安全工具，让安全成为 DevOps 流程的一部分，而非安全人员独立的行为。

2.1 从 SDL 到 DevSecOps

同样是贯穿全流程，早年提出的安全开发生命周期（Security Development Lifecycle，SDL）理念在 DevOps 模式下略显不足。但是如果认为 DevSecOps 是将安全人员与 DevOps 团队合并为一个团队，那么这个模型太简单了，无法描述安全在 DevOps 中的作用。DevSecOps 认为：安全是由一群多学科的个人组成的，每个人都有自己的特定角色。

2.1.1 DevOps 对 SDL 的挑战

SDL 是在开发和测试的各个环节加入安全要求的技术点，通过安全人员的参与来降低产品中出现安全漏洞的风险，而不是所有开发人员和运营人员参与，模型如图 2-1 所示。

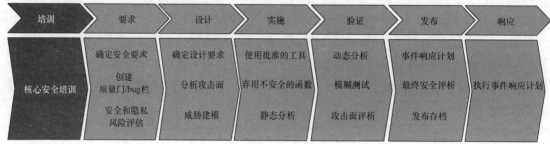

图 2-1 SDL 模型

SDL 与 DevSecOps 的区别如表 2-1 所示。

表 2-1 SDL 与 DevSecOps 的区别

	SDL	DevSecOps
适用对象	软件安全开发生命周期	DevOps 体系中周期较短、迭代较快的业务
安全责任	特定安全团队	开发、运营所有人员参与
体系特点	安全集成在软件开发的每一个阶段，整体提升安全性	DevOps 体系中融入安全，实现安全工具自动化、平台化
体系重点	整体安全管理制度搭配安全人员能力，从而达到软件开发安全	DevOps 体系中嵌入自动化安全工具，实现 DevOps 体系的安全

目前，DevOps 模式对传统 SDL 的挑战主要体现在如下几个方面：

- 设计工作不足，导致安全评估难以展开；
- 高频率的交付让安全工作无法介入；
- 云、微服务、容器等技术的广泛应用带来新的安全问题，需要新的安全能力；
- 安全的职责分离原则被挑战。

随着网络攻击的范围不断拓宽，攻击的类型逐渐多样化、复杂化，虽然在法律法规的设计层面加强了网络信息安全防护要求，但在软件开发实践中，传统的安全流程往往因为跟不上软件频繁发布和更新的步伐，成为制约 DevOps 流程提速的短板，或者因为需要敏捷和高效率而被开发人员直接跳过。

DevSecOps 的理念是将安全能力有机地融入 DevOps 流程中，通过自动化、智能化的方法使安全成为开发和运营中的内生部分，以统一的流程实现对安全防护的兼顾。在云原生时代，内生安全性将成为衡量企业 DevOps 成熟度的重要指标。

2.1.2 SRE 与 DevOps

SRE（Site Reliability Engineering，站点可靠性工程）和 DevOps 一起使用时可提供最佳价值。这是谷歌的报告"Accelerate State of DevOps"的主要结论之一，该报告研究了企业如何使用 DevOps 实践。在 2021 年的"Accelerate State of DevOps"报告中，基于对 32 000 名专业人士的调查，确定了 DevOps 和 SRE 可以用来实现卓越运营的最佳实践。

谷歌的报告最重要的发现可能是：DevOps 和 SRE 不是一个非此即彼的命题。尽管有些人将两者混为一谈，或者认为一个比另一个更重要，但谷歌表示现代组织需要 SRE 和 DevOps。"SRE 和 DevOps 是高度互补的，我们的研究证明了它们的一致性，"报告补充提出，"SRE 推动了 DevOps 的成功。"

诚然，谷歌的报告强调 SRE 的重要性并不奇怪。谷歌发明了 SRE 并出版了一系列图书来帮助普及这个概念，谷歌鼓励企业接受 SRE 是有道理的。另外，报告并不认为 SRE 比 DevOps 更重要。报告提出企业需要两种类型的角色，可以将此理解为谷歌承认仅靠 SRE 并不能解决问题。

在某些方面，SRE 和安全之间存在紧张关系。最大的可靠性并不总是转化为最大的安全性。然而，有趣的是，2021 年的"Accelerate State of DevOps"报告得出的结论是，当组织将安全性融入其可靠性流程时，可靠性结果要好得多。另外，报告提出"达到或超过其可靠性目标的精英执行者在开发过程中集成安全性的可能性是未达到其可靠性目标的两倍"。

对协调可靠性与安全性的需求让 DevSecOps 变得比以往任何时候都更加重要。我们不能尝试优先考虑其中一个，而要寻找通过通用流程实现这两者的方法，从而让系统尽可能可靠和安全。企业应该考虑如何将 SRE 与 DevOps、安全集成，鼓励云创新并建立风险容忍文化，以此为企业带来更大的价值。

2.1.3 DevSecOps 支撑体系

DevSecOps 实践需要组织、流程、技术和治理 4 个维度的支撑。

1. 组织

DevSecOps 落地需要有与之适应的组织结构与文化，并将安全纳入日常活动和软件生命周期的管理过程中。这个维度的实践要素包括：

- 文化培训；
- 沟通和合作；
- 全面的安全和质量保证；
- 从成功和失败中学习；
- 接受反馈和用户驱动。

组织文化是 DevSecOps 在落地实践推进过程中所面临的一大挑战，如何处理团队之间的沟通协作问题是影响 DevSecOps 实践能否成功的关键。在实际工作中，团队协作相关的冲突屡见不鲜，主要协作问题之一是开发团队和安全团队之间的冲突，例如开发团队认为安全团队会不客观地判断和批评他们所做的工作、开发人员对失去开发工作的自主权感到不满等。组织中存在部门孤岛式的工作文化是实践 DevSecOps 的障碍，这些孤岛阻碍了业务相关者之间频繁、有效的沟通与协作。

另外，由企业不重视安全导致的工作人员安全意识不足，阻碍了安全工作的开展。在典型的软件开发过程中，安全性被视为一种非功能性的需求。软件安全性通常是在软件开发完成后进行评估。然而，在采用 DevSecOps 时，需要进行思维和行为模式的转换，其中安全性被给予更高的优先级。因此，在采用 DevSecOps 时，需要进行许多文化和行为上的改变。在人员安全意识没有完成转变的情况下，就会出现人员的意识与 DevSecOps 的要求不匹配的情况。

DevSecOps 提倡开发人员参与安全保障过程，并承担相应职责。然而，开发人员缺乏相应的安全技能和知识阻碍了这一目标的实现，缺乏安全技能和知识的开发人员并不知道该如何实现高安全性的软件，即便他们有意愿加强软件的安全性也无能为力。与此同时，安全人员缺乏开发经验增加了开发人员与安全人员之间产生冲突的可能。

2. 流程

DevSecOps 尚无固定的实践流程，不同企业、不同项目的 DevSecOps 流程都可以因时因势做出调整。根据任务环境、系统复杂性、系统架构、软件设计模式、风险容忍度和系统成熟度的不同，每个系统的生命周期都有自己独特的管理流程。但是 DevSecOps 典型的最佳流程，需要在设计、开发、测试和运维的多个迭代阶段逐步实现并完善。流程维度的实践要素包括：

- 协同设计；
- 测试驱动开发；
- 通用且自动化的任务流程；
- 持续改进和集成；
- 持续的过程自动化。

由于 DevSecOps 还涉及灵活性、复杂性和依赖性，因此同时实现安全性和敏捷性就成了一个难题，在很多场景下，安全性和敏捷性之间会表现出不兼容性。DevOps 的关键目标之一是释放速度，但许多安全测试过程不可避免地会消耗一定的时间，特别是那些需要人工输入和确认的环节。例如，早期的自动化渗透测试工具虽然可以快速完成渗透测试，但需要人工配置和评估输出。

在 DevSecOps 体系中，除 DevOps 所包含的持续集成、持续部署和持续运营之外，持续安全评估也是不可或缺的实践内容。然而，持续安全评估过程并没有行业权威或标准化的实践方案，组织通常需要自主设计一套适合自身的方案，对于如何将安全措施内嵌在 DevOps 管道中，目前缺乏行业标准和共识。由于 DevSecOps 实践并没有行业标准的方案，因此组织只能按照自己的经验，自主设定安全度量指标，其科学性难以评估和验证。对安全度量指标看法的分歧，进一步加深了安全团队和开发团队之间的矛盾。

3. 技术

在 DevSecOps 实践中，技术扮演着缩短软件生命周期和提高效率的关键角色，结合使用各类技术能够提高开发、测试和部署各环节的自动化和安全水平，在加快开发、测试和部署速度的同时，有效提升软件的安全性，减少人工工作量，提高效率，降低成本。技术维度的实践要素包括：

- 尽量使用工具；

- 自动化和可编排；
- 云原生和容器化；
- 架构即代码；
- 安全即代码。

组织在考虑进行 DevSecOps 实践之前，通常已经使用安全工具，但传统的安全工具往往无法适应以敏捷性、流程安全性等为特点的 DevSecOps 体系，传统的安全工具需要经过进一步的优化改造，才能融入 DevSecOps 体系，适应新的流程。

在 DevSecOps 中，由于需要快速和连续地发布，因此自动化起着重要的作用。为了实现这一目标，DevOps 中的持续集成、持续交付和持续运营等在很大程度上是自动化的。然而，安全实践的自动化有其自身的困难，许多安全实践，在传统实现过程中是需要人工执行的。目前难以完全实现自动化的安全实践包括但不限于安全隐私设计、安全需求分析、威胁建模和渗透测试等。

4. 治理

在整个 DevSecOps 生命周期中我们需要评估和管理与任务计划相关的风险，治理活动在整个软件生命周期中持续进行。治理维度的实践要素包括：

- 治理能力内生；
- 统一的策略管控；
- 云原生和容器化；
- 数据驱动验证；
- 增强可视化能力；
- 继承式认证和授权。

开发团队、安全团队和运营团队的融合协作，导致风险管理更加复杂。例如，与传统体系相比，开发人员在 DevSecOps 体系中的角色发生了变化，现在他们可以获得部分生产环境的信息和权限。而更多的人接触生产环境意味着更大的风险，开发人员可以通过访问用于控制环境的生产设置或治理工具来对生产环境造成影响。因此随着 DevSecOps 中角色的变化和团队的融合，内部威胁所导致的风险会相应增加。

与人员融合造成风险提升类似的是，技术与工具通过流程进行融合，会导致攻击面的扩大。例如，持续交付（CD）阶段的一个关键安全问题是 CD 管道本身的安全漏洞。CD 管道的大部分技术组件在具有多个开放式 API 的环境中运行，由于其开放性，这些组件容易受到各种恶意攻击，因此理论上 CD 管道扩大了攻击面。另外，很多组织中大多数项目团队成员都可以访问 CD 管道配置，但由于缺乏安全知识和意识，这些成员也对基础设施和应用构成了威胁。

2.1.4 DevSecOps 工作过程的六大要点

规范：制定详细的安全计划和工作规范、流程。

代码：采用安全代码库，检查可能的安全漏洞。

构建：采用自动化安全构建工具。

测试：运行完整的安全测试流程。

运维：定期安全检查和运维升级。

监控：软件生命周期监控和漏洞实时响应。

2.1.5 DevSecOps 的 3 层方法论

《DevOps 实践指南》介绍了 DevOps 3 步工作法：流动（从左至右为开发、测试、发布、预生产、生产）、反馈（从右至左及时向前反馈）、持续学习和分享提升，帮助组织进行 DevOps 转型。而在 *DevSecOps: A leader's guide to producing secure software without compromising flow, feedback and continuous improvement* 一书中，作者 Glenn Wilson 提出了 DevSecOps 的 3 层方法论。

第一层：安全教育（security education）。这一层描述了可以在组织内提供教育的各种方式，以促进大家对安全的深刻理解；讨论了为团队提供的不同学习方法，从游戏化在线培训到举办锦标赛，以及建立安全冠军（security champion）角色，让大家将理论付诸实践。

第二层：通过设计保证安全（secure by design）。这一层侧重于解决方案的设计方面，开发人员必须在工作中应用最佳开发实践，以将安全设计到他们开发的应用和服务以及托管这些产品的基础设施中。

第三层：安全自动化（security automation）。这一层介绍了各种应用安全测试工具，以及多种集成基础设施代码测试自动化的方法，并且引入了安全测试金字塔（如图 2-2 所示），还探索了 DevOps 框架内的告警、监控和漏洞管理等的自动化方法。

图 2-2 安全测试金字塔

基于 DevSecOps 的 3 层方法论，企业可以将安全文化和安全实践嵌入组织。同时，DevSecOps 的 3 层方法论可以帮助决策者将安全集成到 DevOps 3 步工作法中，提高组织开发的产品的安全性。

1. 安全教育

"知识就是力量。"通过了解攻击者可能如何利用应用或基础设施中的弱点，开发人员能够实现更安全的代码编写方式。尽管采用良好的设计原则可以部分解决易受攻击的代码问题,但开发人员往往不知道为什么以特定方式编写代码是不可取的。例如,虽然他们可能知道使用不可变对象是可接受的设计实践,但他们可能不理解从安全角度遵循这种实践的重要性。同样,如果在应用程序中编写了不一致的校验规则,它们就会变得难以管理,开发人员可能会选择一条阻力最小但无效的验证路径。

如果 DevOps 团队知道要做什么,但不知道为什么要做,甚至不知道如何做,那么他们就不太可能实现特定的逻辑或算法,即使这是最安全的方法。因此,开发人员学习编写安全代码的基础知识并理解编写不安全代码的后果是很重要的。同样,运维人员必须精通维护开发人员工作的安全环境,无论是 CI/CD 流水线还是部署软件的基础设施。出现安全漏洞的主要原因之一就是让未经培训的人员来维护软件和系统安全,然而现实是企业可能既没有提供必要的安全培训,也没有提供足够的时间让人员学习安全知识和安全技术。

教育对于涉及一定技术能力的所有角色都很重要。管理人员希望技术人员对可用的最新(和最好)的工具有深入的了解,例如现代框架、最新的开发语言和众多的云解决方案。管理人员通常乐于将新技能作为团队目标的一部分,特别是在他们以产品更具竞争优势或更具成本效益(例如更快为目标添加新功能)时。某些课程,如安全培训,通常被视为迫不得已要做的事情,例如为了满足监管机构或合规性的要求。当前,新技术经常发布,新的攻击载体暴露了这些技术更复杂的漏洞,持续学习对于组织的长期商业成功至关重要。如果没有学习策略,组织就有可能被竞争对手超越,或者更糟糕的是,有被攻击的风险。

2. 设计保障安全

良好的设计原则。将良好的设计原则集成到产品的架构和开发中是编写安全代码的基本要求。应用程序代码和基础设施代码,如果编写得好,是抵御来自攻击者的多重威胁的一道防线。相反,设计糟糕的应用、服务和基础设施可能会成为组织的致命弱点,使企业和用户面临攻击。技术人员应该了解良好编码实践的基本原则,并了解什么是不良编码实践,以便在工作中避免。

安全缺陷与任何其他缺陷一样,有些是晦涩难懂的,可能是由组织内使用的底层技术的编程语言、运行时版本等细微差别造成的。例如,编码语言不区分大小写,错误输入的参数名称可能会导致应用或服务出现错误。也有一些缺陷是由低质量的架构设计或编码错误引入的,这将导致应用陷入意外或不稳定的状态,然后被攻击者利用。此类缺陷的一个常见示例是缓冲区溢出,它允许攻击者控制应用的内存栈。在应用运行期间始终控制应用状态至关重要。这涉及明确应用程序流中每个决策点的结果。开发人员通常会关注主路径,而不会考虑由无效用户输入、不可用资源(如 API 和数据库)或意外的异常导致的坏路径。

安全设计从应用扩展到容器和基础设施,良好的设计原则对于构建基于容器的架构及其底层托管平台至关重要。许多容器技术中的默认设置并不安全,这意味着我们必须对系统的设计和实施方式做出明智的决定。当架构与安全控制直接相关时,确保开发人员遵守良好的设计原则就显得尤为重要。如果安全控制薄弱,应用很容易成为攻击的目标。安全控制普遍存在于整个价值流中,从开发阶段内置于应用的控制到运行时保护应用的控制。安全措施包括保护源代码或保护应用运行时,它们还扩展到用户与应用的交互,如身份认证和授权过程。

健壮的设计基于简单性。在编写软件时，过度设计会导致很多复杂性问题。开发人员会经常使用巧妙的变通方法来解决技术问题，而不是专注于仅满足业务需求的简单的方法。在基础设施中也会出现类似的情况，因为运营人员在配置环境时会构建复杂的规则。不幸的是，这些解决方案很少被记录，这意味着团队中的其他成员或不同团队的人很难理解一段代码是如何编写的，或者网络是如何配置的。众所周知，增加复杂性会增加引入难以发现的漏洞的风险。

使用开源软件是降低复杂性的常用解决方案，但是如果管理不当，会引入另一个级别的风险。开发人员经常搜索公共仓库以查找解决特定问题的现有第三方解决方案。将这些开源组件合并到代码库中可以降低开发人员试图模拟的任务的复杂性。开发人员还应该对他们的代码进行同行评审，以检查是否存在过度的复杂性。在评审期间，开发人员应该能够解释代码编写方式的业务原因。如果他们花费过多时间解释代码是如何"深入了解"的，那么他们很可能花费了太多时间过度设计他们的代码。有些所谓经过"安全设计"的架构以交付为先，安全性次之。当开发人员在时间紧迫的情况下向市场发布新功能或产品时，这种情况很常见，结果是技术债务增加，导致代码质量和系统安全性螺旋式下降。

威胁建模。DevOps 工程师应该熟悉攻击者搜索的安全漏洞类型，以降低漏洞被利用的风险。在设计新产品或现有产品的新功能时，必须了解设计中固有的风险，以便在软件生命周期的早期消除或降低这些风险。威胁建模是开发人员评估产品或功能的设计，可用于识别威胁并确定如何构建针对它们的保护的过程。业界有几种威胁建模的方法，Adam Shostack 在《威胁建模：设计和交付更安全的软件》一书中描述了一种方法，该方法引入了一个 4 步框架，旨在"与软件开发和运营部署保持一致"，具体如下。

（1）正在建造什么？为正在变更的系统建模。

（2）可能会出什么问题？使用常用的威胁建模方法发现威胁。

（3）我们能做些什么？根据风险偏好来应对威胁。

（4）威胁分析是否正确？使用安全测试程序验证威胁。

为了从威胁建模中获得最佳结果，所有致力于评估产品或功能的 DevOps 工程师都应该花费大量时间进行威胁建模练习。该过程从让开发人员绘制产品的数据流图（dataflow diagram，DFD）开始，需要特别注意静态或在途的数据，然后是映射数据流经的安全边界，如 API 协议，以及在这些安全边界内应该有权访问的参与者。关注数据很重要，因为攻击者的目标是数据，攻击者可能泄露个人详细信息（包括凭据）或篡改数据，如购物篮、金融交易甚至源代码。

安全边界定义了共享相同特权级别的区域和发生特权变化的地方。识别这些很重要，因为攻击者会利用特权访问控制中的弱点寻找访问系统不同区域的方法。例如，用户可以查看自己的购物篮，但无权访问其他用户的购物篮。而执行团队需要查看许多用户的购物篮才能处理他们的订单。攻击者通过寻找弱点，冒充用户的身份，然后获得与执行团队一样更高的访问权限，以查看所有用户的购物篮。数据应在由强大的访问控制策略实施的不同安全边界后受到保护。DevOps 通常涉及对应用的小幅变更，如果没有对进出安全边界的数据流进行更新，或者没有对现有安全控制进行修改，则威胁建模练习可以完全专注于评估现有架构上下文中的变更。

3. 安全自动化

测试是任何软件生命周期的关键组成部分。测试有以下多种形式：

- 测试新功能以验证它是否实现；
- 测试应用的性能以评估新功能是否过度消耗内存、CPU 或网络等资源；
- 用户验收测试（User Acceptance Test，UAT）用于确定用户能否高效、准确地使用新功能；
- 集成测试确保应用的不同组件可以按预期进行通信，例如能够与数据库对话的 API。

还有不同类型的安全测试，从检查应用组件是否已正确配置的简单断言，到旨在检查整个平台是否引入漏洞的复杂渗透测试。由于需要进行非常多的测试，因此将尽可能多的测试完全自动化非常重要。当需要让识别和修复问题更具成本效益时，在软件生命周期的早期提供测试反馈很重要。反馈应该准确且易于使用，以便开发人员知道要修复哪些问题以及如何修复它们，并且我们应消除需要浪费宝贵的工程时间去验证的误报。

应用中的某些漏洞可以通过各种形式的功能测试和非功能测试发现。例如，验证密码格式是否满足特定标准通常是功能测试的测试用例。性能测试用于识别潜在的性能问题，如果性能问题被利用，可能会导致拒绝服务攻击。但这些测试并不是专门寻找安全缺陷的，也不够全面，无法让安全人员相信应用已经过全面的安全漏洞测试。安全测试是一个专业领域，拥有自己的一套工具和实践，旨在暴露一些漏洞。

人工测试的准确性与自动化测试的速度和覆盖率之间存在权衡。成本和效率的需求决定了如何合并人工测试和自动化测试。人工安全测试更适合发现异常缺陷，而自动化安全测试提供更广的覆盖范围以识别常见的弱点。传统的方式是当项目接近上线时，进行一轮人工安全测试。而在软件生命周期的后期这种方式发现缺陷的成本很高，因为此时修复所有的高风险漏洞通常会导致产品交付延迟，或者更糟糕的是，产品上线时存在无法及时修复的已知缺陷。而 DevOps 产品开发没有最终项目交付的概念，它基于产品的不断进化。在这种情况下，DevOps 建立在敏捷实践的基础上，在软件生命周期中连续执行自动化测试。可以理解为，人工安全测试在 DevOps 的工作方式中仍然存在，但 DevOps 更多地强调自动化安全测试。

在《Scrum 敏捷软件开发》一书中，Mike Cohn 介绍了"测试金字塔"的概念。"测试金字塔"划分了 3 个层面，代表 3 个级别的测试：单元测试是金字塔的基础，UI 驱动的测试位于金字塔的顶端，夹在中间的是服务测试。金字塔越高，测试工作就越少，但测试成本就越高。一个全面的测试策略包括金字塔所有层的测试，从金字塔底部的大量细粒度测试开始，到顶部的少量更广泛的测试结束。我们应该尽量避免这种做法：在金字塔的顶部做许多人工测试，而在底部做较少更具成本效益的单元测试。

我们可以将各种安全测试实践叠加到 Mike Cohn 的测试金字塔上，形成一个**安全测试金字塔**。尽管人工安全测试多年来一直是传统软件交付的核心，但随着组织采用新的工作方式，集成自动化测试成为必需。在 DevOps 体系中，如果人工安全测试的使用在交付周期造成了瓶颈，然而安全团队坚持将人工安全测试置于自动化安全测试之上，未能跟上 DevOps 的步伐，那么在这种粒度设计相反的情况下，可能出现交付团队（包括开发团队、测试团队和运维团队）为了避免影响交付周期而完全绕过人工安全测试的情况。

采用安全测试金字塔是一个可行的解决方案，它满足安全团队和交付团队（包括开发人员、测试人员和运维人员）的需求。

- 金字塔的底层是静态应用安全测试/单元测试。这一层允许开发人员在编写代码时或将代码提交到源代码管理工具时测试他们的代码并修复问题。
- 金字塔的中间层由多个跨组件工作的工具组成，如依赖扫描、镜像扫描、容器扫描、网络扫描等。这些工具需要应用的服务和组件（如数据库、API）之间的集成。
- 金字塔的顶层是动态应用安全测试、交互式应用安全测试/运行时应用自保护，它是对完整的业务流程执行的探索性测试。

2.2　DevSecOps 现状及发展趋势

Security Compass 在 2021 年 2 月发布了报告 "The 2021 State of DevSecOps"，该报告指出 "美国和英国的绝大多数企业都在采用 DevSecOps 进行应用程序开发"。报告中统计的美国企业中，77% 的企业表示其大多数的应用程序开发都采用了 DevSecOps，而在受访的英国企业中，这个比例达到了 68%。

最近几年，国内也逐渐将安全因素整合到 DevOps 流程中，越来越多的企业和机构在探索和实践 DevSecOps 的落地方式，其中互联网行业和金融行业的 DevSecOps 发展最快。信通院发布的《中国 DevOps 现状调查报告（2021 年）》表明，五成以上的企业已着手实践 DevSecOps。同时，新技术的发展，如容器化、自动化编排、云原生等，正好契合 DevSecOps 的理念，也推动了 DevSecOps 的研究发展和落地实践。

2.2.1　云安全与 DevSecOps

"上云" 已经成为必然趋势，云上安全变得至关重要。在新基建快速发展的背景下，云成为承载企业数字化转型升级的核心基础设施之一，越来越多的企业选择上云，大量的企业数据和交易应用场景被迁移至云端，云的安全性与未来数字经济能否安全发展密切相关。

当前，IT 的两大趋势是云服务的急剧增长和企业网络的解体。一旦员工离开办公楼，私有基础设施的许多好处就成了障碍。来自 Flexera 的数据显示，大多数 IT 组织计划显著增加（而不是削减）SaaS 应用和云基础设施的开支。因此，人们的反应普遍是放弃私有数据中心。55% 的受访 IT 企业表示，他们计划在两年内减少数据中心的占地面积。

这一趋势对 DevSecOps 领域乃至整个 IT 行业来说意义重大。普华永道 2021 年 1 月的一项调查发现，大多数员工可能有一半以上的时间需要远程工作。

当开发人员围绕使用容器、无服务器（Serverless）和云原生的微服务架构重新设计应用时，云服务最有价值。反过来，云原生应用需要 DevSecOps 实践来整合云开发和部署服务（如基础设施即代码）以及可以扫描云环境的安全工具。

随着工作向分布式转移，分散在宽带和无线网络中的员工经常发现，内部服务器比超大型设施提供的云服务更难访问，性能也更差，这些设施之间有大量的光纤链路和主要交换点。由于 IT 人员也是远程的,他在远程管理时进行内部系统和云服务维护,将破坏为内部基础设施设计的安全协议。因此,使用宽带和无线网络的远程员工需要新的方法来提高公司网络的可靠性和安全性,如客户端软件定义广域网(Software Defined Wide Area Network,SD-WAN)和安全访问服务边缘。

DevSecOps 团队既是这些新功能的管理员,也是用户。例如,DevSecOps 团队可以将零信任网络访问和双因素身份认证构建到工具链中,以加强对源代码、CI/CD 事件触发器和应用程序或云资源部署的控制。

1. 云安全发展趋势

基于对腾讯云平台的安全建设实践和云安全领域的前沿研究成果,腾讯安全云鼎实验室发布了《2021 年云安全九大趋势》,云安全的九大趋势如下。

- **云原生安全兴起**。云原生概念逐渐成熟,以容器、微服务、API 等技术为代表的应用逐步落地,生态逐渐健全。但云原生体系中安全天然缺位,容器安全问题频出,云原生组件安全功能普遍缺失,云原生的安全架构和技术亟待发展。
- **零信任发展元年**。5G 时代到来,云-网-边进一步融合,远程办公快速兴起。在新场景下,传统的网络安全物理边界与逻辑边界逐渐消失,零信任概念和技术开始成熟并落地实践。
- **以数据为中心的安全体系**。数据成为新经济核心驱动力,数据的广泛流动和数据价值的增长,促使以网络为中心的安全体系逐渐进化为以数据为中心的安全体系。
- **新身份认证技术**。云计算和虚拟化的广泛应用,云网融合后的边界变化带来新的身份认证挑战。身份认证从传统的人机关系信任模型,转变为人与人之间、人与机器之间、应用与应用之间、机器与机器之间的多维度信任关系,多元化、细粒度、普遍性的新身份认证技术百花齐放。
- **持续性、准实时安全对抗**。容器和无服务器技术的兴起把安全对抗带入毫秒级时代,万亿级的运行态实例导致传统安全模型和对抗方式失效,宏观与微观结合的持续对抗、规模对抗、毫秒级对抗成为新发展趋势。
- **软硬件供应链安全**。开源组件的广泛应用,分布式异构计算的普遍存在,分别带来软、硬件层面的供应链安全风险。在国际和区域形势变化加剧、网络空间安全对抗激烈的形势下,底层基础组件的软硬件供应链安全风险问题"摆上桌面"。
- **DevSecOps 方兴未艾**。云原生时代,降本增效带来新生产力,持续交付和新的软件开发模式广泛应用,以安全左移、内嵌、自动化为标志的 DevSecOps 理念及产品逐渐落地应用。
- **数据安全"新"合规**。各国家或地区的数据安全和个人信息保护法规逐渐清晰,我国《中华人民共和国网络安全法》《中华人民共和国密码法》《中华人民共和国数据安全法》《中华人民共和国个人信息保护法》及配套标准逐渐落地,数据安全和个人信息保护面临新法规、新标准和新形势,也产生了新的问题。
- **多云协同的云安全治理模式**。数据流动管制要求界定数据边界,安全风险共同对抗带来协同需求。云内数据自治、云间情报共享、多云协同的联邦治理模式成为新的云安全治理趋势。

2. 企业信息安全的义务与风险

2021 年 11 月 1 日起，《中华人民共和国个人信息保护法》正式施行，它规范了个人信息处理活动，全方位落实了各类组织、个人等个人信息处理者的义务与责任。根据《中华人民共和国个人信息保护法》的规定，企业的安全义务如下。

- 义务清单。个人信息处理者应当根据个人信息的处理目的、处理方式、个人信息的种类、对个人权益的影响、可能存在的安全风险等，防止未经授权的访问以及个人信息泄露、篡改、丢失。
- 措施。对个人信息实行分类管理；制定内部管理制度和操作规范；采取相应的加密、去标识化等安全措施；合理确定个人信息处理的操作权限，并定期对从业人员进行安全教育和培训；制定并组织实施个人信息安全时间应急预案等。

当前，企业上云是一个大趋势，在这个趋势下，相比传统安全，企业可能面临新的信息风险点。

- API 安全。微服务架构的流行让 API 的使用越来越多。根据 Gartner 的研究数据显示，当前整个互联网行业的 Web 应用有超过 83%的流量是通过 API 访问的，超过 44%的企业正在构建和运行 100 个以上的 API。API 流量正在以极快的速度增长，API 的安全风险让企业面临重大挑战。
- 数据凭证保护。在云原生环境下的对抗性战术，技术以及公共知识库（Adversarial Tactics，Techniques，and Common Knowledge，ATT&CK）攻防矩阵中，有一项重要的攻击技术叫"凭证窃取"，其中包含了云产品 Access Key 泄露、Kubernetes（K8s）的服务账户（即 ServiceAccount）凭证泄露和 Secret 泄露等，而这类安全事件在近些年的红蓝攻防对抗中频繁现身，这些信息一旦泄露，对于企业信息安全将是致命一击。
- 镜像安全。根据绿盟的研究数据统计，在对 Docker Hub 上公开的热门镜像中的前 10 页镜像进行扫描，发现在 100 多个镜像中，没有漏洞的只占 24%，包含高危漏洞的占 67%。越来越多的攻击者开始通过制作恶意镜像来实施攻击或植入后门。镜像安全是企业信息安全中不可忽视的一部分。

2.2.2 安全软件开发框架

美国国家标准与技术研究院（National Institute of Standards and Technology，NIST）于 2020 年发布了安全软件开发框架（Secure Software Development Framework，SSDF）白皮书 "Mitigating the Risk of Software Vulnerabilities by Adopting a Secure Software Development Framework(SSDF)"。

SSDF 与现有的软件开发模式有什么不一样呢？目前已经有很多软件开发模式，包括瀑布、螺旋、敏捷和 DevOps。但是很少有模式明确地处理软件安全问题，因此软件安全开发实践需要被添加和集成到软件开发模式中。不管是什么软件开发模式，都应当把软件安全开发实践集成在整个过程中，目的有 3 个：

- 减少发布软件的漏洞数量；
- 减小未检出或未处置漏洞被利用时的影响；
- 找出安全漏洞产生的根本原因并加以处置，以避免再次产生漏洞。

有很多安全方面的考虑可以在软件生命周期的多个阶段实施，但是在一般情况下，越早处置安全问题，达到相同的安全水平所需的成本就越低。这个原则被称为"左移"（shifting left），它非常重要，且与所采用的软件开发模式无关。

SSDF 白皮书没有引入新的实践或定义新的术语，相反，它基于现有的标准、指南和软件安全开发实践文档，描述了一个高级别实践的集合。该白皮书只是作为讨论 SSDF 概念的起点，因此它没有提供一个关于 SSDF 的完整视图。在高级别概念上描述这些实践的优势包括：

- 可以被任何行业或社区的组织使用，无关组织的规模大小，也无关组织在网络安全方面的复杂程度；
- 可以被应用于工业控制系统、信息物理系统或物联网等领域的软件开发；
- 可以被集成到现有的软件开发流程中，或者集成到自动化工具链，不会对已拥有好的软件安全开发实践的组织带来负面影响；
- 软件安全开发实践具有广泛适用性，不与特定的技术、平台、编程语言、软件开发模式、开发环境、操作环境、工具等相关；
- 可以帮助组织文档化其现有的软件安全开发实践，并定义未来要实施的实践活动，作为其持续改进流程的一部分；
- 可以帮助采用传统软件开发模式的组织将其软件安全开发实践应用于现代的软件开发模式（如敏捷、DevOps）；
- 可以帮助采购和使用软件的组织理解其供应商采用的软件安全开发实践。

SSDF 白皮书提供了一种通用语言，用来描述基本的软件安全开发实践。不需要软件安全开发方面的专业知识也能理解这些实践，这有助于促进组织内、外部利益相关者就软件安全开发实践进行沟通与协作。SSDF 包含了 19 项实践，分为组织准备、软件保护、生产安全软件、响应脆弱性报告 4 个类别。

SSDF 白皮书的目的是"帮助软件厂商减少发布的软件的漏洞数量，减少漏检或尚未解决的漏洞被利用的潜在影响，找出安全漏洞的根本原因并加以解决，以防止漏洞再次发生。软件的用户可以重用并适应他们的软件采购过程中的安全实践"。

NIST 作为一个标准化组织，而不是监管机构，不具备强制合规的权力，所以这些实践仅仅是建议，而不是强制实施的。该框架的目标并不是试图另起炉灶，更多的是把各类高品质的"轮子"放到一个框架里面，这样需要"轮子"的人可以比较方便和清晰地进行决策，而不是花费力气去进行收集和评估工作。在已经有了支付卡行业数据安全标准（Payment Card Industry Data Security Standard，PCIDSS）、软件安全构建成熟度模型（Building Security In Maturity Model，BSIMM）、软件保障成熟度模型（Software Assurance Maturity Model，SAMM）等诸多框架和标准，以及开放式 Web 应用安全项目（Open Web Application Security Project，OWASP）、国际标准化组织（International Organization for Standardization，ISO）、代码精进软件保障论坛（SAFECode）等诸多组织制定的框架和标准的情况下，NIST 的 SSDF 仍然具有填补空白的作用。

实际上，SSDF 白皮书中的实践项目大量引用了前述的多种框架中的最佳实践，并在其基础上进行了整合。该白皮书共同作者之一 Murugiah Souppaya，谈到"白皮书提供了在不同业务部门和世界各地的组织之间方便且一致地进行安全的软件开发实践而使用的通用语言，它能够映射并且统一描述现有的行业具体的实践",他补充说,这种"通用语言"是为了帮助他们形容自己目前的实践,"这将帮助我们建立更标准化的基准,并确定需要改进的地方"。

2.2.3 《GitLab 第四次全球 DevSecOps 年度调查》解读

《GitLab 的第四次全球 DevSecOps 年度调查》(下文简称调查报告)分析了有关安全与 DevSecOps 的发展状况,表明开发团队的角色正在发生变化。据调查报告显示,有将近 70% 的运营人员表示开发人员可以配置自己的环境,这是责任转移的标志。

1. 安全与 DevSecOps

调查报告显示,安全与 DevSecOps 有几个有趣的发展趋势:

- DevSecOps 意味着改变角色,在跨功能团队中可以存在与开发人员紧密协作的"安全";
- 安全人员认为开发人员没有在开发的早期阶段发现足够多的问题,并且在修复这些问题的时候响应速度慢;
- 大部分安全团队在微服务、容器、API、云原生、无服务器等方向缺乏足够的安全经验。

2. 角色改变

调查报告显示,安全人员的角色在改变。近 28% 的安全人员反馈他们正在成为跨功能团队的一部分(或者真正把"Sec"放进 DevSecOps)。27% 的安全人员反馈他们越来越多地参与到开发的日常活动中。

3. 左移

调查报告显示,近 65% 的安全人员反馈他们的组织正在把安全"左移",这意味着安全进入了开发流程的早期阶段。但是究竟进入了早期阶段的哪个环节呢?只有 24% 的受访者表示他们的公司有静态应用安全测试工具,其中只有 19% 的受访者表示他们的公司把静态应用安全测试结果整合到开发人员能访问的流水线报告中。动态应用安全测试的情况更糟糕,只有 14% 的受访者表示他们的公司允许开发人员访问这类报告。大部分开发人员(56%)不执行容器扫描,只有一半开发人员执行合规检查扫描。

4. 谁负责安全

调查报告显示,关于谁负责安全的问题,33% 的受访者回答由安全团队负责,而 29% 的受访者回答每个人都在负责安全。常见的回答如下。

"DevOps 团队负责"。

"我们有内部安全专家,同时也邀请外部安全专家"。

"我们没有单独的安全人员,开发和运营都负责安全,我们是 DevSecOps"。

5. 关于 bug

调查报告显示,安全测试存在一个令人沮丧的问题:超过 42% 的受访者反馈安全测试出现在软件生命周期的过于后期的位置,36% 的受访者反馈很难理解和处理发现的漏洞,近 30% 的受访者抱怨找到能真正修改这些 bug 的人非常困难。

2.2.4 《研发运营安全白皮书》解读

研发运营安全是指结合人员管理体系和制度流程，在软件设计早期便引入安全，进行安全左移，覆盖软件生命周期，搭建安全体系，降低安全问题解决成本，全方面提升软件安全性，提升人员安全能力。

1. 研发运营安全体系敏捷化演进

云计算开源产业联盟在 2020 年发布的《研发运营安全白皮书》中提出，研发运营安全相关体系的发展与开发模型的变化是密不可分的，随着开发模型由传统的瀑布式开发演变成敏捷开发再转变为 DevOps，研发运营安全相关体系也随之变化，但其核心理念始终是安全左移并贯穿软件生命周期。在目前的研发运营安全体系中，微软提出的 SDL 和 Gartner 提出的 DevSecOps 为典型代表。

SDL 的核心理念就是将安全集成到软件开发的需求分析、设计、开发、测试、发布每一个阶段，即增加对应的安全活动，以减少软件中漏洞的数量并将安全缺陷的影响降到最低。不同阶段所执行的安全活动也不同，每个安全活动就算单独执行也能对软件的安全性起到一定作用。SDL侧重于软件开发的安全保证过程，目的是开发出安全的软件。

随着对软件开发质量和交付效能的要求不断提高，以 DevOps 为代表的敏捷开发方法得到快速发展。DevOps 对"自动化"和"持续性"的要求更加突出，在将安全控制集成其中时，应该尽量遵循"自动化"（通过自动化增强敏捷性）和"透明"（通过流程数据透明化与共享增强协作性）的原则。为了将安全无缝集成到 DevOps 中，Gartner 和业界的一些专家从实践出发提出了一系列建议，包括威胁建模、自定义代码扫描、开源软件扫描和追踪、在共享源代码库和共享服务中整合预防性的安全控制措施、版本管理和分支策略、自动化部署过程中集成安全测试、系统配置的漏洞扫描、工作负载和服务的持续安全监控等。在此基础上，Gartner 公司于 2012 年推出了DevSecOps，通过设计一系列可集成的控制措施，优化安全实践并集成到研发和运营的各项工作中，将安全能力赋予各个团队，同时保持 DevOps "敏捷"和"协作"。

2. 研发运营安全关键要素

白皮书认为研发运营安全的关键要素包含以下两方面内容。

（1）覆盖软件生命周期的研发运营安全体系，提供理论框架，指导研发运营安全的实践推进。白皮书提出的研发运营安全体系具有如下四大特点：

- 覆盖范围更广，延伸至下线阶段，覆盖软件生命周期；
- 更具普适性，抽取关键要素，不依托于任何开发模型与体系；
- 不只强调安全工具，同样注重安全管理，强化人员安全能力；
- 进行运营安全数据反馈，形成安全闭环，不断优化流程实践。

（2）研发运营安全技术和工具的持续发展与应用，为体系的实践提供技术支撑，加速企业研发运营安全的落地。研发运营安全的实践落地离不开自动化安全技术和工具的持续发展。传统研发运营模式中，开发与安全割裂，主要是因为安全影响开发效率，通过自动化安全工具、设备，将安全融入软件生命周期,适应当前的敏捷开发等多种模式是实现研发运营安全的必要途径。同时,研发运营安全解决方案需关注痛点安全问题,例如安全要求、合规要求以及个人数据和隐私保护等问题。

3. 研发运营安全发展趋势展望

白皮书认为,随着信息化、数字化的不断发展,软件自身安全重视程度将逐步增加,研发运营安全体系将会同步完善,具体表现如下。

研发运营安全管理体系将更加完善。管理制度和流程是实践研发运营安全的基础,研发运营安全理念的不断深化,将会推动相应安全管理体系的不断完善。

研发运营安全体系将会推动安全技术、工具的进一步发展。SDL 理念推出发展至今已经 10 多年了,仅靠管理制度、安全人员来实现研发运营安全难度是巨大的,安全技术、解决方案的出现将推进研发运营安全的实践落地。相应地,企业在实践研发运营安全的过程中,对于相关安全技术、工具也会提出新的能力要求,进一步推动安全技术、工具的发展。

研发运营安全将增强安全可信生态布局。安全可信生态布局具体指如下两个方面。

- 企业合作共建安全可信生态。软件涉及各个行业和领域,随着研发运营安全意识的不断提升,各行业领军企业将合作共建安全可信生态,满足不同用户、不同行业和不同场景的安全可信需求。
- 对于供应链安全要求将会越来越高。软件涉及众多第三方开源及商用组件,供应链的安全对于软件自身安全可信至关重要,研发运营安全体系的持续推进将会提升整体供应链的安全性要求。

2.2.5 DevSecOps 技术发展趋势预测

1. IAST/RASP

根据 Industry Research 发布的数据,交互式应用安全测试(Interactive Application Security Testing,IAST)是应用安全测试(Application Security Testing,AST)类型产品中增长最快的,目前以 DevSecOps 理念为主开展业务的安全企业也多以 IAST 产品为基础。IAST 技术具有实时检测、误报率较低、可以定位到漏洞代码等优势。运行时应用自保护(Runtime Application Self-Protection,RASP)将安全防御能力嵌入业务应用,使安全与业务应用融为一体,增强应用"免疫力",实现安全攻击的实时检测和阻断。

随着互联网技术的发展,越来越多的业务系统选择以 Web 应用的方式搭建,Web 的开放性、多样性和脆弱性决定了其在给用户带来便利的同时也带来了很多安全威胁。由于云计算技术的成熟和国家政策的推动,企业大量业务由传统数据中心迁移到云,造成 Web 应用环境变得更为复杂,因此 Web 应用安全也成为信息安全的关键。根据权威机构的统计,75%的攻击行为已经由网络层转移到应用层。同时,开源框架引入比例大幅度增加,面对突发漏洞往往束手无策,代码层面的漏洞修复难度较大、成本较高,这些现实问题让企业承担着较高的数据丢失风险。如果没有足够的应用保护,企业将面临持续的高级攻击风险。

内置应用保护是通过内置客户端实现对应用的保护，包括 RASP 等技术。RASP 与传统 WAF 最大的区别在于其部署在服务器端，而非网络，有更好的业务视角和全量的上下文覆盖。2020 年，RASP 进入 NIST 800-53 的最新版本，成为关键控制的项目列表中的一员。

针对日新月异的攻击手段，传统的边界安全模式存在很多不足。RASP 能对传统的边界防护加以补充，并且作为一种新的安全防护理念，它更受安全人员青睐。随着 DevSecOps 内生安全理念推广与落地，RASP 和 IAST 将是下一代应用安全的重心，为应用带来更实时、更精准的安全检测及阻断能力。

2. 开源治理

根据 Forrester 2021 年发布的调查报告，从 2015 年到 2019 年软件代码中开源代码的比例几乎翻了一倍，开源代码的使用和开源组件的引用已经成为各个企业在开发环节的必然选择，成为软件开发生态中不可或缺的部分。但是开源软件存在的安全漏洞和风险正在威胁着整个软件行业的安全。面对开源组件的广泛应用和云原生的快速发展所带来的安全挑战，有效地对开源代码和开源组件进行安全检测和治理，是保证软件安全的必然选择。

3. 入侵与攻击模拟

2021 年，Gartner 最新发布的安全和风险趋势将入侵与攻击模拟（Breach and Attack Simulation，BAS）活动列为新兴趋势。BAS 提供了对安全控制的持续测试和验证、对组织抵御外部威胁的测评，还提供了关于加密数据等重要资产潜在风险的提示。

基于 BAS 的技术平台可以立即指出安全管控手段的应用、配置和检测功能等方面所存在的问题，这种对各种攻击手段进行持续、广泛评测的能力可以实现更好的、更及时的安全评估。因此，在未来 DevSecOps 的实践和发展过程中，BAS 将得到更广泛的运用。

4. 安全自动化运营

微服务、容器和 K8s 的应用推动了企业数字化转型的发展，提高了 IT 系统的效率和灵活性，但是这些技术在带来便利的同时，也产生了传统的安全解决方案无法覆盖的盲点。在 DevSecOps 的实践中，安全左移作为降低软件风险的最佳和最具成本效益的方法，已经被人们广泛接受，但是现有的安全工具和流程方法却因自动化水平低下而被开发人员所排斥，并且安全工具存在大量的误报和漏报，没有起到足够的安全效果。

面对当下的机遇和挑战，提高软件的安全能力和自动化水平成为 DevSecOps 实践和发展过程的必然趋势，即促进软件的安全自动化，使其和 DevOps 流程紧密融合，增强软件的安全基础能力，紧跟现代云原生应用的发展，构建新的安全自动化运营方案，保证云原生时代业务系统的安全稳定运行。

2.3　软件供应链安全与 DevSecOps

软件开源化推动了软件供应链的开源化，这使得软件供应链安全问题开始显现，软件供应链的安全威胁会导致软件生命周期存在难以消除的安全隐患。因此，软件供应链上下游对软件交付的质量和上线速度要求不断增高，传统开发模式的效率已经难以满足要求。DevSecOps 应用于软件供应链安全的发展方向包括：

- 开展全方位的软件供应链安全防护方法和技术的研究工作；
- 建立国家层面的软件供应链安全监管与评测体系；
- 提升开源软件源代码的防篡改、防伪造等防护技术的水平；
- 推动新技术在软件供应链安全领域的应用。

软件供应链安全包括软件供应链上软件本身的编码过程、工具和设备的安全，供应链上游的代码、组件、SDK 和 API 服务的安全，以及软件交付渠道的安全。软件供应链安全要求从技术防范的角度使用各种手段，包括代码缺陷检测、漏洞挖掘、漏洞危险性识别、软件许可证鉴别、授权验证、代码克隆检测等。

2.3.1　软件供应链安全问题

软件供应链因新技术的出现和开源的流行趋于复杂化和多样化，这使得软件供应链的安全风险不断增加，针对软件供应链薄弱环节的网络攻击随之增加。

软件供应链安全理念不是针对软件供应链上单一环节进行安全防护，而是针对软件供应链全链路进行安全监控防护，薄弱环节的安全预防更是重中之重。

分布式供应链带来了新的安全威胁。由大量设备和软件供应商、微服务应用、云服务组成的异构 IT 环境更可能面临供应链攻击。DevSecOps 团队必须支持他们的安全架构、策略和检查，以检测和遏制此类攻击。

开源项目存储库因为其鼓励任何人的贡献而具有一定的安全风险，因为贡献者中可能包括伪造身份的攻击者。2021 年 2 月，安全研究人员 Alex Birsan 记录了一种利用所谓依赖混淆的策略，这种策略欺骗软件用户将受污染的开源软件包自动下载到他们的项目中。Birsan 声称，被感染的代码使他能够攻破 35 家大公司，其中包括苹果和微软等科技巨头，这两家公司分别向他支付了 3 万美元和 4 万美元的 bug 赏金。此后，微软发布了一份白皮书，记录了限制 pull（拉取）请求的作用域或命名空间，以及使用安全私有存储库（如 Azure Artifacts）的技术增加"防止公共包意外替换或与私有包合并"的保护。

2.3.2　软件供应链的生命周期

传统供应链可以理解为一个由各种组织、人员、技术、活动、信息和资源组成的，将商品或服务从供应商转移到消费者手中的过程，这一过程从原材料开始，到将原材料加工成中间件，最终将产品转移到消费者手中。软件供应链是根据软件生命周期中一系列环节与传统供应链的相似性，由传统供应链的概念扩展而来的。

软件供应链的生命周期包括原始组件、集成组件、软件及运营 4 个环节。在软件供应链中，原始组件是原材料，集成组件是中间件，软件是交到消费者手中的商品，运营是为消费者提供的保障商品的正常运行的服务。这 4 个环节涵盖了保障软件供应链安全涉及的诸多关键要素，了解软件供应链的每一个环节及对应的源代码、使用的工具和集成的组件对于构建安全可靠的软件供应链至关重要。

对软件从业人员来说，他们实际需要关注的是软件的开发过程和运营过程，而软件供应链中的原始组件和集成组件阶段的安全问题应由相应的供应商解决。

软件供应链和传统供应链的安全性之间存在显著的共性和差异性。共性是攻击者通过攻击目标供应链中安全性较弱的组成部分，导致供应链上游被污染，大量下游厂商的产品或服务作为上游组件的集合，产生大量潜在的风险。而且基于对上游产品和服务的信任，下游产品和服务在出现安全问题时，难以彻底排查。同时，召回问题产品的代价巨大、周期漫长，这也显著增加了供应链攻击的影响程度。

差异性是软件供应链受到的攻击与传统供应链相比，软件攻击面由产品本身扩大到软件生产过程中的代码、组件及服务，这导致攻击者实施攻击的难度显著降低，攻击可能发生在软件供应链的任何阶段，并且更聚焦在威胁的高传播性和强隐蔽性上。

2.3.3 开源和云原生时代下的软件供应链

当前开源已成为企业实现业务快速开发和科技创新的必要条件。开源为企业节省了大量的时间和金钱，提高了软件生产效率和业务敏捷性，降低了某些业务风险。据 Forrester 在 2021 年发布的报告，从 2015 年到 2019 年开源代码占软件代码的比例几乎翻了一倍。随着开源组件不断增多，大量第三方开源组件被插入产品，这也导致软件供应链变得越来越复杂。

云原生与开源密切相关，它改变了传统软件供应链。容器和 K8s 等新技术的出现，改变了传统软件交付的方式。容器和 K8s 的引入给软件供应链带来了更多不可控的第三方依赖，增加了软件供应链的复杂程度。

2.3.4 国外软件供应链安全发展现状

自软件供应链的概念被提出，国际上对软件供应链安全高度重视，国外软件供应链安全的发展现状可从国家层面和企业层面两个方面进行讨论。

在国家层面，以美国为例，出于对软件供应链的安全性及脆弱性的担忧，美国早在多年前就开始着手布局国家级的软件供应链安全战略，其陆续出台了一系列政策和重点项目来加强对软件供应链安全的管控。

2015 年 4 月，NIST 正式发布 *Supply Chain Risk Management Practices for Federal Information Systems and Organizations* 来帮助组织管理软件供应链安全风险。该标准明确了软件供应链中相关的安全要求，建立了适当的制度和流程控制，在一定程度上规避了软件供应链面临的诸多风险。目前，NIST 的系列标准文件，已成为美国甚至国际安全界广泛认可的事实标准和权威指南。

近年来，随着管理措施的陆续落地和管理范围的逐渐扩大，美国软件供应链安全防御不断加强。在 2017 年和 2018 年，美国针对关键信息基础设施相关的供应链安全提出了明确的要求，包括促进供应链风险态势及相关信息共享、加强供应链风险审查评估、推动相关标准的实施等。

目前，美国正在不断将软件供应链安全问题深化和细化，关注点聚焦在特定的 IT 产品和服务。2021 年 5 月 12 日，美国发布了 *Executive Order on Improving the Nation's Cybersecurity*，这是美国联邦政府试图保护美国软件供应链安全采取的最强劲措施。该行政令要求向联邦政府正式出售软件的所有企业不仅需要提供软件，还必须提供软件物料清单，以提升软件的透明度，构建更有弹性且安全的软件供应链环境，确保美国的国家安全。

在企业层面，开源软件是软件供应链中一个重要的部分，国际上的头部技术公司也针对开源软件展开了合作：以谷歌为首的 7 家技术公司在 2017 年合作推出了一个名为 Grafeas 的开源计划，旨在为企业定义统一的方式，以审计和管理其使用的开源项目。同时，国际上许多知名企业也不断加大针对软件供应链的安全风险治理工作，对开源软件采用软件成分分析技术，确保第三方开源软件的安全性。

2.3.5 国内软件供应链安全发展现状

2017 年 6 月，我国发布了《网络产品和服务安全审查办法（试行）》，将软件测试、交付、技术支持过程中的供应链安全风险作为重点审查内容，推动开展云计算服务网络安全审查。2020 年 4 月 27 日，国家互联网信息办公室等部门联合发布了《网络安全审查办法》，要求关键信息基础设施运营者采购网络产品和服务，网络平台运营者开展数据处理活动，影响或可能影响国家安全的，应当按照《网络安全审查办法》进行网络安全审查。

2020 年，我国发布《信息安全技术 信息技术产品供应链安全要求》标准，规定了信息技术产品供应方和需求方应满足的供应链基本安全要求，适用于政务信息系统、关键信息基础设施的信息技术产品供应链安全管理活动，也可为其他信息系统的供应链安全管理活动提供参考。供应链安全要求的主要内容包括供应方安全要求和需求方安全要求。其中，供应方安全要求覆盖了缺陷和漏洞修复、安全风险评估、安全开发管理、采购安全、生产物流安全、运维安全等。需求方安全主要包括建立和维护合格供应方目录，从多个国家或地区采购信息技术产品及其部件，并定期评估安全风险。

2021 年，《中华人民共和国国民经济和社会发展第十四个五年规划和 2035 年远景目标纲要》中明确提出"支持数字技术开源社区等创新联合体发展，完善开源知识产权和法律体系，鼓励企业开放软件源代码、硬件设计和应用服务"。

各大互联网企业和安全厂商均开始投入软件供应链安全的建设中，围绕保障软件供应链安全的重大需求，充分发挥创新技术在软件供应链安全保障中的作用，加大软硬件安全检测及分析、攻防渗透、源代码安全审计、漏洞挖掘、大数据分析等技术的开发及投入构建一套动态的软件供应链安全防护体系，切实保障软件供应链安全。

2.3.6 软件供应链攻击类型

近年来，攻击者开始采用软件供应链攻击作为击破关键基础设施的突破口，软件供应链的安全风险日益增加。软件供应链攻击是指利用软件供应商与最终用户之间的信任关系，在合法软件正常传播或升级过程中，利用软件供应商的各种疏忽或漏洞，对合法软件进行劫持或篡改，从而绕过传统安全产品检查，达到非法攻击目的的攻击类型。软件供应链攻击主要可分为厂商预留后门、开发工具污染、升级劫持、捆绑下载和源代码污染 5 种类型。

1. 厂商预留后门

多数软件厂商出于方便后续测试或技术支持的考量，可能会预留一些具有高级权限的管理员账户，但当软件正式发布时厂商忘记或故意留下后门，将导致产品在发布之后被攻击者利用。

棱镜门事件。 2013 年 6 月，"棱镜计划"曝光，它是一项由美国国家安全局自 2007 年开始实施的绝密电子监听计划。计划内容是直接从美国国际网络公司的中心服务器挖掘数据、收集情报，微软、谷歌和苹果等在内的 9 家技术公司参与其中。其中，思科公司利用其市场优势在产品中隐藏后门，协助美国政府对世界各国实施大规模的信息监控。思科公司多款路由器产品被曝出在虚拟专业网络（Virtual Private Network，VPN）隧道通信和加密模块中存在预置后门，即在源代码编写过程中后门已经被放置在产品中，用于获取密钥等核心敏感数据，这些数据几乎涵盖所有接入互联网的人群信息。

2. 开发工具污染

攻击者可以对开发人员常用的代码开发工具进行攻击，例如进行篡改或增加恶意模块插件。当开发人员进行代码开发的时候，恶意模块将在代码中植入后门，经过被污染过的开发工具编译的测试程序或部署到生产业务中的程序，都将被植入恶意代码。

XcodeGhost 事件。 2015 年，Xcode 非官方版本恶意代码污染事件曝光被称为"XcodeGhost"事件。Xcode 是由苹果公司发布的运行在 macOS 上的集成开发工具，是开发 OS X 和 iOS 应用的主流工具。攻击者利用用户通过官方渠道难以获取 Xcode 官方版本的情况，向非官方版本的 Xcode 注入病毒 XcodeGhost。攻击者通过修改 Xcode 软件的用于加载动态库的配置文件，在其中添加了具有恶意功能的 Framework 软件开发工具包，同时利用 Xcode 开发环境中使用 Object-C 语言的扩展类功能这一特性，重写系统软件启动时调用的函数，使得恶意代码能够随着软件的启动而自启动。多款知名的 App 受感染，对 App 用户的隐私安全造成了巨大的威胁。

3. 升级劫持

软件需要更新，攻击者可以通过劫持软件更新的"渠道"，例如通过预先植入用户计算机的木马病毒重定向更新的下载链接、在运营商劫持下载链接、在下载过程中劫持网络流量等方式，对软件更新过程进行劫持，并植入恶意代码。

NotPetya 事件。 2017 年 6 月，欧洲多个国家遭遇了 Petya 勒索病毒的变种 NotPetya 的袭击，数万台计算机受到感染。攻击者通过劫持乌克兰专用会计软件 me-doc 的升级程序，使得用户在更新软件时感染病毒。

4. 捆绑下载

各大软件发布平台在软件上线前缺少安全审核，导致软件从上传至平台到最后的用户下载环节，都有被引入安全风险的可能。在软件发布阶段，许多软件厂商出于推广的需求，往往会推行软件捆绑下载，这已形成一条完整的灰色产业链，可能导致用户在毫不知情的情况下，下载存在恶意代码或后门的捆绑软件。也就是说，攻击者可轻易通过未授权的第三方下载站点、云服务、共享资源、破解版软件等途径对软件植入恶意代码，并且正规的应用商店由于审核不严等多种因素也会将被攻击者植入恶意代码的"正规"软件分发给用户，造成重大安全威胁。

WireX BotNet 事件。2017 年 8 月，WireX BotNet 通过控制大量 Android 设备发动了较大规模的 DDoS 攻击。WireX BotNet 中的僵尸程序病毒通过伪装成普通的 Android 程序，成功避开了谷歌应用商店的检测，伪装的 Android 程序通过谷歌官方渠道被用户下载安装，并将用户的主机感染成为僵尸主机。

5. 源代码污染

软件如果在源代码级别就被攻击者植入恶意代码，那么这些恶意代码将在软件厂商的合法渠道下躲避来自安全产品的检测，并且可能长时间潜伏于用户设备中不被察觉。

SolarWinds Orion 事件。2020 年 12 月，美国著名网络安全公司 FireEye 发布分析报告称，SolarWinds 旗下的 Orion 基础设施管理平台的发布环境遭到 APT（Advanced Persistent Threat，高级持续威胁）黑客组织的入侵。黑客通过获取 SolarWinds 内网高级权限，创建了高权限账户，对源代码包进行了篡改，植入了恶意代码并添加了后门。源代码包具有合法数字签名，其会通过该公司的官方网站进行分发。后门伪装成 Orion 改进程序（Orion Improvement Program，OIP）协议的流量进行通信，即将其恶意行为融合到 SolarWinds 的合法行为中。通过后门，攻击者可进行信息收集、读写删除文件等恶意行为。

2.3.7　软件供应链安全风险分析

通过分析导致软件供应链安全风险的主要因素，我们可以发现软件供应链的各环节都有可能被攻击，产生安全风险，并且可能引起软件供应链的连锁反应，进而造成严重的安全威胁，甚至危害国家网络安全。

1. 设计阶段

开发人员对安全的认知缺失和忽视，往往导致软件在功能、设计和代码中存在天然的安全缺陷，而这些是无法通过后期软件开发环境加固和安全应急响应解决的。如果在软件的设计阶段没有进行全面的威胁分析，那么很有可能无法充分验证安全架构、明确安全目标、识别相关威胁和漏洞并制定相应对策，这将加大软件的攻击面，导致软件开发后期需要花费高昂的成本进行补救。

由于应用环境的复杂性，软件可能会存在很多安全漏洞和威胁，但在软件的实际应用中，并不是所有安全漏洞和威胁都会造成软件安全问题，因此，我们需要在软件的设计阶段合理地投入资源进行安全防护。

2. 编码阶段

在编码阶段，编译器是常见的攻击目标，如果编译器被植入恶意代码，那么通过该编译器编译出的程序同样会受到病毒感染。如果编译器在编译过程中自身被恶意插入后门，那么该编译器编译任何代码时都可能将后门插入。

随着开发人员对开源代码的使用和传播，开源代码中存在的有意或无意引入的安全缺陷，将进一步影响软件供应链更多环节的安全性。同时，软件集成和代码复用会带来额外的安全风险。

3. 发布阶段

通常，开发团队在版本迭代过程中会占用大量时间开展编码工作，可能导致测试团队没有充足的时间开展测试工作，更无法做到对每个版本都执行安全测试。因此，错误的架构或代码可能因安全检测不足而未被识别，导致软件带着安全缺陷上线部署，并通过迭代集成，最终变成软件供应链的安全隐患。在发布阶段发生最为广泛的攻击类型是捆绑下载和厂商预留后门。

4. 运营阶段

在运营阶段，在用户使用过程中，除了存在软件本身的安全缺陷所带来的安全威胁，还可能存在用户使用环境带来的安全威胁。运营阶段最常见的攻击类型是升级劫持。

2.3.8　应用 DevSecOps 应对软件供应链安全风险

根据 Censuswide 在 2021 年发布的调查报告，DevSecOps 有助于降低因软件供应链导致的安全风险。26%的受访者表示，在实现可视化和保护他们的软件供应链时，最大的挑战是"在定制应用程序中获得开源包的可见性"。49%的开发人员表示，他们正在采用 DevSecOps 模型，将安全作为供应链的重点，以降低违规风险，42%的安全人员对这种方式表示认同。

1. 开源安全与 DevSecOps

我们需要正确认识开源安全风险，正如认为所有闭源项目中都不存在漏洞是错误的看法一样，认为所有开源项目都存在安全风险也是错误的。不同项目的关注点也不相同，某些项目更注重发布的安全性。基于项目结构，存在以下 5 种开源项目类型。

- 单人项目是某个个体的热情，或者是具有相同愿景的一些专职人员的热情。
- 君主制项目是一个成功的单人项目，例如 Linux 获得大规模社区贡献者的支持，因此其原始创建者（Linus Torvalds）充当"仁慈的暴君"（为了确保 Linux 系统的稳定、安全、规范统一，所有对 Linux 源代码的变更申请必须通过 Linus Torvalds 的批准）。
- 社区项目，例如 PostgreSQL，因社区目标相似而出现，因共识而前进。
- 企业项目通常以商业项目的分叉形式发布，例如 Sun 将 OpenOffice 发布为 StarOffice 的开源分叉，其方向由发布的公司指引。
- 基金会是最正式的形式，它是一个独立的商业结构，例如 Apache，其决策由管理委员会做出。

通常，单人项目最容易遭受安全风险，因为个体开发人员可以按照自己的想法更新代码。社区一般对分叉单人项目没有足够的兴趣，因此这些项目的主干分支就成为这些项目的标准，即只有作者本人负责代码的修改。例如 colors.js 和 Faker.js，colors.js 被作者加入恶意代码，Faker.js 被作者故意删除代码。

开源项目和闭源项目的安全性取决于贡献者们的关注点，而非其结构。例如，Linus Torvalds 将安全作为考量因素之一，Theo de Raadt 从一开始就考虑到 OpenBSD 的安全性。而 StarOffice（商用）和 OpenOffice 中存在多个安全漏洞，导致攻击者可以在 XML 文档中执行任意代码。

关于开源的一个讽刺是，大家认为很多人都在盯着安全。多年来，我们常常听到说开源更安全，因为社区会审计代码。问题就在于，社区审计代码的情况很少见，而所有人都认为其他人在做这件事。这种错误的认识在"心脏出血"漏洞期间瓦解——太多代码和太少关注的现实意味着我们需要更好的流程和自动化来改进开源安全性。

尽管我们在使用开源项目时并不付钱，但并不意味着我们对公司、客户和社区没有义务。在使用开源项目时我们要共同负责任。使用开源项目的义务如下。

- 知道自己在使用什么。某些生态系统最危险的地方是，一个开源项目可能会包含另一个开源项目，例如 npm 等使代码引入更为容易。还有很多工具有助于生成软件物料清单，并支持扫描代码、查看是否依赖不了解的组件。

- 避免使用单人项目和被遗弃的项目。使用单个恶意项目可引入很多危害，尤其是自动升级的情况下。使用被遗弃项目的危险在于它们可能包含现代漏洞。我们需要评估所使用的每个项目的发布状况。

- 在发布前先测试。开源项目的危险大多源于未经测试就发布。如果你的代码中使用了开源项目且开源项目含有可利用的漏洞，用户将归责于你。我们应对项目的特定版本进行认证，将其更新至最新版本，分叉所使用的开源库并分配资源，审计所提交的内容。

- 更新规划。例如，Log4j 库的漏洞尤其危险，因为它可以让攻击者在已将软件拷贝到只读存储器（Read-Only Memory，ROM）上的平台上执行任意代码。对一些物联网设备而言，并不存在升级 Log4j 库进行修复的方法，这就造成无法被修复的漏洞长期存在。我们不能把产品置于相同的困境中，也不能等到出现安全漏洞才升级代码，要经常更新库或组件至最新版本，以维护代码的安全。

- 为开源项目做贡献。很多开源项目会在资源较少的情况下发布有用代码，但我们应对所使用的开源项目进行经济资助或提供开发资源、质量保证资源，不要将对开源项目的贡献局限于拉取库的那一天，即开源需要持续支持。我们需要在年度预算和长期规划中纳入对开源项目的贡献，以确保最新发布和刚开始拉取的发布一样安全。

- 投资 DevSecOps。如果更新是常态而非偶尔，那么不管更新的是所在团队创建的代码还是从开源项目引入的代码，我们应认识到这将产生漏洞，需要更新我们的项目，而在某些情况下需要快速迭代我们的项目才能赶上变更。CI/CD 正在成为快速迭代项目的"入场筹码"（团队使用了 CI/CD 实践就基本能做到持续迭代更新），并且通过加入"Sec"将安全左移到开发阶段以加大"赌注"（确保漏洞的预防措施也及时更新），这样，当所使用的开源项目更新时，我们已经提前做好修复准备。

2. 软件供应商风险管理

软件供应商风险是指与第三方供应商相关的，任何可能影响企业利益或资产的固有风险。在选择第三方供应商时，为了避免因引入第三方供应商而带来潜在的安全风险，我们需要稳健的流程来识别和管理这些风险。因此，企业急需构建有效且稳健的软件供应商风险管理流程。

构建完整的软件供应商风险管理流程可以提高软件供应链的透明度，同时帮助企业降低采购成本、识别和减轻供应商相关风险，以及持续优化改进软件供应商风险管理系统。典型的软件供应商风险管理流程如下。

- 标准确立：结合企业的实际情况，构建软件供应商评估模型，制定软件供应商评估的标准及供应商服务流程安全管理框架。
- 资格评估：根据制定的软件供应商评估模型和相关标准，对初步符合要求的软件供应商进行多维度的综合资格评估，选出匹配度最高的供应商。
- 风险评估：对通过资格评估的软件供应商进行安全风险评估，综合分析软件供应商面临的潜在的安全风险、存在的弱点以及有可能造成的影响，评估其可能给企业带来的安全风险。
- 风险监控：对软件供应商实施长期性的安全风险监控，持续识别和管理软件供应商的安全风险，根据监控结果实时更新软件供应商的风险管理策略。

为了确保企业可以拥有较为稳定的软件供应链，提高企业的综合竞争力，我们有必要构建一个系统化、结构化的软件供应商评估模型，从不同的维度对软件供应商进行评估，通过考察软件供应商的综合实力来选择最合适的合作伙伴。

- 财务实力：评估软件供应商的财务能力和稳定性，确保软件供应商可以稳定、可靠地提供业务所需要的服务。
- 质量承诺：评估软件供应商的相关产品是否符合国家及行业标准要求，信息安全和数据保护控制流程是否遵守相关法律、标准或合同要求。
- 企业资质：评估软件供应商是否能够提供软件安全开发能力的企业资质，是否具备国际、国家或行业的安全开发资质，在软件安全开发的过程管理、质量管理、配置管理、人员能力管理等方面是否具备一定的经验。
- 技术储备：评估软件供应商是否拥有自主研发能力和自主技术知识产权，是否不断积累和及时更新科技知识，是否为提高企业技术水平、促进软件生产开展一系列的技术研究。
- 合作能力：评估软件供应商是否拥有高效的沟通渠道和全面的解决方案。另外，拥有共同的价值观和工作理念有助于建立长期的合作关系。
- 软件交付能力：评估软件供应商在整个软件或服务交付的过程中，是否能满足软件持续交付的要求。
- 应急响应能力：评估软件供应商从软件的开发阶段到软件的运营阶段是否持续实行实时监控机制，是否有利用适当的网络和基于端点的控制来收集用户活动、异常、故障和事件的安全日志，是否具有适当的业务连续性和恢复能力。
- 服务能力：评估软件供应商的售前服务能力、培训服务能力以及售后服务能力是否满足企业的要求，在合作期间软件供应商是否可以始终如一地提供高水平的质量和服务。
- 创新能力：评估软件供应商的综合创新能力，包括技术创新能力、研究开发能力、产品创新能力、生产创造力等。
- 内部管理能力：评估软件供应商是否拥有完善的内部管理制度和流程，是否具备有效的风险防范机制，是否定期对员工进行安全培训等。我们需要对软件供应商内部的安全开发标准和规范进行审查，要求软件供应商有能力对软件的应用场景、架构设计和开发语言进行规范约束。我们还需要审查软件供应商对其自身信息的安全保密程度。

- 软件成本：评估软件供应商所提供的软件成本是否存在虚报等现象，审查产品及相关服务是否可以按照合理的价格交付。
- 软件适用性：评估软件供应商所提供的软件在开发部署和动态运行时的适用性，以及是否可以持续满足企业的新需求。

3. 开发过程风险管控

软件供应链安全始于关键环节的可见性，企业需要为每个软件持续构建详细的软件物料清单（Software Bill Of Material，SBOM），全面洞察每个软件的组件情况。SBOM 是描述软件依赖的一系列元数据，包括供应商、版本号、组件名称等关键信息，这些信息在分析软件安全漏洞时发挥着重要作用。

SBOM 的概念源自制造业，其中物料清单是详细说明产品中包含的所有材料的清单。例如，在汽车行业，汽车制造商会为每辆车维护一份详细的材料清单，材料清单中列出了原始设备制造商自己制造的零件和第三方供应商的零件。当发现有缺陷的零件时，汽车制造商可以准确地知道哪些车辆受到影响，并进行维修或更换。

同样，构建软件的企业需要维护准确的、最新的 SBOM，包括第三方组件的清单，以确保其代码质量高、合规且安全。企业通过要求软件供应商提供 SBOM，以发现潜在的安全问题，例如软件是否使用了版本过时的库。当发现此类问题时，企业可以要求软件供应商使用较新版本重建软件。在等待更新的软件期间，安全人员有机会采取临时缓解措施来保护软件免受攻击者利用并进行攻击。安全人员可以借助 SBOM 在漏洞被披露或核心库发布新版本时，对软件和代码进行排查以避免出现安全问题。

举个例子，如果安全人员手中有一份在其环境中运行的每个软件的 SBOM，那么在 2014 年 4 月，当 Heartbleed 漏洞最初被披露时，安全人员就无须测试软件中是否包含 OpenSSL，只要检查列表就可以知道哪些软件依赖易受攻击的版本和需要采取的措施。

SBOM 的需求呈现增长态势。Gartner 在 2020 年的 "Magic Quadrant for Application Security Testing"（应用安全测试魔力象限）中预测：到 2024 年，至少一半的企业软件买家要求软件供应商必须提供详细的、定期更新的 SBOM，同时 60%的企业将为他们创建的所有应用和服务自动构建 SBOM。而这两组数据在 2019 年都还不到 5%。

SBOM 有助于揭示整个软件供应链中的漏洞与弱点，提高软件供应链的透明度，减轻软件供应链攻击的威胁。SBOM 可以帮助企业更好地实现漏洞管理、应急响应、资产管理、许可证和授权管理、知识产权管理、合规性管理、基线建立、配置管理等。SBOM 列举了开源组件的许可证，可以保护企业避免因不当使用开源组件而产生的相关法律或知识产权风险，保护软件在软件供应链中的合规性。

在成熟的体系下，SBOM 的生成可以通过软件生命周期每个阶段所使用的任务和工具流程化、自动化地完成，这些任务和工具包括知识产权审计、采购管理、许可证管理、代码扫描、版本控制系统、编译器、构建工具、CI/CD 工具、包管理器和版本库管理工具等。SBOM 中应该包含软件及其依赖的所有组件之间的关系。对于软件的任何版本，SBOM 都应作为产品文档的一部分被提供。

在 CI/CD 的标准实践中，SBOM 包含的信息将不断更新。SBOM 的生成应从集成安全性需求开始，或者将 SBOM 中的一些元素在软件的需求阶段就添加到用例中，这样安全性和 SBOM 就可以成为 DevOps 过程的标准和结构化的一部分。为了确保持续一致性，在测试工作中应将 SBOM 作为测试用例的一部分，同时 SBOM 信息应随着使用工具和组件的更新而更新，使 SBOM 信息自动更新成为 CI/CD 管道的标准化动作。在软件的发布阶段和运营阶段使用 SBOM 可以在使用的库或组件存在漏洞时，更快地检测出有哪些软件中存在这些漏洞，并及时进行修复工作。

及时性对于企业修复漏洞是非常重要的。在应用 SBOM 之前，企业修复已部署系统的漏洞需要几个月甚至数年的时间，其重要原因之一是企业无法在漏洞出现的第一时间知晓该信息。软件供应链下游的企业需要等待上游软件供应商完成软件补丁，才可以进行漏洞修复，下游企业在等待时往往会面临无法预知的安全风险。自动化创建 SBOM 可以在漏洞披露时及时地开展排查和修复工作，最小化软件供应链的安全风险；在开源组件和版本快速迭代的情况下，从风险管理的角度跟踪和持续监测相关组件的安全态势。

根据 SBOM 提供的受感染开源组件和依赖项的准确位置，企业可以采取合适的手段进行修复，节省大量风险分析、漏洞管理和补救的时间。

软件成分分析（Software Composition Analysis，SCA）是一种对二进制软件的组成部分进行识别、分析和追溯的技术。SCA 可以生成完整的 SBOM，分析开发人员所使用的各种源代码、模块、框架和库，以识别和清点软件的开源组件及其构成和依赖关系，并精准识别软件中存在的已知安全漏洞或者潜在的许可证授权问题，把这些安全风险排除在软件发布之前。

基于多源 SCA 开源软件安全缺陷检测技术的安全审查工具可以精准识别软件开发过程中，开发人员有意或无意引用的开源组件，并通过分析软件组成，多维度提取软件的开源组件的特征，计算组件的指纹信息，挖掘组件中潜藏的各类安全漏洞及许可证授权问题。

4. 安全发布与运营

在软件的发布阶段和运营阶段，企业需要建立成熟的应急响应机制，能够对发生在软件和软件补丁获取渠道的软件供应链安全事件、安全漏洞披露事件进行快速的响应，控制和消除事件带来的安全威胁和不良影响，并且追溯和解决造成事件的根本原因。

发布阶段和运营阶段的应急响应关键活动包括监测告警、应急响应、事件处置、持续跟进等。在日常的运营管理过程中，企业可以通过采用自动化分析技术对数据进行实时统计分析，发现潜在的安全风险，并自动发送警报信息。监测告警技术可以实时自动监测软件，一旦发现安全问题，立即发出警报，同时实现信息快速发布以让安全人员快速响应。在出现突发事件时，通过监测告警，安全人员可以迅速地进行安全响应，在最短的时间内确定相关解决方案处置事件，并在解决之后进行经验总结和方案改进。

同时，企业需要充分预估突发事件的场景，通过管理活动与技术手段避免突发事件的发生，保证在突发事件发生时能够及时监测告警，并有序处理。

另外，企业需要制定事件响应和漏洞处理策略，与领先的漏洞研究机构合作，积极监控大量漏洞信息来源，并进行持续性的安全检查，以保护软件免受新发现的安全漏洞的影响。

在发布阶段和运营阶段，企业还应构建完善的运营保障工具链。2017 年，Gartner 在 "Hype

Cycle for Emerging Technologies, 2017"（新兴技术的成熟度曲线）中首次提及 BAS，并将其归到新兴技术行列。2021 年，Gartner 将 BAS 写入"2021 年八大安全和风险管理趋势"。

BAS 通过模拟对端点的恶意软件攻击、数据泄露和复杂的 APT 攻击，测试组织的网络安全基础设施是否安全可靠。在执行结束时，BAS 将生成关于组织安全风险的详细报告（包括漏洞的覆盖范围），并提供相关解决方案，同时结合红队和蓝队的技术使其实现自动化和持续化，实时洞察组织的安全态势。BAS 帮助安全团队改变防御方式，采取更为积极主动的策略来维护组织各方面的安全。

2007 年，国家计算机网络应急技术处理协调中心检测到国内被篡改网站总数累计 61 228 个。其中，国内政府网站各月被篡改数量累计达 4 234 个。为了更好地应对网络攻击，WAF 应运而生，WAF 可以对来自 Web 客户端的各类请求进行内容检测和验证，确保其安全性和合法性，对非法的请求予以实时阻断，从而对各类网站站点进行有效的安全防护。WAF 通过增强输入验证，可以在软件运营阶段有效防止网页篡改、信息泄露、木马植入等恶意网络入侵行为，从而减小 Web 服务器被攻击的可能性。

作为第一道防线，WAF 能够阻止基本攻击，但难以检测到 APT 等高级威胁。企业需要持续投入，通过"调整"WAF 以适应不断变化的软件，这一过程消耗了安全人员大量的精力。因此，有别于 WAF，RASP 作为新一代运行时保护技术被引入，RASP 可以提供更深入的保护能力、更广泛的覆盖范围和更少的时间花费。

RASP 能与软件融为一体，使软件具备自我保护能力，它能结合应用的逻辑及上下文，对每次请求访问软件的代码执行流程中的每一段堆栈进行检测。当应用遭受实际攻击和伤害时，RASP 可以实时检测和阻断安全攻击，无须人工干预。

威胁情报平台（Threat Intelligence Platform，TIP）可以帮助安全人员明确企业的在线资产和安全状况，帮助安全人员了解企业正在遭受或未来可能面临的安全威胁，提供解决建议，根据企业自身资产的重要程度和影响面，进行相关的漏洞修补和风险管理。TIP 可以与各类网络安全设备和软件协同工作，通过对全球网络威胁态势进行长期监测，以大数据为基础发布威胁态势预警，为威胁分析和防护决策提供数据支撑。

另外，容器安全工具可以自动构建容器资产相关信息，提供各类资产，包括容器、镜像、镜像仓库和主机等的状态监控；智能补丁扫描工具可以提供镜像管理、镜像检测以及自动化补丁修复建议。容器安全工具可以对数据进行持续监控和分析，通过结合规则、基线和行为建模等要素，自适应识别运行时容器环境中的安全威胁；一键自动化检测机制提供可视化基线检查结果，同时将企业现有的安全技术与持续运营的安全模型结合，实现持续的、动态的安全检测机制。

2.3.9 软件供应链安全最新发展趋势

1. 云安全共享责任模型

在云计算环境下，云服务提供商（Cloud Service Provider，CSP）与云租户需要进行软件供应链安全共治，但云服务普遍存在安全责任划分不清晰与治理措施不明确等问题。为了解决这些问题，2019 年微软在"Shared Responsibility in the Cloud"一文中提到云安全共享责任模型。

云安全共享责任模型是指，在基础设施即服务（Infrastructure as a Service，IaaS）、平台即服务（Platform as a Service，PaaS）和软件即服务（Software as a Service，SaaS）3 种不同的云服务模式下，CSP 和客户之间需要分担的安全责任不同。CSP 需要保障客户在使用云服务时的物理安全，客户需要确保其解决方案和数据被安全地识别、标记和被正确地分类，以满足任何合规义务的要求，其余的责任由 CSP 和客户共同承担。

在构建以混合云作为运行环境的软件时，应仔细评估软件的依赖性和安全影响。为了提高可见性和支持混合云体系结构，许多 CSP 显示或允许 API 与安全进程的交互。不成熟的 CSP 可能不知道如何向客户提供（暴露）API 并且确保其安全性。例如，通过检索日志或权限控制的 API，客户可以获得敏感性较高的信息，这些 API 还可以帮助客户检测到未经授权的访问行为，因此 API 的开放是必要的。关于 API 安全，我们将在 3.3.4 节详细讲解。成熟的 DevSecOps 模型可以帮助组织评估整个软件供应链，确定需要严格控制的安全关键点。

2. 云资产管理流水线

云资产用于存储和处理数据，例如服务器、容器等计算资源，对象存储和块存储等存储资源，数据库和消息队列等平台实例。很多云资产的生命周期很短，因为它们会被频繁地创建和销毁。这会加大云资产管理的难度，而且可能导致很多流行的资产跟踪方式的效果大打折扣，例如根据 IP 地址跟踪。

对大部分企业而言，在交付服务和基础设施的流程上，已经有很多天然的控制点。每个企业会有一些差异，但我们必须找到这些控制点，并严格控制它们，确保自己知道所有的云资产，合理地管理风险。这个过程可以借助"云资产管理流水线"的理念来实施：这条流水线从 CSP 出发，然后流向不同的云资产。我们必须防止资产脱离这些流水线，引起"泄露"，这一点不论是对企业的整个 IT 系统还是对单个应用，都是成立的。

从源头来说，我们有多种方式来创建资产。假设我们付费选择了多个 CSP，它们可能使用不同的交付模型（如 IaaS、PaaS 或 SaaS），或者提供不同类型的资产。云资产管理的第一步是采购过程，该过程是防止漏洞发生的一个很好的起点。

第二步是使用审计凭证精确地找到 CSP 在为我们做什么。这意味着我们要使用它们的门户、API 或清单系统拉取资产清单。注意，一项资产中可能会包含另一项资产，例如虚拟机里有一个容器，而容器里有一个 Web 服务器。在这一步，我们要确保深入研究每一种资产类型，找到在安全方面非常重要的额外资产。因此，这一步中"泄露"是指已经从 CSP 那里拉取了资产列表，但没有对其中的某些资产建立资产清单。例如，对所有的虚拟机建立了资产清单，但忘记了团队使用的对象存储，如果不对这些对象存储建立资产清单，下游工具和处理流程就无法看到这些对象存储的存在，也就无法确定是否对这些资产的访问做了恰当的控制，或者它们是否已经被设置了合适的标签。

第三步是确保每个有助于检查资产安全的工具都与资产清单相互关联，并且能获得它完成自己工作所需的信息，例如：

- 网络漏洞扫描器应当能够从虚拟机信息或虚拟私有云子网信息中获取正在使用的 IP 地址；

- Web 应用漏洞扫描器应当能够获取每个 Web 应用的 URL；
- 健康检查或基准测试工具需要知道所有的虚拟机，才能检查每个虚拟机的配置；
- 防病毒解决方案需要知道所有使用的操作系统，这样它才可以跟踪和告警，确保防病毒签名是最新的。

这一步的"泄露"是指虽然意识到了某些资产的存在，但没有工具或流程去检查这些资产是否存在安全问题。当然，我们先得让这些工具知道这些资产的存在，否则它们是无论如何都检测不出安全问题的。

最后一步是确保会解决工具在扫描中发现的问题，尤其在使用"有噪声的"、会产生大量误报的扫描工具时。知道并接受风险但不解决是可以的，但是不能没有任何评审就忽略这些风险。

3. 通过最小权限原则和短生命周期保护软件供应链安全

1974 年，计算机科学家 Jerry Saltzer 曾指出：用户都应当使用完成工作所必需的最小权限来使用软件的每个程序和权限。2021 年，VMware 公司现代应用平台首席技术官 James Watters 指出：近半个世纪后，最小权限原则仍然在软件开发中起着非常重要的作用。虽然在多样化的多云环境中越来越难以管理风险，但 DevOps 团队现在拥有强大的技术能力来遵循最小权限原则。最小权限原则主要通过减少人工操作（自动化）和减少运行时人工访问来实现。

遵循访问权限的自动化和标准化操作、限制运行时的人工访问都减少了总体软件权限的滥用，而这在 20 世纪 70 年代是不可能办到的。对访问控制的结构化操作越多，开发人员不慎将自己暴露到风险之中的可能性就越小，这也能够阻止攻击者的入侵。

虚拟机、容器等新技术体系下的软件工程定义了新的权限边界——通过权限使既定进程的生命周期足够短。Equifax 信息泄露事件后，所有人突然都极度谨慎地对待软件中可能存在的长期共享机密问题。**短生命周期构建**尤为重要，因为攻击者一般不会在虚拟机中持久地开展恶意活动，因为我们不会修复昨天所使用虚拟机中的漏洞，我们会扔掉旧虚拟机并构建一个新的。

通常，从针对软件使用的开源代码的依赖混淆攻击到针对软件交付阶段的程序包镜像攻击，CI/CD 管道的每一层都会遭受攻击。但在中间阶段即构建管道的攻击，可能要比针对软件自身代码的攻击更加糟糕。例如，SolarWinds 攻击事件中攻击者通过访问 CI/CD 环境将恶意软件插入合法软件的更新来更好地伪装自己的活动。

攻击者一般会在首次攻击后等待两周的时间，这样我们无法将新行为（新加入的恶意软件）和原本正常的软件行为（生产和安装程序）关联在一起。攻击者喜欢通过攻击构建管道来实现软件供应链攻击，而短生命周期构建（高频率的版本迭代和构建行为）可在一定程度上抵御这类攻击。

4. 开源组件元数据 API Grafeas

Grafeas 是由谷歌发起的，联合包括 Red Hat、IBM 在内的多家公司共同发布的开源计划。Grafeas 提供了一种统一的方式来审计和管理软件供应链，它定义了一个 API 规范，用于管理软件资源，如容器镜像、虚拟机镜像、JAR 文件和脚本。组织可以使用 Grafeas 来定义和聚合有关软件组件的信息。构建工具、审计工具和合规性工具都可以使用 Grafeas 来存储和检索各种组件的综合数据。

同时，作为 Grafeas 的一部分，谷歌推出了 Kritis，它是一种 K8s 策略引擎，通过在部署前对容器镜像进行签名验证，确保只部署经过可信授权方签名的容器镜像，降低在环境中运行恶意代码的风险。

Grafeas 为组织成功管理其软件供应链所需的关键元数据提供了一个集中的、结构化的知识库。它反映了谷歌在数百万个版本和数十亿个容器中构建内部安全和治理解决方案所积累的最佳实践，具体如下：

- 使用不可变的基础设施来建立针对 APT 的预防性安全态势；
- 基于全面的组件元数据和安全证明，在软件供应链中建立安全控制，以保护生产部署；
- 保持系统的灵活性，并确保围绕通用规范和开源软件的开发工具的互操作性。

Grafeas 旨在帮助组织应用上述提到的最佳实践，实现以下功能和设计要点。

- 全面覆盖：Grafeas 根据软件组件的唯一标识符存储结构化元数据，因此组织无须将其与组件的注册表放在一起，它可以存储来自不同存储库组件的元数据。
- 混合云适配性：组织可以使用 Grafeas 作为中央通用元数据存储。
- 可插入：Grafeas 可轻松添加新的元数据。
- 结构化：针对常见的元数据类型的结构化元数据模式，Grafeas 让组织可以添加新的元数据类型，并且依赖 Grafeas 管理这些新数据。
- 访问控制：Grafeas 允许组织控制多个元数据的访问。
- 查询能力：使用 Grafeas 的组织可以轻松查询所有组件的元数据，不必解析每个组件的单一报告。

在软件供应链的各个阶段，不同的工具会生成有关各种软件组件的元数据，包括开发人员的身份、代码、何时签入和构建、检测到哪些漏洞、哪些测试通过或失败等，Grafeas 将捕获此元数据。

5. SLSA 框架与完整性保障

供应链完整性攻击这两年大幅增加，而且成为影响所有用户的攻击途径。谷歌开源安全团队指出，虽然市面上已有局部的解决方案，但是还没有完整的端到端框架可以定义如何缓解软件供应链上的威胁，以及提供一定的安全保证。鉴于存在像 Solaris 和 Codecov 这样大规模的攻击，谷歌认为有必要制定一个通用框架，以保护开发厂商及用户。

软件制品的供应链级别（Supply-chain Levels for Software Artifacts，SLSA）框架的灵感来自其强制性的内部 Binary Authorization for Borg 执行检查器，该检查器可确保生产的软件得到适当的审查和授权，特别是在代码可以访问用户数据的情况下。Binary Authorization for Borg 已经在谷歌内部被使用了 8 年，它是谷歌所有生产工作负载的强制性检查器。

SLSA 框架被设计成渐进式和可操作的，其每一步都提供了安全优势。如果一个组件符合最高级别的要求，消费者就可以相信它没有被篡改过，并且可以安全地追溯到源头，这对今天的大多数软件来说是很难做到的，甚至是不可能做到的。SLSA 框架的目标是改善行业状况，特别是开源代码的状况，以抵御最紧迫的完整性威胁。

SLSA 框架由 SLSA 1 至 SLSA 4 这 4 个级别组成，数字的递增与完整性保障程度的递增相对应。SLSA 1 要求构建过程完全脚本化或自动化并生成出处（即组件如何构建的元数据，包括构建过程、顶级来源和依赖关系的信息）；SLSA 2 要求使用版本控制和生成经过出处认证的托管构建服务；SLSA 3 要求源代码和构建平台需要满足特定的标准，以保证源代码的可审计和来源的完整性；SLSA 4 要求对所有的变化进行双人审查，并采用可重复的构建过程。谷歌表示，双人审查是行业中捕捉错误和阻止不良行为的最佳做法。SLSA 框架目前可在 GitHub 上找到。

6. 开源合规与 OpenChain 项目

为了让企业合规且有效地管理并使用开源软件，解决开源合规性挑战涉及解决软件供应链中的开源合规性。合规性不仅是硬件设备或软件的问题，还是一个跨组织的过程挑战。意识到这一事实和提供切实可行的解决方案是不同的，想法需要一段时间才能渗透和成熟。它还需要律师、管理者和政治学家的投入，而不仅仅是 IT 领域的专家，例如律师会从知识产权的角度评价合规性，政治学家会考虑开源的跨国使用问题。简而言之，社区需要一段时间找到一种简单、清晰的方法来实现。这就是 OpenChain 项目的来历，Linux 基金会希望提供一个标准来让企业遵循参考，进而制定开源软件方针、流程、工具和培训方案。

OpenChain 项目包含 3 个相互关联的部分：

- 一个限定了质量合规项目的核心要求的规范；
- 一种可帮助组织显示对这些要求的遵守情况的一致性方法；
- 一门基本的开源过程和最佳实践的课程。

OpenChain 项目的核心是规范。使用 OpenChain 规范的组织的主要目标是一致，即组织要满足特定版本的 OpenChain 规范的要求。合格的组织可以在其网站和促销材料上宣传这一事实，从而使潜在的供应商和客户能够理解并信任其实现开源合规性的方法。OpenChain 规范可以被创建、使用或分发开源代码的任何组织采用。组织可以通过免费的在线自我认证调查表检查 OpenChain 一致性，这是检查和确认是否遵守 OpenChain 规范的最快、最简单、最有效的方法。

对于流程需要进行纸质审查或禁止在线提交的组织，OpenChain 项目提供了人工进行一致性符合验证的相关指导文档。是采用在线还是人工进行一致性符合验证可以按照一致性组织需要的速度决定，这两种方法都将保持私有状态，直到提交完成为止。

OpenChain 课程可帮助组织满足 OpenChain 规范的培训和流程要求，它提供了开源代码合规性培训计划的通用、完善和清晰的示例。组织可以直接使用该课程，也可以将其合并到现有的培训计划中。课程中的规范流程要求可以应用于组织内部管理开源的各个过程。OpenChain 课程的限制很少，以确保组织可以尽可能多地使用它，它被许可为 CC0，即贡献于公共领域，因此可以出于任何目的自由地重新混合或共享。

OpenChain 项目的核心是提供一种简单、清晰的方法来建立相互依赖的组织之间的信任关系，以共享代码和创建产品。这是首次采用单一的、统一的方法来应对软件供应链中的开源合规性挑战，并且它有可能真正改变行业。

7. OpenSSF 基金会与"安全指标倡议"计划

由 Linux 基金会牵头，开源社区达成了一项跨行业的合作，新成立的开源软件安全基金会

（OpenSSF）旨在将广泛的社区领导者聚集到一起，建立有针对性的计划和最佳实践，以提升开源项目的安全性。

OpenSSF 宣布了一个"安全指标倡议"计划，该计划的主要目标是提供与开源项目相关的威胁和风险的决定性信息。安全指标（security metrics）附带了一个认知的仪表盘，帮助相关方做出关于是否在他们的软件供应链中使用或采纳开源项目的决策。

安全指标从知情来源收集重要的面向安全的数据，并用仪表盘的方式呈现，以衡量开源项目的安全状况，搜索 K8s 项目后显示的安全指标信息示例仪表盘如图 2-3 所示。其中，关键得分（即图 2-3 中 OpenSSF Project Criticality 部分）用于判断开源项目的影响和重要性、最佳实践徽章（即图 2-3 中 OpenSSF Best Practices Badge Program 部分）用于沟通如何很好地遵循安全最佳实践、安全审查（即图 2-3 中 OpenSSF Scorecard-Automated Detection of Security Controls 部分）用于显示由研究人员执行的安全评估。

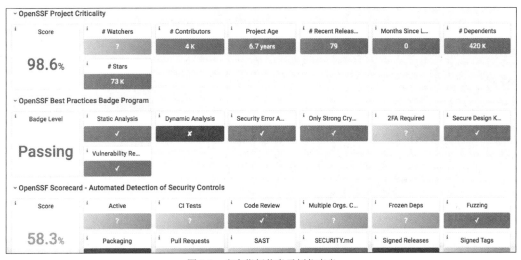

图 2-3　安全指标信息示例仪表盘

没有一个单一的指标可以完全描述使用一个软件的安全风险，我们相信从一个集中的位置（如仪表盘）访问多个指标可以帮助我们做出明智的决定。目前，"安全指标倡议"计划已经收集到超过 100 000 个项目的数据，我们可以通过仪表盘和一个简单的 API 访问它。

第 3 章

DevSecOps 最佳实践

在本章，我们将重点介绍 DevSecOps 各个环节的最佳实践。

3.1　构建安全与安全左移

安全左移相比在代码开发过程中广泛使用应用安全性技术是较新的概念。应用安全性大多是通过网络或应用防火墙加固的，而不是嵌入代码本身。在应用之外理解应用请求、做安全检测并阻止攻击是非常困难的。在可能的情况下，修复易受攻击的代码并关闭攻击载体要有效得多。随着代码安全检测方面的工具越来越好用，在代码层面解决安全检测问题也变得越来越容易，有些工具已经能基于应用上下文的理解进行攻击路径分析了，因此我们建议在开发过程中使用安全检测工具自动发现问题。

从本质上讲，安全左移将更多的资源从软件生命周期最右端的生产进行左移，将更多的资源投入需求、设计、开发和测试阶段。这些思想诞生于精益生产，Kaizen 和 Deming 的价值流、持续优化等原则，已被证明是有效的，但通常应用于制造业。如今，DevOps 继承了精益的思想和原则，并且已经在软件行业得到了推广和应用。基于这一思路，我们可以通过在软件生命周期的早期将安全检测左移来实现以较低的成本提高安全性并持续优化。

3.1.1　安全左移

安全左移就是将安全工作更多地放到软件生命周期的早期，安全工作包括安全需求分析、安全设计、安全编码、供应链管理安全、镜像安全等。安全左移的思路不仅能让 DevSecOps 团队及早发现安全风险，及时解决安全威胁，还能降低团队安全投入、提高软件整体的安全水平。在软件开发早期融入安全环节来降低解决安全问题的成本，前期介入的内容主要包括对开发人员和测试人员的安全意识培训、对开发人员的安全开发规范培训、安全需求导入、开发时的代码审计工作、上线前的安全审查等。

3.1.2　安全意识与教育

在 DevSecOps 的基本理念中，安全需要贯穿整个软件生命周期。打造 DevSecOps 安全文化需要从意识、流程和文化等方面做出整体变化。建立 DevSecOps 安全文化的实践如下。

- 培训安全意识。打造 DevSecOps 安全文化的第一步是建立跨团队的安全意识，安全意识的形成依赖于定期进行的安全意识培训和团队所有成员对相关安全标准、DevSecOps 工作流程的学习。通过提高团队成员的安全意识，团队成员能够在软件生命周期的不同阶段认识到自动化安全检查的重要性。

- 安全嵌入流程。将安全嵌入 DevOps 流程中，并严格执行和管理符合安全标准的流程，促成开发、运营和安全团队之间的密切合作。面对业务的频繁调整问题和上线带来的安全问题，尽量在各个阶段同步解决，而不是在业务上线部署后仓促解决。同时，需要将持续安全评估和安全管理工作流程自动化，以提升安全检测效率。

- 激励协作。在企业层面采取激励措施，让开发团队和运营团队成员将安全视为共同承担的责任，并逐步推动开发、运营和安全团队之间的协作文化。

3.1.3　常见漏洞列表

常见漏洞列表可以帮助相关人员识别应用开发中经常被攻击者利用的错误。它们不仅展示了漏洞，还提供了有关避免将这些漏洞引入代码的实用建议。使用较广泛的两个公开、可用的漏洞列表是 OWASP Top 10 和 MITRE Top 25。

1．OWASP Top 10

开源 Web 应用安全项目（Open Web Application Security Project，OWASP）是一个非营利基金会，它运营了多个按成熟度分类的社区主导项目，包括维护对组织影响较严重的十大安全风险类别列表。它的旗舰项目包括十大移动应用安全风险类别和十大 Web 应用安全风险类别。OWASP 的实验室项目在其 API 安全项目下列出了十大 API 安全风险类别，而 OWASP 的孵化器项目则列出了针对 Docker 和无服务器技术的十大安全风险类别。这些列表是根据调查编制的，调查问卷中要求受访者对他们认为应该出现在前 10 名列表中的 4 个安全风险类别进行投票，多个行业和地区的组织参与了调查。因此，安全行业认为 OWASP Top 10 代表了影响企业的常见的安全风险类别。这些列表大约 3 到 4 年更新一次，以反映安全风险类别的最新趋势。

OWASP Top 10（撰写本书时最新版本为 2021 版）可免费获取，十大安全风险类别以一致的格式显示在一个 PDF 文档中，第一部分根据可利用性、普遍性、可检测性和技术影响对一般安全风险进行评级。此评级不是在特定应用或业务的上下文中，它可以帮助我们评估与组织相关的安全风险评级。评级之后是摘要部分，描述了易受攻击的应用、攻击场景示例、预防措施，并提供了与风险相关的参考材料。对 DevSecOps 工程师来说，熟悉 OWASP Top 10 列表中的每一项并将对应安全因素纳入设计非常重要。

十大 Web 应用安全风险类别列表可以说是 OWASP 最重要的项目。它催生了许多其他项目来帮助开发人员将安全性设计到他们正在开发的应用中，例如 OWASP 建议使用应用安全验证标准（Application Security Verification Standard，ASVS）作为设计安全应用的指南。OWASP 还制作了一系列简单的良好实践指南——OWASP Prevention Cheat Sheets（OWASP 预防备忘单），向开发人员展示如何从一开始就设计和实现安全性，以及 OWASP Top 10 主动控制措施，这是所有开发人员在他们正在开发的应用中构建安全性都应遵循的安全技术列表。这些项目都可以在 OWASP 网站免费获得，应该鼓励所有 DevSecOps 工程师使用这些项目及其相关的最佳实践、指南、工具等。

2. MITRE Top 25

MITRE 公司与 SANS 研究所（SANS Institute）合作维护了一份 Top 25 危险的软件错误列表，列表中包含"可能导致软件中严重漏洞的、普遍的和严重的弱点"。与 OWASP Top 10 类似，MITRE Top 25 是一个社区资源，其归功于软件和安全行业的大量人员。该列表根据通用弱点评分系统（Common Weakness Scoring System，CWSS）进行排名，该系统基于 3 组指标对漏洞评级进行标准化：

- 基本结果，涵盖固有风险、准确性的置信度和与弱点相关的现有控制的强度；
- 攻击面，或攻击者利用弱点必须克服的障碍；
- 环境，检查弱点的运营和业务背景。

与 OWASP 支持大量免费的安全相关项目（包括工具、指南和支持组）不同，SANS 研究所的大部分资源都专注于销售商业应用安全培训和安全意识提升产品，包括行业标准相关的出版物。这些都是促进设计安全实践的有用资源。

3.1.4 网络安全实验和攻防演练

随着网络规模逐渐扩大，网络拓扑结构日益复杂，规划和设计网络的安全性已经不能仅依靠经验和理论了。在实际生产环境中，直接开展网络安全实验或攻防演练，场景覆盖不全面，需要不断调整物理设备和节点开展多次实验或攻防演练，这不仅增加了成本，还容易造成物理设备故障和系统崩溃，产生不必要的损失。因此，网络安全靶场应运而生，通过网络安全仿真技术，快速、低成本地构建仿真环境，支持用户开展真实的、大范围的网络安全实验和攻防演练，测试和评估网络的安全性并找出薄弱环节，预防未知威胁和攻击，提升安全防护能力。

WebGoat 是由 OWASP 发布的用于进行 Web 漏洞实验的平台。WebGoat 用 Java 实现，提供了 30 多个训练课程，涉及跨站脚本攻击、访问控制、线程安全、操作隐藏字段、操纵参数、弱会话 cookie、SQL 盲注、数字型 SQL 注入、字符串型 SQL 注入、开放授权失效、危险的 HTML 注释等。WebGoat 还提供了一系列 Web 安全培训的教程，某些教程还配套视频演示，指导用户利用这些漏洞进行模拟攻击。

DVWA（Dam Vulnerable Web Application，易受攻击的 Web 应用）是用 PHP 实现的一套用于常规 Web 漏洞教学和检测 Web 脆弱性的应用，涉及 SQL 注入、跨站脚本攻击、盲注等一些常见的安全漏洞。

Mutillidae 是一个开源的 Web 应用，可以模拟入侵和演示安全测试，包含丰富的渗透测试项目，如 SQL 注入、跨站脚本攻击、点击劫持、本地文件包含、远程代码执行等。

3.1.5 结对编程和同行评审

结对编程是一种不断发展的软件开发模式，要求两个开发人员在同一块代码上工作，并分别承担类似"驾驶员"和"导航员"的职责。整个过程中，"驾驶员"负责编写代码，而"导航员"则负责审查和专注于行动计划。由于该模式从一开始被看作对宝贵编程资源的浪费，因此说服某些管理者采用结对编程往往会吃"闭门羹"。事实却是，结对编程虽然多花了约 15%的时间，但却能减少约 15%的代码缺陷。

大部分开发人员喜欢在结对编程的环境中工作，而不是独自工作，他们在结对工作时比独自工作更自信。结对编程对生产力和产出的影响也是积极的，因为相比个人，结对编程通常有更多的设计思路，还能更好地捕捉设计缺陷和错误。

在结对编程的整个时间里，结对双方应一直保持交流，使对方能够参与并协助确定编码方向。结对编程的目标是两个结对者能够互相分担工作负载，保证持续的开发节奏，并助力团队的知识传播。

总而言之，结对编程绝不仅是让两个开发人员凑在一起，然后疯狂地编写代码。在过去的几年中，专业人士设计了在各种情况下使用结对编程的方法。通过经验和适当的实践，这些方法已经被改进和完善。下面我们将介绍两种结对编程的方法。

1. "强风格"结对法

在"强风格"结对法中，"驾驶员"不会做任何"导航员"没有指示的事情，想法必须经由他人的手落实。当"驾驶员"想提出想法时，他必须将代码移交给同伴，然后以"导航员"的角色实施控制，这种方法使"导航员"可以完全参与其中。在早期的结对编程方法中则正好相反，"导航员"请求"驾驶员"移交代码来直接输入或实施自己的想法。

2. "乒乓"结对法

近年来，开发人员经常使用的另一个结对编程方法是"乒乓"结对法。在该方法中，"驾驶员"针对行为编写一个测试，然后交由"导航员"实现该行为。实现完成后，轮到"导航员"作为新的"驾驶员"，编写下一个测试让新的"导航员"（之前的"驾驶员"）去实现。这种方法最大的挑战是需要花费时间进行重构和测试，并且有时投入在重构和测试上的时间甚至多于编码。这可能使得实现一个特性变得复杂，也使测试复杂化。在实现特性时进行渐进操作较为简单，但我们需要注意代码的简洁性，以便以后能不费力地维护代码。类似的想法也适用于测试部分。

简而言之，"乒乓"结对法有助于同时关注代码和测试，也有助于有效地进行测试驱动开发（Test-Driven Development，TDD）。

3.1.6 Scrum 中的安全性

迭代式增量软件开发过程和看板技术非常适合 DevOps，它们专注于较小的、重点突出的、快速可证明的任务，基于小步迭代的任务容易实现开发、测试和运维的工作协同。建议在这个时候（针对小步迭代的任务）设置"安全冠军"程序，在每个团队中至少培训一个人学习安全基础知识，并确定哪个团队成员对安全感兴趣。通过这种方式，安全任务可以很容易地分配给那些有兴趣并且有一定的技能处理这些任务的团队成员。

Scrum 是近年来比较流行的敏捷开发模式。在 Scrum 模式下，可以委托自愿的开发人员（即对安全有兴趣的开发人员）成为开发团队的"安全冠军"。大多数开发人员其实对安全很感兴趣，他们知道安全教育使他们对公司更有价值，这通常意味着加薪。这也意味着安全团队将有一名联络员，我们可以向他提问，如果他有问题，他也会主动来联络。这是一个扩展安全性且不需要扩展安全人员数量的很好的方法，建议组织留出一些预算和资源实现它，因为它带来的收益远远大于它的成本。

3.1.7　代码审计

代码审计（code audit）是通过阅读源代码来发现潜在安全漏洞和安全隐患的技术手段，它可以弥补黑盒渗透测试在覆盖安全漏洞和安全隐患上的不足，是安全性和可靠性最高的修补漏洞的方法。

代码审计对代码库和软件架构的安全性和可靠性开展全面的检查，通过对源代码检查结果与检查整个软件得到的全局信息进行关联分析，防止严重的漏洞泄露到软件运行时中。实践证明，软件的安全性很大程度上取决于软件代码的质量。我们通过代码审计能够获取以下收益：

- 代码审计能够对整个软件的所有源代码进行检查，并明确威胁点，加以验证，定位整个软件中的安全隐患点；
- 代码审计查出的漏洞可以让开发人员了解漏洞的形成原因和危害性，从而提高开发时的安全防范意识；
- 代码审计可以在早期及时有效地督促开发人员，不放过任何一处小的缺陷，尽早修复和预防，从而降低整体安全风险。

代码审计是等级保护（下文简称等保）测评的一个环节，等保备案二级以上的软件都要开展等保测评。下面我们结合《信息安全技术　网络安全等级保护基本要求》（GB/T 22239—2019）中相关要求，介绍如何借助代码审计技术和工具规避相关问题，满足等保要求。

（1）对于通信传输，应采用密码技术保证通信过程中数据的完整性和保密性。通过代码审计，检测通信过程中是否加密、加密算法是否安全、是否使用了弱密码或弱哈希、密码存储是否安全。

（2）对于安全区域边界，应保证跨越边界的访问和数据流通过边界设备提供的受控接口进行通信。通过代码审计，在外部注入、管道劫持、数据污染、非授信边界等方面对软件进行审查，报告是否存在安全风险。

（3）对于入侵防范，应在关键网络节点处检测，防止从内部发起的网络攻击行为；应提供数据有效性检测功能，保证通过人机接口输入或通过通信接口输入的内容符合软件设计要求；应能发现可能存在的已知漏洞，并在经过充分测试评估后，及时修补漏洞。通过代码审计，对多种输入接口进行注入类检测，如 JavaScript 注入、SQL 注入、XML（eXtensible Markup Language，可扩展标记语言）注入、资源注入、二阶 SQL 注入等，并报告接口薄弱环节。

（4）对于恶意代码和垃圾邮件防范，应在关键网络节点处对恶意代码进行检测和清除，并维护恶意代码保护机制的更新和升级。借助代码审计工具的漏洞模式分析引擎，提供在线更新和离线软件包更新等方式，保持对恶意代码的检测和防护能力。代码审计工具是一类辅助我们完成白盒测试的工具，它可以分为很多类，如安全性审计、代码规范性审计等，我们也可以按它能审计的编程语言分类。使用一款好的代码审计工具可以极大地降低审计成本，帮助审计人员快速发现问题，同时降低审计门槛。

根据 Cyber Security Hub 发布的 "2021 State of DevSecOps" 报告，SAST 比 DAST 流行，采用比例分别为 44% 和 21%，因为 DAST 不那么适合现在的软件开发模式，例如敏捷和 DevOps 更强调速度。Cyber Security Hub 发布的 "2021 State of DevSecOps" 报告指出，开源安全问题使 SCA 工具的使用率提升，由于发布速度要求和软件复杂度的提升，现在的软件比以前的软件使用更多的第三方商业或开源组件和库，如果缺乏 SCA 工具，将大大增加定位开源漏洞和许可证风险的难度。根据 Forrester 在 2021 年发布的报告 "Software Composition Analysis"，SCA 工具是保护软件供应链的关键。从 2015 年到 2020 年开源的使用比例从 36% 增长到 75%，同时开源漏洞数量也在持续增加。因此建议使用 SCA 工具满足如下需求：

- 找出代码中使用的各种包含风险的组件；
- 提示开发人员如何修复开源漏洞、处理开源许可证风险；
- 分析和完善软件供应链。

3.2 安全架构

为了应对和解决各种安全问题，各权威机构和相关专家提出了很多安全架构，这些安全架构对安全领域的发展具有重大意义。对当今安全领域发展影响较大的安全架构包括 Gartner 提出的自适应安全架构（Adaptive Security Architecture）、Forrester 提出的零信任（Zero Trust）模型和 MITRE 提出的 ATT&CK（Adversarial Tactics, Techniques and Common Knowledge，对抗性战术、技术以及公共知识库）框架。其中，零信任模型和 ATT&CK 框架从攻击者的视角出发看问题，颠覆了传统的纯防御为主的安全理念，与持续自适应风险与信任评估（Continuous Adaptive Risk and Trust Assessment，CARTA）倡导的安全人员应该通过理解上下文和持续风险评估来灵活调整安全策略的理念有相似之处。

在本节，我们将分别介绍这 3 个安全架构，并阐述它们之间的关系。另外，我们还将介绍网络安全网格架构（Cyber Security Mesh Architecture，CSMA）。

3.2.1 自适应安全架构

Gartner 针对高级别攻击设计了一套自适应安全架构，最早的 1.0 版本如图 3-1 所示。

此架构让我们从传统的防御和应急响应的固化工作思路中解放出来，加强检测和响应能力以及持续的监控和分析能力，同时引入全新的预测能力。

2017 年，自适应安全架构进入 2.0 时期，它在 1.0 版本的基础上丰富了相关的理论，如图 3-2 所示。

自适应安全架构 2.0 主要有 3 点变化：一是 "持续监控分析" 改成 "持续可视化和评估"，同时加入了用户和实体行为分析（User and Entity Behavior Analytics，UEBA）相关的内容；二是引入了每个象限的小循环体系，而不只是 4 个象限大循环；三是在大循环中加入了策略和合规的要求，同时对大循环的每个步骤说明了循环的目的，防御象限的目的是实施动作，检测象限的目的是监控动作，响应象限和预测象限的目的都是调整动作。

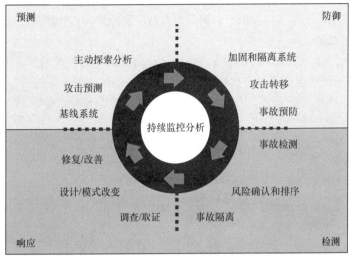

图 3-1　自适应安全架构 1.0

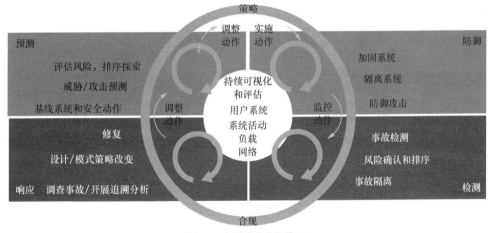

图 3-2　自适应安全架构 2.0

UEBA 中实体主要指终端、应用、网络等 IT 资产实体。UEBA 的主要思路是收集这些 IT 资产实体的数据进行大数据分析和机器学习，来找出一些安全问题。很多终端安全厂商或者网络安全厂商会跟 UEBA 厂商进行配合，前者发现已有的一些安全问题，后者发现更深层次的问题（包含人的因素）。

在 2018 年 Gartner 提出的十大安全趋势中，正式确认了 CARTA 的安全趋势，这也是自适应安全架构 3.0 重点强调的，如图 3-3 所示。

自适应安全架构 3.0 相比之前的版本最大的变化是多了关于访问的内容，包括对用户、设备、应用、行为和数据的保护，把之前的自适应安全架构作为应对攻击的保护外环。内环重点关注认证（即持续可视性与验证），有如下原因。

- 之前版本的自适应安全架构没有考虑认证的问题，导致架构的完整性有缺失。如果攻击者获取了有效的认证内容，如用户名密码，自适应安全架构 2.0 会认为事件是"可信"的，就无法感知威胁。
- 云访问安全代理（Cloud Access Security Broker，CASB）这种产品解决了部分的认证问题，同时 Gartner 使用自适应安全架构的方法论来对 CASB 的能力架构进行全面分析，可以理解为将对 CASB 自适应的架构作为原型挪到自适应安全架构 3.0 中。这个架构的核心点在于认证，包括云服务的发现、访问、监控和管理。
- 如果只是一次性认证，并没有持续地监控和审计，那么会有被窃取认证信息的可能性。

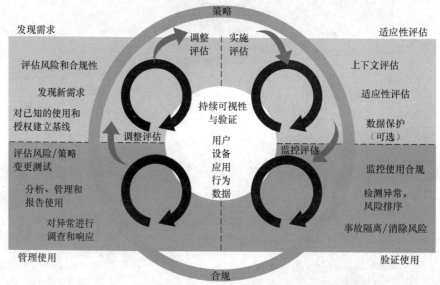

图 3-3　自适应安全架构 3.0

从自适应安全架构 3.0 的变化可以看出其对认证领域的重视。自适应安全架构 3.0 的适用场景更为广泛，包括安全响应、数据保护、安全运营中心、双模 IT、DevSecOps、物联网安全、供应链安全、业务持续和灾难恢复等。

3.2.2　零信任模型

零信任模型重新评估和审视传统边界安全架构思想，并提出安全架构思路的新建议。零信任的核心思想是，默认情况下不应该信任网络内部或外部的任何人、任何设备、任何系统，需要基于认证和授权重构访问控制的信任基础，例如 IP 地址、主机名、地理位置、所处网络等均不能作为可信任的凭证。零信任引导安全架构从"网络中心化"往"身份中心化"转变，其本质是以身份为中心进行访问控制。

零信任是实现 CARTA 的第一步。我们需要评估安全状况，包括验证用户、验证设备、限制访问和权限，才能自适应地调整策略。在 CARTA 中，初始安全状态默认都是否认状态，在对用户的凭据、设备和上下文进行评估之前，用户没有任何访问权限；在达到足够的信任级别之前，不应该授予访问权限。CARTA 架构进一步扩展了零信任的概念，并将访问保护视为一个持续的风险和信任评估问题。CARTA 还扩展了网络访问之外的功能，例如监视用户的风险行为，即使他们已经通过了初始风险和信任评估，并被授予了访问权限，这就是 UEBA。

3.2.3　ATT&CK 框架

ATT&CK 框架根据真实的观察数据来描述和分类对抗行为，将已知攻击者行为转换为结构化列表，汇总成战术和技术，并通过几个矩阵和结构化威胁信息表达式（Structured Threat Information eXpression，STIX）、指标信息的可信自动化交换（Trusted Automated eXchange of Indicator Information，TAXII）来表示。

ATT&CK 框架的目标是创建网络攻击使用的已知对抗战术和技术的详尽列表。简单来说，ATT&CK 框架是由攻击者在攻击时会利用的 12 种战术和 244 种技术组成的精选知识库。ATT&CK 框架会详细介绍每种技术的利用方式，以及对防御者的重要性，这能帮助安全人员更快速地了解不熟悉的技术。ATT&CK 框架针对每种技术都提供了具体场景示例，用于说明攻击者是如何通过某一恶意软件或行动方案来利用该技术的。ATT&CK 框架每个场景示例都采用维基百科的风格，引用了许多博客和安全研究团队发表的文章，因此 ATT&CK 框架中没有直接提供的有价值的内容，通常可以在对应链接的文章中找到。

另外，预测有助于布置检测和响应措施，检测和响应也有助于预测。ATT&CK 框架提供了对抗行动和信息之间的关系，防御者可以追踪攻击者采取的每项行动，并了解这些行动的动机和依存关系。有了这些信息，安全人员可以将防御策略与攻击者的手段对比，预测会发生什么事情。

现在越来越多的企业开始研究和使用 ATT&CK 框架。企业通常会采用两种方法，一种是盘点其安全工具，让安全厂商提供一份对照 ATT&CK 框架覆盖范围的映射图。尽管这是最简单、最快速的方法，但安全厂商提供的覆盖范围可能与企业实际部署工具的方式并不匹配，因此另一种方法是企业按照战术逐项进行企业安全能力评估，ATT&CK 框架是入侵分析的最佳模型，能够增强企业的检测和响应能力。

3.2.4　CSMA

从 2020 年开始，Gartner 连续 3 年在年度技术趋势报告中提到 CSMA。

Gartner 在 2020 年对 CSMA 的描述如下。

只有当企业信任数据时，数据才会变得有用。如今，资产和用户可能出现在任何地方，这意味着传统的安全边界已经消失。这时就需要 CSMA。

CSMA 提供一体化安全结构和态势，为任何位置的任何资产提供安全保障。到 2024 年，使用 CSMA 一体化安全工具组成一个合作生态系统的企业能够将单项安全事件的财务影响平均减少 90%。

到了 2021 年，Gartner 对 CSMA 的描述变成了如下。

CSMA 使任何人都可以安全地访问任何数字资产，无论资产或人员位于何处。它通过云交付模型解除策略执行与策略决策之间的关联，并使身份认证成为新的安全边界。到 2025 年，CSMA

将支持超过一半的数字访问控制请求。

我们已经越过了一个转折点，大多数企业的网络资产现在已超出传统的物理和逻辑安全边界。随着运营的不断发展，CSMA 将成为从非受控设备安全访问和使用云端应用、分布式数据的最实用方法。

我们可以从如下 3 个方面理解 CSMA。

- CSMA 是一种分布式架构，它实现了在以分布式策略执行的架构中进行集中策略编排和决策，它用于实现可扩展、灵活和可靠的网络安全控制。
- CSMA 允许身份成为安全边界，使有身份认证的人或事物能够安全地访问和使用任何数字资产，无论其位于何处，同时它提供了必要的安全级别，这是随时随地运营的关键推动因素。
- CSMA 这种分布式、模块化的架构，正迅速成为网络安全基础设施。

由此，可以得出 CSMA 的 5 个特点。

- 与物理位置无关，在任何地方都能安全接入。CSMA 可以突破物理网络限制，访问主体无论身处何方，都可以随时随地地安全接入。
- 以身份作为安全边界（零信任网络）。CSMA 可以将身份植入每一个网络数据包，使用分布式、基于身份的访问控制引擎执行端到端的网络访问控制，用身份而非网络位置（IP 地址）重新定义安全边界，构建可信网络。
- 集中策略编排，分布式策略执行。CSMA 可以以身份为中心、做集中统一的策略编排，并分发至分布式策略引擎执行，以适应云环境下不断变化的超大规模网络。
- 模块化的架构设计。CSMA 拥有开放式的模块化架构设计，可对接已建的安全系统和网络服务，为组织提供轻量级网络安全基础设施。
- 面向云原生和基于 API 的环境。CSMA 可以继承云的弹性、动态调度、高可用等特性，并开放 API，基于可信域安全云网的底层能力构建适用于组织的定制化安全运营体系。

CSMA 的 4 个典型应用场景如下。

- 云化可信办公网络。CSMA 可以保障访问主体随时随地安全接入，支持数万人同时在线、细粒度的访问控制和快速部署全球化虚拟办公专网。
- 业务资源零暴露。CSMA 可将公有云私有化，实现业务资源的专有网络空间、端到端加密传输，隔绝大多数网络攻击。
- 身份化威胁溯源。CSMA 可以实现系统访问的全面身份化，包括逐包身份认证、身份化全流量审计、敏感数据识别、用户行为基线定义和基于身份的上下文行为分析。
- 自适应安全运营。CSMA 可赋能已建的安全系统，实现动态安全策略调整、云环境下的全网感知和管控，打造自适应安全运营的闭环。

3.3　安全设计

除了核心安全设计原则和威胁建模，安全设计还涉及微服务安全、API 安全、容器安全和流水线安全这几个重要方面。

3.3.1 核心安全设计原则

核心安全设计原则与系统类型和编程语言无关，主要包括最小权限原则、纵深防御原则和默认安全原则。

1. 最小权限原则

当授予实体对系统某些资源的访问权限时，就有实体滥用该访问权限的风险，因此不要冒险给予其必要访问权限以外的权利。最小权限原则的实质是任何实体（用户、管理员、进程、应用和系统等）仅拥有其完成规定任务所必需的权限，即仅将所需权限的最小集授予需要访问资源的主体，并且拥有该权限的时间应该尽可能短。最小权限原则可以尽量少地将系统资源暴露在攻击之下，以减少因遭受攻击而造成的损失。

2. 纵深防御原则

古代的城市保卫战中，若所有兵力只防守一个城门，结果只有一个：城市很快被攻陷。所以我们在电视剧中看到的城市保卫战，都是全城防御，涉及各城门、城墙、防空、城内巡视、地下通道等，虽然最终可能被攻陷，但是让攻方付出了更多的成本。我们线上系统和城市一样，要求我们以一种全面的视角看问题，在正确的地方做正确的安全方案，避免疏漏，让方案相互配合，形成一个整体。

线上系统一般有哪些特点呢？例如数据传输、中心化、信息私密性、架构分层等，它们不是一个维度的分类，但可以为我们提供防御设计的切入点。针对数据传输，做好数据传输的加密、加签等；针对中心化，做好防 DDoS 攻击，避免大流量"打倒"系统；针对信息私密性，做好权限隔离或鉴权设计；针对架构分层，在各层部署安全方案，例如服务层不开放 80 端口、Web 层做输入输出的过滤等。

3. 默认安全原则

在短时间内人员安全能力无法提高的情况下，通过提供默认安全的开发框架或者默认安全的组件可以防止人员犯低级错误，例如框架内置 anti-csrf token 安全机制，打开了该项配置的应用中很难找到跨站请求伪造（Cross-Site Request Forgery，CSRF）漏洞。

默认安全原则并不仅限于代码层，还包括 Web 层默认覆盖的 WAF，默认安全配置的云、容器、数据库、缓存等基础设施和服务，统一的登录鉴权认证服务，密钥管理系统（Key Management System，KMS），保护关键数据的票据系统，零信任模型，等等，这些都是默认安全原则的很好实践。

3.3.2 威胁建模

威胁建模仍然是卓有成效的安全实践之一，DevOps 没有改变这一点，它确实为安全人员提供了机会——指导开发人员处理常见的威胁类型，并帮助计划单元测试来应对攻击。威胁建模通常在设计阶段执行，但也可以在开发较小的代码单元时执行，有时也可以通过自建单元测试执行。

1. 威胁建模方法

威胁建模可以帮助我们对最可能影响软件的威胁进行识别和评价。威胁建模的结构化方法应用起来更经济、更有效；将威胁建模方法应用到 Web 应用中，我们就可以根据对应用缺陷的充分理解来识别和评价现存的威胁，然后按照一定的逻辑顺序，利用适当的对策来处理现存的威胁，例如从具有最大风险的威胁开始处理。

威胁建模的原则是，威胁建模应该是个重复的过程，从软件设计的早期阶段开始，贯穿软件生命周期。这有两个原因，一是，我们不可能一次就找出所有潜在的威胁；二是，因为应用很少是静态的，它需要不断更新并适应变化的业务需求。威胁建模的过程如下。

（1）标识资源。找出软件必须保护的有价值的资源。

（2）创建整体架构。利用简单的图表记录软件的架构，包括子系统、信任边界和数据流。

（3）分解软件。分解软件的架构，包括基本的网络和主机基础结构的设计，从而为软件创建安全配置文件，通过安全配置文件可以发现软件的设计、实现或部署配置中的潜在安全风险。

（4）识别威胁。假设攻击者的目标，利用对软件的架构和潜在缺陷的了解，找出可能影响软件的威胁。

（5）登记威胁。使用威胁模板登记每种可能的威胁，该模板定义了各种威胁的核心属性。

（6）评估威胁。对威胁进行评估以区分优先级，并先处理最重要的威胁。评估过程要权衡威胁被利用的可能性，以及攻击发生时可能造成的危害程度，通过对比威胁带来的风险与减少威胁所花费的成本，判断对某些威胁采取措施是否值得。

威胁建模过程输出的结果应使项目各成员清楚地了解需要处理的威胁，以及如何处理。

2. STRIDE 模型

STRIDE 模型是微软提出的用于威胁建模的方法。STRIDE 模型从伪装（spoofing）、篡改（tampering）、抵赖（repudiation）、信息泄露（information disclosure）、拒绝服务（denial of service）、提升权限（elevation of privilege）6 个维度来评估威胁。STRIDE 模型几乎涵盖了目前大部分安全问题，6 个维度与六大安全属性对应，如表 3-1 所示。

表 3-1　STRIDE 模型与六大安全属性

威胁	定义	对应的安全属性
伪装	冒充他人身份	身份认证
篡改	修改数据或代码	完整性
抵赖	否认做过的事情	不可抵赖性
信息泄露	泄露机密信息	机密性
拒绝服务	拒绝服务	可用性
提升权限	未经授权获得许可	授权

建立 STRIDE 模型的第一步是分解业务场景，绘制数据流图。建立 STRIDE 模型需针对业务场景，所以首先我们需要根据实际情况分解业务场景，如登录场景、支付场景、灾备场景、热启

动场景等。业务场景与实际的系统和业务息息相关，如京东的电商系统、阿里的公有云系统、移动运营商的计费系统，它们的 STRIDE 模型完全不一样。分解业务场景之后，对每个场景分别建立 STRIDE 模型，每个场景的模型是相对独立的。

绘制完数据流图，逐个分析数据流中的每个元素可能面临的威胁。STRIDE 模型所描述的每一类威胁都对应一套对抗技术，如表 3-2 所示。

表 3-2　STRIDE 模型与对抗技术

威胁	对抗技术
伪装	• 使用强身份认证 • 不以明文的形式存储机密信息（如密码） • 不在通信链路上以明文的形式传递凭据 • 用安全套接字层（Secure Socket Layer，SSL）保护身份认证 cookie
篡改	• 完整性校验 • 访问控制
抵赖	• 创建安全的审计追踪 • 使用数字签名
信息泄露	• 使用强授权 • 使用强加密技术 • 使用可提供消息保密性的协议保护通信链路 • 不以明文的形式存储机密信息（如密码）
拒绝服务	• 使用资源与带宽调节技术 • 验证与筛选输入
提升权限	• 遵循最低特权原则，并使用最低特权服务账户运行进程、访问资源

分析完数据流图中所有元素的潜在威胁，需要输出一个威胁列表，威胁列表中的每个威胁项及其填写示例如表 3-3 所示。

表 3-3　威胁列表

威胁项	填写示例
组件（威胁的目标）	Web 应用用户身份认证进程
威胁描述	攻击者通过监视网络获取身份认证凭据
威胁类别	伪装
攻击方法	利用网络监视软件
消减方案（对策）	利用 SSL 提供加密通道
威胁评级	D（高）R（高）E（中）A（高）D（中）

威胁列表中很重要的一项是消减方案，威胁建模不仅要发现危险，更重要的是提出解决威胁的办法。这里叫"消减方案"而不是"消除方案"是因为在实际场景下，我们发现的威胁由于各种原因不一定能根除。

我们将投入多大成本去解决威胁依据表 3-3 中的威胁评级，根据威胁造成的危险程度对其进行评级，并先解决危险程度最高的威胁，然后解决其他的威胁。实际上，解决所有找出的威胁在经济上是不可行的，我们可以通过评估适当忽略掉那些发生机会很小，发生后带来的损失也很小的威胁。那依据什么标准对威胁评级呢？

简单的评估公式：危险程度=发生概率×潜在损失。这个评估公式很容易理解，发生概率大、潜在损失大的威胁肯定评级最高；发生概率小、潜在损失小的威胁评级最低；发生概率大、潜在损失小或者发生概率小、潜在损失大的威胁，评级居中。由于这个评估公式标准单一，对于有争议的威胁可能出现评估意见不统一的情况。因此，通常引入 DREAD 模型进行评级。DREAD 模型（如表 3-4 所示）的"DREAD"分别是威胁评级的 5 个指标的英文首字母。

- 潜在损失（damage potential）：如果威胁被利用，损失有多大？
- 重现性（reproducibility）：利用威胁重复产生攻击的难度有多大？
- 可利用性（exploitability）：利用威胁发起攻击的难度有多大？
- 受影响用户（affected users）：用粗略的百分数表示，将有多少用户受到影响？
- 可发现性（discoverability）：威胁容易被发现吗？

表 3-4　DREAD 模型

等级	高	中	低
潜在损失	获取完全验证权限，执行管理员操作，非法上传文件	泄露敏感信息	泄露其他信息
重现性	攻击者可以随意再次攻击	攻击者可以重复攻击，但有时间限制	攻击者很难重复攻击过程
可利用性	初学者短期能掌握攻击方法	熟练的攻击者才能完成这次攻击	威胁利用条件非常苛刻
受影响用户	所有用户，默认配置	部分用户，非默认配置	极少数用户，匿名用户
可发现性	威胁很明显，攻击条件很容易获得	在私有区域，部分人能发现，需要深入挖掘威胁	发现威胁极其困难

这 5 个指标中每个指标的评级都分为高、中、低 3 个等级，最终威胁的评级由这 5 个指标的加权平均算出。

3.3.3　微服务安全

微服务架构的分布式特点使得其具备非常高的灵活性，让系统中的服务能够拆分并独立开发、部署。但是从安全的角度，这种开放架构会增加攻击面，导致系统更脆弱。在这种架构下，开放的端口更多，API 是公开的，因此我们需要在多个位置进行安全防护。下面简要介绍在设计微服务系统时需要考虑的一些安全问题。

1. 身份认证和授权

身份认证和授权是 IT 系统交互时涉及的两个核心流程。被验证的对象（人或特定的子系统）通常被称为主体。

- 身份认证是确认主体具有所声称的合法身份的过程。主体通常通过提供用户名和密码的方式来进行身份认证。还有一些先进且复杂的机制可用来进行身份认证，包括生物特征身份认证、多因素身份认证等。
- 授权用于确定允许一个主体在 IT 系统上执行哪些操作，或者主体可访问哪些资源。授权流程通常在身份认证流程后触发。当主体通过身份认证后，系统通常会提供主体的信息来帮助确定该主体能执行和不能执行哪些操作。

在单体应用中，身份认证和授权相对简单，但是在分布式的微服务架构中，必须采用更高级的机制来避免提供凭证的服务调用之间的反复拦截。避免重复提供用户名和密码的一个解决方案是使用单点登录（Single Sign On，SSO）方法，包括 OpenID Connect、SAML、OAuth2 等。

2. 数据安全

数据是 IT 系统的重要资产，我们可以利用以下数据安全准则来保护数据资产，尤其是敏感数据。

- 使用主流的数据加密机制。我们应使用一些成熟的、经过检验的、常用的加密机制（如 AES-128、AES-256 等）。另外，需要注意及时更新和修补用于实现这些加密机制的组件库。
- 使用一个综合性工具来管理密钥。如果密钥未得到妥善管理，我们为数据加密投入的所有努力都会白费。密钥和数据不应存储在同一位置，密钥管理的复杂性不应违背微服务架构的灵活性原则。尝试使用 HashiCorp 的 Vault 或 Amazon 的 Key Management Service 这类具有微服务设计思路的综合性工具，这种工具不会破坏 CI/CD 管道。
- 根据业务需求来调整安全策略。安全性是有成本的，我们可以不加密所有数据，重点保护最重要、最敏感的数据，并根据业务需求来制定安全策略，不断调整策略以及技术手段。
- 纵深防御。没有一种解决方案能同时解决所有安全问题，提高微服务架构安全性的最佳方法是结合各种成熟的技术并将它们应用于架构的不同层级以搭建纵深防御体系。

3. 其他保护措施

除了身份认证和授权、数据安全，我们还可以考虑使用以下技术来对微服务架构提供进一步保护。

- 防火墙。防火墙用于监控并阻止对系统的恶意访问，如果使用得当，防火墙可以过滤掉大量恶意攻击。防火墙还可以设置在不同层级上，例如，在系统边缘设置防火墙，在每个主机本地也设置防火墙。我们可以进一步定义一些 IP 地址表规则，以便仅允许已知 IP 地址范围的用户访问主机。借助防火墙，我们可以执行一些安全措施，如访问控制、流量的速率限制、HTTPS 连接中断等。
- 网络隔离。我们可以将微服务放在网络的不同隔离网段中，从而控制它们之间的交互。采用云技术和软件定义基础架构，通过脚本化和自动化，网络隔离将更容易实现。例如，OpenStack 有一个名为 Neutron 的综合性网络技术栈，可以快速配置虚拟私有网络，将虚拟服务器放在不同的子网中并配置子网，让虚拟服务器以特定的方式进行交互。我们可以在分开的私有网络上实施安全策略，使用 Terraform 这类工具通过脚本来加强微服务的安全性。

- 容器化微服务。利用 Docker 技术来容器化微服务，每个微服务都可以部署到一个单独的 Docker 容器中，从而在每个微服务中执行特定的安全策略。Docker 容器由镜像生成并运行，我们可以对每个基本镜像进行安全扫描，从而保证微服务运行时环境的安全。

3.3.4　API 安全

根据 Cyber Security Hub 发布的报告"2021 State of DevSecOps"，67%的受访者表示正在开展 API 测试，如图 3-4 所示，因为 API 安全问题正在成为新的威胁。

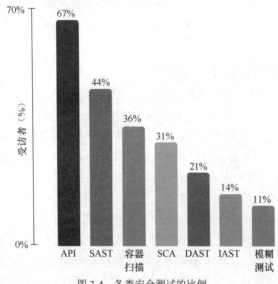

图 3-4　各类安全测试的比例

1. API 安全问题与发展趋势

API 由一组交互接口的定义和传输协议组合而成，可用于构建和集成企业应用。随着企业数字化转型的推进，API 的价值日益凸显，特别是与微服务、DevOps 等技术结合的应用，但大量的 API 应用也带来了各种安全问题。常见的 API 安全问题有以下 5 种。

- API 安全设计不足导致的篡改、重放、敏感信息泄露等问题。
- API 很容易被发现和被攻击者探测相关信息并实施攻击。例如在 URL 中出现的 v1/login，参数中出现的"function":"login"等。
- 安全配置导致的错误。例如未使用加密传输协议、跨站请求伪造、跨域资源分享等。
- 参数过多便于攻击者执行频率分析攻击，这将导致信息泄露。例如"role":"user"容易让攻击者联想到"role":"admin"等。
- 数据过多导致的安全问题，如传输过多的数据、返回过多的数据、参数值暴露敏感信息等。

API 的攻击面主要有以下几个。

- 传统 Web 攻击：API 承担了 Web 应用前后端的通信工作，因此容易出现远程代码执行、SQL 注入等常见的 Web 漏洞。
- API 协议攻击：API 除了使用传统的 HTTP、REST 等协议和原则，还有很多框架标准，如 gRPC、Dubbo 等，其攻击面、漏洞测试方式和入侵检测方式，与传统 Web 攻击有着明显差异。
- 数据安全：API 负责应用各组件间数据的流动和交互，我们需要关注 API 处理了哪些敏感数据、对谁开放访问权限等问题。近年来，企业数据泄露的事件屡见不鲜，其中很大部分原因是 API 鉴权出了问题，导致攻击者可以通过访问 API 抓取大量敏感数据。
- 业务安全：在 API 层面产生的爬虫、撞库、刷单等攻击。

近年来，API 已经是 Web 应用、移动互联网和 SaaS 等产品的重要组成部分，API 安全越来越多地被工业界和学术界提及和关注。OWASP 在 2019 年将 API 安全列为未来最受关注的十大安全问题。2020 年，Forrester 研究称，企业未能像处理漏洞一样处理 API 安全漏洞，导致企业暴露在 API 相关安全漏洞的威胁之下。2021 年，安全公司 Salt Security 发布 API 安全报告，报告综合了该公司针对 200 名 IT 人员的调查反馈和来自该公司客户的实证数据，结果显示，91% 的受访企业在 2020 年经历过 API 安全相关问题，超过半数（54%）的受访企业在其 API 中发现了漏洞，46% 的受访企业出现了身份认证问题，而 20% 的受访企业出现了爬虫和数据抓取工具引发的问题。目前已经出现了多起因为 API 存在漏洞而出现的数据安全事件，例如 2018 年 Instagram 因 API 安全漏洞导致用户数据泄露。对 API 进行安全防护有利于用户安全地使用 API 服务。

开发人员越来越多地使用 API 为客户提供各种微服务，并通过云原生应用部署容器来进行快速迭代开发。尽管开发人员熟悉如何创建 API，但快速部署和使用 API 可能导致 API 安全风险进一步扩大。另外，攻击者可以利用齐全的 API 文档进行逆向工程，以恶意利用 API。

为了避免 API 带来的安全风险，我们需要在设计阶段和开发阶段对 API 的安全性进行良好的设计和构建，遵守 API 安全规范进行开发，使用 API 管理平台对 API 服务所面临的风险进行检测和防护。

2. OWASP API 安全十大风险

一般来说，API 会公开调用参数和敏感数据，如个人识别信息。基于 API 的特殊性质，OWASP 提出了一份特定的 API 安全风险清单——OWASP API 安全十大风险，聚焦策略和解决方案，以帮助大家理解并且缓解 API 的独特脆弱点和安全风险，具体如下。

- **失效的对象级别授权。** API 存在广泛的攻击表层的安全访问控制问题，对于用户访问的每个 API 函数，我们都应考虑实施对象级别授权的安全检查。
- **失效的用户身份认证。** API 的身份认证机制不正确将导致攻击者能够破坏身份认证令牌，或利用漏洞盗用用户的身份，破坏系统识别用户的能力。
- **过度的数据暴露。** 开发人员倾向于公开所有对象属性而不考虑其各自的敏感度，依赖客户端在向用户显示数据前执行数据筛选，这会导致过多的数据传输和暴露。
- **缺乏资源和速率限制。** API 通常不会对客户端/用户可以请求的资源的大小或数量加以限制。这不仅会影响 API 的性能，还可能导致拒绝服务攻击、暴力破解等攻击。

- **失效的功能级授权**。不同层次结构、不同的组和角色的访问控制策略不一样，或需要特别管控的功能和常规功能之间没有明确分离，往往会导致授权漏洞的发生。攻击者可以利用这些漏洞访问其他用户的资源和特别管控的功能。

- **批量分配**。将客户端提供的数据绑定数据模型，并且不基于白名单进行适当的属性筛选，通常会导致批量分配的安全问题。攻击者通过猜测对象属性、探索其他 API 端点、访问文档或在请求中插入其他对象属性，可以修改对象属性。

- **安全配置错误**。安全配置错误通常是由不安全的默认配置、不完整的或临时的配置、开放云存储、配置错误的 HTTP 头、不必要的 HTTP 方法、允许跨越资源共享以及包含敏感信息的详细错误消息造成的。

- **注入**。当恶意数据作为命令或查询语句的一部分发送给解析器时，就会出现类似 SQL 注入、NoSQL 注入、命令注入等注入类缺陷。攻击者注入的恶意数据可能导致解析器在未经恰当授权的情况下执行非预期的命令或让攻击者非法访问数据。

- **API 资产管理不当**。API 倾向于公开更多的端点，这使得恰当的文档编制和更新变得非常重要。正确的主机和已部署的 API 版本清单对于降低弃用的 API 和公开的终端节点等产生的安全风险起着重要的作用。

- **日志记录和监控不足**。日志记录和监控不足，加上缺乏与事件响应流程的紧密集成，使得攻击者可以进一步攻击系统，并以此为跳板转向更多内部系统进行数据的篡改、提取或销毁。

3. API 安全设计

应对 API 的安全风险需要制定完备的安全策略，建立 API 全生命周期的保护机制，在 API 的构建阶段、部署阶段和运行阶段加入验证 API 的控制措施。下面我们以商业银行 API 安全设计为例进行介绍。参考《商业银行应用程序接口安全管理规范》，API 安全设计的基本要求如下：

- 使用的密码算法、技术及产品应符合国家密码管理部门及行业主管部门要求；
- 应制定安全编码规范；
- 应对开发人员进行安全编码培训，让其依照安全编码规范进行开发；
- 开发中如需使用第三方组件，应对组件进行安全性验证，并持续关注相关平台的信息披露和更新情况，适时更新相关组件；
- 应对 API 进行代码安全专项审计，审计工作可通过人工或工具自动化的方式开展；
- 应制定源代码和 API 版本管理与控制规程，规范源代码和 API 版本管理，并就 API 废止、变更等情况与应用方保持信息同步；
- 商业银行向应用方提供的异常与调试信息，不应泄露服务器、中间件、数据库等软硬件信息或内部网络信息。

此外，我们还应考虑培养 API 开发团队与 API 所连数据和服务的安全团队之间的协作。开发人员不具备安全人员那种"攻击者思维"，而安全人员不会天天编程，不像开发人员那样熟悉 API 结构。只有两个团队相互协作，才能充分保护 API。

对于商业银行的 API 安全设计，我们需要从身份认证安全和 API 交互安全这两个方面入手。

（1）身份认证安全。API 身份认证安全要求，对于应用方身份认证应使用的验证要素包括

App_ID 和 App_Secret、App_ID 和数字证书、App_ID 和公私钥对，以及上述 3 种方案的组合；对于 A2 级别 API、应用方身份认证，应使用包含数字证书或公私钥对的方式进行双向身份认证。用户身份认证安全要求，商业银行应结合金融服务场景，对不同安全级别的 API 设计不同级别的用户身份认证机制；用户身份认证应在商业银行执行，对于 A2 级别 API 中的资金交易类服务，用户登录时的身份认证应至少使用双因子认证的方式来保护账户财产安全。

（2）API 交互安全。商业银行 API 交互安全要求，应对 API 连通有效性进行验证，例如接口版本、参数格式等要素是否与平台设计保持一致；应对通过 API 进行交互的数据进行完整性保护，对于 A2 级别的 API，商业银行和应用方应使用数字签名来保证数据的完整性和不可抵赖性。另外，对于支付敏感信息等个人金融信息，应采取以下措施进行安全交互。

- 对于登录口令、支付密码等支付敏感信息，在数据交互过程中应使用包括但不限于替换输入框原文、自定义软键盘、防键盘窃听、防截屏等安全防护措施，保证攻击者无法获取支付敏感信息明文。
- 对于账号、卡号、卡有效期、姓名、证件号码、手机号码等个人金融信息，在传输过程中应使用集成在软件开发工具包（Software Development Kit，SDK）中的加密组件进行加密，或对相关报文进行整体加密处理。若确需使用商业银行 API 将账号、卡号、姓名向应用方进行反馈，应脱敏或去标识化处理。对于清分清算、差错对账等需求，在将卡号等支付账号传输至应用方时，应使用加密通道进行传输，并采取措施保证信息的完整性。
- 对于金融产品持有份额、用户积分等 A2 级别只读信息查询，可使用 API 直接连接的方式进行查询请求对接，应采取加密等措施保证查询信息的完整性与保密性，查询结果在应用方本地不得保存。
- 应在交易认证结束后及时清除用户支付敏感信息，防范攻击者通过读取临时文件、内存数据等方式获得全部或部分用户信息。

在服务安全设计环节，我们需要从授权管理、攻击防护、安全监控和密钥管理这 4 个方面入手。

（1）授权管理。商业银行应根据不同应用方的服务需求，按照最小权限原则，对其相应 API 权限进行授权管理，当服务需求变更时，需及时评估和调整 API 权限。

（2）攻击防护。服务安全设计应具备以下攻击防护能力。

- API 和 SDK 应对常见的网络攻击具有安全防护能力。
- 移动终端应用 SDK 应具备静态逆向分析防护能力，防范攻击者通过静态反汇编、字符串分析、导入导出函数识别、配置文件分析等手段获得有关 SDK 实现方式的技术细节。
- 移动终端应用 SDK 宜具备动态调试防护能力，包括但不限于防范攻击者通过挂接动态调试器、动态跟踪程序、篡改文件、动态修改内存代码等方式控制程序行为的能力。

（3）安全监控。商业银行应对 API 使用情况进行监控，完整记录 API 访问日志，并且日志应满足如下两点。

- 商业银行相关日志应至少包括交易流水号、应用唯一标识、API 唯一标识、调用耗时、时间戳、返回结果（成功或失败）等。
- 对于清分清算、差错对账等业务需要，应用方 API 日志中应以部分屏蔽的方式记录支付账号（或其等效信息），除此之外的个人金融信息不应在应用方 API 日志中进行记录。

（4）密钥管理。加密和签名宜分配不同的密钥且相互分离；不应以编码的方式将私钥明文（或密文）编写在商业银行应用相关代码中；App_Secret 或私钥不应存储于商业银行与应用方本地配置文件中，以防因代码泄露引发密钥泄露；应依据商业银行 API 等级设置不同的密钥有效期，并定期更新密钥。

4. API 安全测试方法

要想全面解决 API 的安全问题，就要在每次 API 开发完成之后进行全面的安全测试，为了防止测试过程中出现遗漏，我们可以参考如下检查清单。

（1）身份认证需要检查如下内容。

- 不要使用 Basic Auth，使用标准的认证协议（如 JWT、OAuth）。
- 不要重新实现 Authentication、token generating 和 password storing，使用标准库。
- 限制密码错误尝试次数，并且增加账号冻结功能。
- 加密所有的敏感数据。

（2）JWT（JSON Web Token，JSON Web 令牌）需要检查如下内容。

- 使用随机复杂的密钥（如 JWT Secret）以增加暴力破解的难度。
- 不要在请求体中直接提取数据，要对数据进行加密（如使用 HS256 或 RS256）。
- 使令牌的过期时间尽量短。
- 不要在 JWT 的请求体中存放敏感数据，因为它是可解码的。

（3）OAuth 授权或认证协议需要检查如下内容。

- 始终在后台验证 redirect_uri，只允许白名单的 URL。
- 始终在授权时使用有效期较短的授权码而不是令牌（不允许 response_type=token）。
- 使用随机哈希数的 state 参数来防止跨站请求伪造。
- 对不同的应用分别定义默认的作用域和有效的作用域参数。

（4）访问需要检查如下内容。

- 限制流量来防止 DDoS 攻击和暴力攻击。
- 在服务器端使用 HTTPS 来防止中间人攻击。
- 使用 HSTS（HTTP Strict Transport Security，HTTP 严格传输安全）协议防止 SSL Strip 攻击。

（5）输入需要检查如下内容。

- 使用与操作相符的 HTTP 操作函数，即 GET（读取）、POST（创建）、PUT（替换/更新）以及 DELETE（删除记录），如果请求的方法不适用于请求的资源则返回 405 Method Not Allowed。
- 在请求头中的 content-type 字段使用内容验证来约束支持的格式（如 application/xml、application/json 等），并在不满足条件时返回 406 Not Acceptable。
- 验证 content-type 中声明的编码和我们收到的正文编码一致（如 application/x-www-form-urlencoded、multipart/form-data、application/json 等）。
- 验证用户输入来避免一些普通的易受攻击缺陷（如跨站脚本攻击、SQL 注入、远程代码执行等）。
- 不要在 URL 中使用任何敏感的数据（如 credentials、Passwords、security tokens 或 API keys），而是使用标准的认证请求头。

- 使用一个 API Gateway 服务来启用缓存、限制访问速率（如 Quota、Spike Arrest 和 Concurrent Rate Limit）以及动态地部署 API 资源。

（6）处理需要检查如下内容。

- 检查是否所有的 API 都包含必要的身份认证，以避免被破坏了的认证体系。
- 避免使用特有的资源 ID。使用/me/orders 替代 /user/654321/orders。
- 使用 UUID 替代自增长的 ID。
- 如果需要解析 XML 文件，确保实体解析（entity parsing）是关闭的，以避免 XML 外部实体注入攻击。
- 如果需要解析 XML 文件，确保实体扩展（entity expansion）是关闭的，以避免通过指数实体扩展攻击实现 Billion Laughs 或 XML bomb。
- 在文件上传中使用 CDN（Content Delivery Network，内容分发网络）。
- 如果数据处理量很大，尽可能使用队列或者 Workers 在后台处理来避免阻塞请求，从而快速响应客户端。
- 务必关掉 DEBUG（调试）模式。

（7）输出需要检查如下内容。

- 增加请求头和响应头 X-Content-Type-Options:nosniff。
- 增加请求头和响应头 X-Frame-Options:deny。
- 增加请求头和响应头 Content-Security-Policy:default-src'none'。
- 删除请求头和响应头中的指纹头 X-Powered-By、Server、X-AspNet-Version 等。
- 在响应中遵循请求的 content-type，如果请求的 content-type 是 application/json，那么返回的 content-type 就是 application/json。
- 不要返回敏感的数据，如 credentials、Passwords 和 security tokens。
- 给请求返回使用合理的 HTTP 响应代码（如 200 OK、400 Bad Request、401 Unauthorized、405 Method Not Allowed 等）。

（8）持续集成和持续部署需要检查如下内容。

- 使用单元测试和集成测试，并提高单元测试和集成测试的覆盖率来保障设计和实现。
- 引入代码审查流程，禁止私自合并代码。
- 在推送到生产环境之前确保服务的所有组件都用杀毒软件静态扫描过，包括第三方库和其他依赖。
- 为部署设计一个回滚方案。

3.3.5 容器安全

容器安全可以从安全策略、镜像检测、合规基线检测、运行时检测和防护、容器网络隔离、安全运行环境等方面实现。下面我们从威胁建模、安全风险和安全检查 3 个角度讲解如何保障容器安全。

1. 容器安全威胁建模

实现容器化环境不仅改变了应用的部署方式，而且对硬件和网络资源的使用方式也产生了巨大影响，因此需要新的安全方法来保护容器化环境及其安全性。

保护信息技术环境的经典办法是从攻击者的角度观察并列举攻击向量。这些攻击向量将帮助我们确定需要保护的信息。容器攻击向量如图 3-5 所示。有了这些攻击向量，我们就可以将安全防御措施放在适当的位置，以提供基线保护，甚至更多防护。

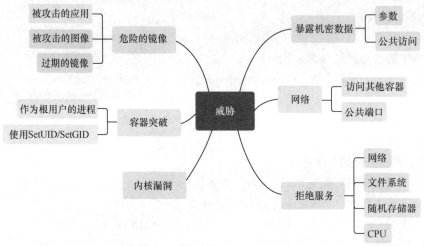

图 3-5　容器攻击向量

下面是攻击向量具体产生的威胁。

- 威胁 1：容器逃逸（系统）。在这种情况下，应用在某种程度上是不安全的，因为用户可以进行某种 Shell 访问。在第一阶段，攻击者可以借助 Shell 访问尝试发起攻击，例如从外网发起攻击，并设法绕过应用安全防御，最终潜伏在容器中。顾名思义，此时容器包含了攻击者。在第二阶段，攻击者将尝试从主机视图或内核漏洞中作为容器用户逃离容器。在第一阶段，攻击者最终将在主机上拥有用户特权。在第二阶段，攻击者将是主机的 root 用户（根用户），能够控制在该主机上运行的所有容器。
- 威胁 2：通过网络攻击其他容器。此场景的第一阶段与威胁 1 相同。攻击者也有 Shell 访问权限，但随后他选择通过网络攻击另一个容器。该容器可以来自相同的应用，也可以来自相同用户的不同应用，或者来自不同用户的多用户环境。
- 威胁 3：通过网络攻击编译工具。攻击者在容器内拥有 Shell 访问权限，但他选择攻击编译工具的管理接口或其他攻击表面——管理后台。在 2018 年，几乎所有的编译工具都有一个安全弱点，即默认的开放式管理接口。"开放"是指在最坏的情况下，一个没有身份认证的开放端口。
- 威胁 4：通过网络攻击主机。攻击者通过 Shell 访问，从主机攻击一个开放端口。如果这个端口仅受到弱保护或根本没有受到保护，他将获得主机的根用户访问权限（甚至情况更糟）。

- 威胁 5：通过网络攻击其他资源。这基本上是一种将其他所有基于网络的安全威胁集于一身的安全威胁。通过 Shell 访问，攻击者可以找到一个不受保护的、基于网络的文件系统，该文件系统在容器之间共享，可供读取甚至修正数据。另外，诸如活动目录（Active Directory）或轻量目录访问协议（Lightweight Directory Access Protocol，LDAP）这样的资源也可以通过容器形成攻击。然而，还有一种资源——Jenkins，如果它被人为设置为"开放"，也可以通过容器访问。

- 威胁 6：资源匮乏。例如，运行在同一主机上的另一个容器正在消耗大量资源，这些资源可能是 CPU、随机存储器（Random Access Memory，RAM）、网络或磁盘 I/O；也可能是容器挂载了一个主机文件系统，攻击者将该文件系统填满，会导致主机出现资源匮乏问题，进而影响到其他容器。

- 威胁 7：主机入侵。在前面的威胁中，攻击者间接地通过一个主机入侵另一个主机或其他容器，而这个威胁是攻击者通过另一个容器或网络入侵主机。

- 威胁 8：镜像完整性。CD 管道可能涉及几个节点，其中迷你操作系统镜像从一个节点传递到下一个节点，直至部署。例如基础镜像通过构建管道，附加应用包后成为业务镜像，并存入镜像库，通过测试环境的验证管道，最后进行部署。对攻击者来说，CD 管道中每一个节点都是一个潜在的攻击面。如果开发时没有一步步完整地检查将要部署的内容是否应该部署，则存在部署包含恶意有效负载的攻击者镜像的风险。

2. OWASP 容器安全十大风险

OWASP 容器安全十大风险具体如下。

- TOP1：用户映射安全。通常，容器中运行的应用拥有默认的管理特权：root。这违反了最低特权原则，如果攻击者设法从应用跳出到容器，这会给攻击者进一步扩展其活动的机会。从主机的角度来看，应用永远不应以根用户身份运行。

- TOP2：补丁管理策略。主机、容器、编译工具和最小操作系统镜像均存在容器安全漏洞，及时处理这些安全漏洞对安全保障至关重要。在将这些组件投入生产之前，我们需要制定补丁管理策略，即决定何时应用常规补丁和紧急补丁。

- TOP3：网络分段和防火墙。我们需要预先设计好网络，其中管理编译工具和主机网络服务的接口至关重要，我们需要在网络层进行安全防护，还要确保所有基于网络的微服务仅向对应的合法使用者公开，而不是暴露给整个网络。

- TOP4：安全默认值和加固。根据选择的主机、容器和编译工具，我们必须注意，不应安装或启动不需要的组件，所有需要的组件也应正确配置和锁定。

- TOP5：维护上下文安全。将一个主机上的生产容器与其他未定义或不安全的容器混合在一起，可能会使我们的生产线被攻击者轻易设置后门。例如，将运行前端应用的容器与运行后端服务的容器混合部署可能会产生负面的安全影响，通过容器逃逸，攻击者攻破部署运行前端应用的容器，拿到主机访问权限，可以轻易攻破部署在同一主机上的运行后端服务的容器。

- TOP6：机密数据保护。运行容器自身部署的微服务或从外部系统访问和调用微服务，都需要身份认证和授权提供密钥。对攻击者而言，这些密钥可能使他访问更多数据或服务。因此，我们需要尽可能好地保护任何密钥、令牌或证书。

- TOP7：资源保护。由于所有容器共享相同的 CPU、磁盘、内存和网络，因此这些物理资源需要得到保护，即便单个容器失控（无论是否故意）也应不影响其他容器的任何资源。

- TOP8：容器镜像完整性和可信发布者。我们可以在容器中的最小操作系统镜像运行代码，源代码和镜像部署过程都应值得信赖，因此我们需要确保所有传输和静止的镜像未被篡改。

- TOP9：不可变的范式。通常，容器镜像一旦设置并部署成功，则不需要在运行时写入数据到容器自身的文件系统或挂载的文件系统。在这种情况下，如果以只读模式启动容器，将获得额外的安全优势。

- TOP10：日志。对于容器镜像、编排工具和主机，我们需要在系统和 API 上记录所有与安全相关的事件。所有日志都应该能远程访问，并包含通用时间戳和防篡改策略。因此，我们的应用应该提供远程日志记录。

3. 容器安全检查单

Docker 是最流行的容器运行时引擎，使用 Docker 容器构建应用引入了新的安全挑战，在构建阶段、部署阶段和运行阶段需要开展各类安全检查工作。

（1）使用最新的 Docker 版本。例如，在容器中发现 runC 漏洞之后，Docker 18.09.2 很快对此作出了修补。

（2）确保 Docker 用户组中只有受信任的用户，从而确保只有受信任的用户可以控制 Docker 守护程序。

（3）针对下列文件和目录制定并落实相应的审计追踪规则：

- Docker 守护程序/usr/bin/docker；
- Docker 相关文件 Docker.service、Docker.socket、/etc/docker/daemon.json；
- Docker 相关目录/var/lib/docker、/etc/docker、/etc/default/docker、/etc/sysconfig/docker、/usr/bin/containerd、/usr/sbin/runc。

（4）确保所有 Docker 文件和目录的安全，确保这些文件和目录归具有相应权限的用户（通常是根用户）所有。

（5）使用具有有效证书的镜像仓库或使用传输层安全协议（Transport Layer Security，TLS）的镜像仓库，以尽量减少流量拦截造成的风险。

（6）如果没有在镜像中明确定义容器用户，用户在使用容器时应该启用用户命名空间，这样可以重新将容器用户映射到主机用户。

（7）禁止容器获得新的权限。默认情况下，容器可以获得新的权限，所以这个配置必须另行设置。另一个做法是删除镜像中的 SetUID 和 SetGID 权限，以尽量避免权限升级攻击。

（8）以非根用户身份（即 UID 不为 0）运行容器。默认情况下，容器是以根用户身份运行的。

（9）在构建容器时，只使用受信任的基础镜像。这个建议可能大家都很清楚，但第三方镜像仓库往往不对存储在其中的镜像实施任何治理策略。知道哪些镜像可以在 Docker 主机上使用，了解它们的出处，并审查其中的内容，这一点很重要。用户还应该启用 Docker 的内容信任来验证镜像，并且只将经过验证的软件包安装在镜像中。

（10）使用最小的基础镜像，删除不必要的软件包，以缩小攻击面。减少容器中的组件可以减少攻击载体的数量。BusyBox 和 Apline 是构建最小基础镜像的两个不错的选择。

（11）实施有效的治理策略，确保对镜像进行频繁扫描。对于过期的镜像或近期没有被扫描的镜像，在其进入构建阶段之前，应该拒绝使用或重新进行扫描。

（12）建立一个工作流程，定期识别并删除主机中过期或未使用的镜像和容器。

（13）不要在镜像/Docker 文件中存储密钥。默认情况下，可以将密钥存储在 Dockerfile 文件中，如果在镜像中存储密钥，任何可以访问镜像的用户都可以访问密钥。使用密钥信息时，建议采用密钥管理工具。

（14）运行容器时，要移除所有不需要的功能。可以使用 Docker 的 CAP DROP 来删除容器的某个特定功能（也称为 Linux 功能），也可以使用 CAP ADD 来只添加容器正常运行所需的功能。

（15）不要给容器添加 "－privileged" 标签，因为特权容器拥有底层主机的大部分功能，明确标记特权容器会被攻击者恶意利用。而且，这个标签会覆盖用 CAP DROP 或 CAP ADD 设置的任何规则。

（16）不要在容器上挂载敏感的主机系统目录（尤其在可写模式下），这可能会导致主机系统目录被恶意修改。

（17）不要在容器内运行 sshd（独立守护进程）。默认情况下，SSH（Secure Shell）守护程序不会在容器中运行，不要为了简化 SSH 服务器的安全管理就安装 SSH 守护程序。

（18）不要将容器端口映射到 1024 以下的端口，因为这些端口通常拥有特权，可以传输敏感数据。默认情况下，容器端口会映射到 49 153～65 525 范围的端口。

（19）除非必要，否则不要共享主机的网络命名空间、进程命名空间、进程间通信（Inter-Process Communication，IPC）命名空间、用户命名空间或 UNIX 分时（UNIX Time Sharing，UTS）命名空间，以确保对 Docker 容器和底层主机之间进行适当的隔离。

（20）指定容器运行所需的内存和 CPU 大小。默认情况下，Docker 容器是共享资源，没有限制。

（21）将容器的根文件系统设置为只读。容器开始运行后，不应对根文件系统进行修改。任何对根文件系统的变更行为都可能出于恶意的目的。为了保护容器的不可改变性（不要对新容器打补丁，而是拉取镜像重建一个容器），根文件系统不能设置为可写格式。

（22）对包标识符（Packet IDentifier，PID）进行限制。内核中的每个进程都有唯一的 PID，容器根据 Linux 的 PID 命名空间，为每个容器提供一个独立的 PID 层次结构。对 PID 进行限制，可以限制每个容器中运行的进程数量，防止过度地产生新的进程和潜在的恶意横向移动。

（23）不要将挂载传播规则配置为共享。共享挂载传播意味着，对挂载作出任何变更都会传播到该挂载的所有实例中。相反，应将挂载传播设置为从属模式或私有模式，这样对存储卷（volume）的必要修改就不会传播到不需要进行此类修改的容器中。

（24）在使用 docker exec 命令时，不要使用特权容器或 user=root 选项，因为这种设置可能会让容器拥有扩展的 Linux 能力。

（25）不要使用默认的 "docker0" 网桥。使用默认的网桥容易受到 ARP（Address Resolution Protocol，地址解析协议）欺骗和 MAC 洪泛攻击。容器应该使用用户自定义的网络，而不是默认的 "docker0" 网桥。

（26）不要将 Docker Socket 挂载在容器内，因为这可能会让容器内的进程有权执行命令，从而完全控制主机。

3.3.6　流水线安全

DevOps 让 CI/CD 深入人心，大部分 DevOps 团队已经开始使用 CI/CD 流水线来加速软件交付过程，但是对其安全性尚缺乏足够考虑。

1.　CI/CD

更快速的变更意味着每次变更的范围会更小且独立性更强，轻量的变更易于理解和检查，所需的测试也会更快，也会更容易发现问题，发现问题时修改起来也更简单。一些研究结论表明，在开发过程中，轻量而频繁的变更可能让系统变得更加安全。

CI/CD 是缩短开发周期的优秀实践，但是它也会带来安全隐患。其主要问题是，随着代码的托管、测试、构建及发布，CI/CD 对第三方服务产生了越来越多的依赖，这为错误的配置 "打开了大门"，而错误的配置会留给攻击者控制代码的机会。

Julien Vehent 在《云原生安全与 DevOps 保障》这本书中，把 DevOps 流水线上的安全性保障分成了 4 层，分别是保护 Web 应用、保护云基础设施、保护通信和保护交付流水线。

2.　流水线安全事件

GoCD 是用 Java 编写的热门的 CI/CD 解决方案，是非政府组织和每年收入达数十亿的 500 强企业等大批用户的首选，因此 GoCD 成为关键基础设施和极受攻击者关注的目标。为了实现自动化构建和发布流程，一款集中化的 CI/CD 解决方案可以访问多种生产环境和私密的源代码库。

一般而言，企业在版本控制系统（如 Git）中管理源代码。无论何时出现代码变更或发布，GoCD 服务器都会知晓并自动运行和源代码库关联的一个或多个构建和发布管道。GoCD 中的管道实际上是需要以某种顺序运行的任务集合。一个高级别的管道示例如下：

（1）编译源代码；

（2）运行单元测试和集成测试；

（3）构建 Docker 镜像并推送至注册表。

为了更高效地完成这些工作，GoCD 服务器将管道运行任务分配给一个或多个 GoCD 代理（Agent）。GoCD 生态系统中的 Agent 只是定期连接服务器并检查是否为其分配工作进程（worker）。如果存在 worker，则 GoCD 服务器回复 Agent 要求的信息：要运行的命令和应用的环境变量。一般而言，这些环境变量将包括管道需访问服务的机密信息和访问令牌。Agent 通过服务器分配的访问令牌验证 GoCD 服务器。在默认情况下，启用新的 Agent 时，它会联系 GoCD 服务器并注册。之后管理员负责启用 Agent 使其活跃并成为工作轮换的一部分。

GoCD 被赋予如此多的信任和责任，其管道如果被攻陷，将对用户造成巨大影响。2021 年 9

月，SonarSource 公司的研究人员发现并向 GoCD 安全团队提交了多个漏洞，有些漏洞和验证崩溃有关，可导致未认证的攻击者能够查看高度敏感信息并读取 GoCD 服务器实例上的任意文件。研究人员将该漏洞的严重程度评为"极其严重"，理由是未认证的攻击者可提取用于所有管道中的令牌和机密信息。例如，攻击者可将 API 密钥泄露给外部服务（如 Docker Hub 和 GitHub）、窃取私密源代码、访问生产环境并覆写正被构建生成可执行进程的文件。20.6.0 版本至 21.2.0 版本的所有 GoCD 实例均受到该漏洞的影响，该漏洞已在 21.3.0 版本中修复。

利用这些漏洞，攻击者无须具备目标 GoCD 服务器实例的知识，在默认配置下即可触发攻击行为。尽管在内网上托管 CI/CD 实例是最佳实践，但实际上仍有众多实例暴露在互联网中。

3. 确保流水线安全

能够尽快向客户交付软件是采用 DevOps 实践的关键驱动因素。开发人员对其软件进行小的增量变更，这些变更在自动化工作流中进行处理，包括构建包、测试变更并将软件部署到相关环境。此工作流称为 CI/CD 流水线，它从开发人员将代码签入源代码管理（Source Code Management，SCM）系统开始。它会触发构建，包括从 SCM 中提取更新的源代码、编译应用程序、运行一套自动化测试并将包移动到目标环境，如测试服务器、准生产服务器，甚至生产服务器。

在大量数据跨越多个权限边界移动的情况下，DevOps 工程师必须解决大量风险以维护安全的开发环境。拥有安全设计的架构在维护流水线安全和软件安全方面发挥着重要作用。

在开发软件时，理解制品的价值至关重要。源代码是组织拥有的重要的资产之一，它包含使软件具有竞争优势的内容（如算法类源代码）：组织的知识产权。因此，与任何其他有价值的资产一样，必须始终确保源代码、应用配置文件和部署脚本的安全。只有处理制品的开发人员才需要访问其文件。如果团队是围绕软件价值流构建的，那么细粒度的访问策略将仅允许开发人员为组织的软件编辑和提交代码。组织还将限制开发人员进行源代码编辑，而测试人员和软件所有者只能读取文件。这也遵循了最小权限原则。

一旦源代码提交到源代码仓库，触发 CI/CD 流水线，在源代码到目标环境的过程中就不应该有进一步的人工干预。在 DevOps 环境中，CI/CD 流水线上执行的所有任务完全自动化。应用安全性包括只有被设计用于执行任务的进程才能操作在 CI/CD 流水线中执行的任务，因此运营人员通过在各个组件之间建立信任来安全地配置流水线的每个步骤，这意味着流水线的特定步骤只能由授权执行该任务的经过身份认证的进程激活。如果没有安全配置，攻击者可以使用进程执行该进程不被允许的任务，例如使用构建任务通过更新相关脚本，从第三方站点获取组件来将恶意组件添加到包中。如果构建任务具有访问互联网的权限，则恶意操作更容易执行。因此，访问策略需要超越用户，扩展到流水线中的流程。

每次开发人员提交代码更改时，扫描小块代码或扫描使用特定业务功能开发的微服务比扫描大型单体应用更易于管理。在构建和部署过程中保持应用密码的安全也是 DevOps 工程师的主要关注点之一。不幸的是，密码经常以明文形式存储在应用配置文件中，或者更糟糕的是，密码以明文形式存储在应用源代码中。有多种解决方案可以确保流水线内的密钥安全，包括密码存储和硬件安全模块。这背后是一个软件架构，它使密钥管理对开发人员来说更容易。

持续部署是持续集成流水线的扩展，涉及将开发人员的代码变更推送到生产环境，在 DevOps

流程下，这可能一天发生多次。CI/CD 流水线的安全性确保了部署到生产环境中的是开发人员预期的变更。虽然自动化步骤和为部署流程提供严格的访问策略提供了高度的安全性，但编写代码的人不应该是将代码部署到生产环境的人。在 DevOps 流程下，开发人员负责编写代码，而运营人员负责编写自动化部署流程，将代码通过流水线推送到生产环境，只要遵循这种做法，就能满足合规性需求。此外，安全人员将自动安全测试构建作为 CI/CD 流水线的一部分，可以进一步增加部署流程的安全性。

最终，流水线安全设计架构超出了开发的应用和服务的架构，它支持强大的运营架构，进而支持应用和服务的交付流程，这与维护为客户提供的应用和服务的安全性同样重要。设计 CI/CD 流水线时的糟糕架构决策将导致程序执行不力，这可能会使应用和服务容易受到安全事件的影响。降低这种风险需要将 CI/CD 流水线本身视为一种产品，像对待交付给客户的产品一样尽职尽责。

4. 代码管理基础设施的访问控制

CI/CD 流水线中的一种常见模式是：开发人员使用代码仓库（如 GitHub/GitLab）来托管应用的源代码并与自动化构建工具协作。代码仓库会和 Jenkins、Travis CI、CircleCI 等自动化构建工具集成，在每次源代码发生变化的时候，这些工具就会执行一些任务，来测试代码和构建应用容器。这种类型的基础设施可能会遇到关于访问控制方面的问题：

- 攻击者可能会利用宽松的权限访问代码仓库，并在应用中植入恶意代码；
- 如果将修改代码的权限授予安全性较低的服务，那么当这些服务被破坏时，会对应用造成伤害；
- 开发人员可能会弄丢他们的凭证并被攻击者获得，攻击者就会使用其账户来对代码进行修改。

通过更严格的访问控制可以降低这些问题的风险（以 GitHub＋CircleCI 为例）。首先，我们需要管理 GitHub 组织中的权限。GitHub 组织是一个逻辑实体，它包括仓库和可以访问这些仓库的团队。GitHub 支持的用户权限类型有如下 3 种。

- 负责人（owner）有最高的权限级别，他被授予该组织完整的管理员访问权限。在默认情况下，负责人可以访问所有仓库，包括公开的和私有的。
- 成员（member）是组织用户的标准权限级别。他被授予的权限应足够他执行日常任务，但不可以访问敏感区域。同时，在默认情况下，成员不能访问私有仓库，必须被直接或者通过团队授予权限才行。
- 外部贡献者（outside contributor）是剩下的无法访问组织的用户。我们可以为每个仓库添加外部贡献者，授予他读、写或者管理的权限，但不需要将组织的全局访问权限授予他。

GitHub 组织里的用户管理权限应遵循如下规则。

- 负责人越少越好。负责人拥有最高的权限，这些权限应该只被授予特定的个人。
- 在组织层面要求多因素验证（Multi-Factor Authentication，MFA）。密码可能丢失或被盗，而 MFA 是一种能为组织建立第二层安全性的不错方式。
- 定期对组织成员进行审计，移除那些已经退出或者长期不活跃的用户。这可能需要编写脚本来调用 GitHub API，将组织成员与本地用户数据库进行比对校验。Userplex 就是这样一个工具，它通过将 GitHub 组织的成员与本地 LDAP 组同步来实现这个功能。

然后,我们需要管理 GitHub 和 CircleCI 之间的权限。从安全性的角度,在管理 GitHub 与第三方之间的集成时,要采取一些预防措施。

- 确保被授权的那些用户不是组织的负责人,而是权限有限的常规用户。这样做起码能保证当用户令牌被第三方泄露时,只有该用户具有写入权限的那些仓库会遭受损害。
- 建立被授权的第三方白名单。GitHub 可以限制部分应用向组织成员请求 OAuth 令牌,当该设置生效时,这部分第三方应用默认是被拦截的。任何组织成员都可以请求将某个应用加入白名单,但是需要组织负责人批准。这就保证了组织负责人有机会对第三方应用进行审查,并将访问权限授予那些他们信得过的应用。
- 如果第三方集成只有部分应用需要,并且会给其他应用带来风险,那么就应该考虑将 GitHub 组织拆分,以便把敏感应用划分出去。

这 3 种措施可以有效地降低因组织成员访问而被第三方泄露令牌所带来的风险。

最后,我们用 Git 对提交和标签签名。如果仓库的访问权限被盗用,攻击者可以神不知鬼不觉地将欺诈性源代码植入应用。GitHub 提供了一些功能来防止这种情况出现,如分支保护,它能够限制一些敏感操作只能在仓库中的特定分支上执行。但是取得 GitHub 访问权限的攻击者能够禁用这些限制,所以我们还需要另一层不依赖 GitHub 访问控制的保护——Git 签名。

Git 是一个强大的版本控制系统,它提供了许多功能来鉴别存储库做过的更改。其中有一个特别的功能有助于保证源代码的真实性:通过颇好保密性(Pretty-Good Privacy,PGP)对提交和标签签名。Git 中的签名功能可以将加密签名应用到每一个补丁或者标签上,而签名使用的是由开发人员秘密保管的密钥。

通过周期性的 Git 签名审计来检测欺诈性修改是一个不错的方法,但是需要注意以下问题。

- 审计脚本必须在 CI/CD 流水线之外执行,以避免因流水线被攻击而造成脚本输出被破坏。
- 对所有源代码的修改都必须经过签名,这个要求阻止了在线源代码编辑器的使用,如 GitHub 提供的编辑器。这对于许多开发人员都是个问题。
- 向公开仓库提交补丁的外部贡献者必须对他们的提交进行签名,并且这些外部贡献者要被加入受信签名者的清单。这对一些大型开源项目而言要求有点高。

3.4 持续安全

当安全变成 DevOps 不可分割的一部分时,安全人员可以将安全控制直接内建到产品之中,而不是在事后强加于产品之上。将安全引入 DevOps 的核心思想是,让安全团队采用 DevOps 技术,将他们的注意力从仅仅保护基础设施转移到通过持续改进来保护整个组织的目标上来。这种方法被称为"持续安全"。

3.4.1 测试驱动安全

我们在讨论"安全左移"的时候,提到结对编程能有效推动测试驱动开发(TDD)。现在我们来讨论 TDD 模式下的单元测试如何驱动安全。

单元测试是一种低级别测试，它测试一小部分软件以断言其功能按预期工作。单元测试通常由开发人员使用他们常用的编程语言编写。尽管单元测试已经存在了几十年，但敏捷宣言发布后，它迅速流行起来。单元测试成为敏捷运动的基石，以维护其"工作的软件高于详尽的文档"的核心价值。

敏捷宣言的签署人之一 Kent Beck 是"自动化测试是软件开发的核心"的忠实粉丝，他于 1997 年专门为 Java 语言构建了 JUnit 的第一个版本。从那时起，xUnit 框架得到了扩展，以支持常见的开发语言。xUnit 框架允许开发人员编写、组织和运行单元测试，以根据预期值验证函数的输出。

Kent Beck 还因创建了极限编程方法而获得赞誉，该方法通过 TDD 扩展了单元测试的使用。TDD 由 3 个简单的步骤组成：

（1）为要编写的功能编写测试，如果没有要测试的功能代码，则测试将失败；

（2）编写功能代码，直到测试通过；

（3）自信地重构代码以使其结构良好。

当开发人员循环执行这些步骤时，他们会构建一个应用，该应用的功能受到一整套单元测试的支持。当开发人员更改功能时，他们在编写功能代码之前先编辑单元测试代码以反映新功能。因为每个单元测试都为被测试的功能提供了一个用例，所以它反映了底层的应用或服务应具备的功能。此外，使用单元测试开发的代码通常比其他代码更简洁、设计更好，这是因为开发人员在编写通过单元测试的绝对最低要求时，需要采用安全设计原则。

安全人员也应参与此过程，帮助开发人员编写单元测试来评估应用或服务的安全性。例如，他们可以编写单元测试来检查带有字符串参数的函数是否验证了注入攻击的输入，或者他们可以生成单元测试来确保正确加密密钥。单元测试还可用于验证其他类型测试已识别出的缺陷，这涉及开发人员编写单元测试来复现安全漏洞并重构功能代码，直到单元测试通过。这种方式可以增加在软件生命周期中比动态应用安全测试（Dynamic Application Security Testing，DAST）工具和 IAST 工具验证更早检测到安全缺陷的机会，并减少 SAST 工具的误报数量。

单元测试不仅集成到集成开发环境（Integrated Development Environment，IDE）中，而且在 CI/CD 流水线中也发挥着重要作用。每当构建被触发时 IDE 都会运行单元测试，通常是在开发人员签入源代码或计划构建时。当单元测试失败导致构建失败时，开发人员无法签入新代码，直到构建被修复。理想情况下，DevOps 团队作为一个单元来修复构建。

DevOps 工程师需要编写一套全面的单元测试，以便对代码的功能完整性和质量进行充分验证。在压力下工作的团队通常会删除失败的单元测试或根本不编写它们以保证构建成功，这种做法表面能通过构建并成功交付，但是以低质量和上线后爆发漏洞为代价的，因为如果失败的单元测试涵盖了安全缺陷，那么在将其发布到生产环境时，由此产生的漏洞将成为更大的问题。

DevOps 团队可能正在支持单元测试覆盖率有限或没有单元测试覆盖的旧产品，尤其是当企业正处于从基于项目的交付过渡到基于产品的交付的阶段时，DevOps 团队倾向于尝试将测试改造到软件生命周期中。但较旧的应用可能设计和开发不佳，因此很难将单元测试合并到价值流中。建议开发人员只为当前正在开发的功能编写单元测试，而不是系统地编写单元测试来增加代码覆盖率。尽管最初的测试数量很少，但随着时间的推移，出现更多对遗留产品代码的更改，开发人员将编写更多的单元测试，从而提供更大的代码覆盖率。这个过程的一个附带好处是遗留产品的质量和安全性将稳步提高。

单元测试是最低成本的选择，并且它提供最大的准确性，但前提是组织致力于 TDD 策略。大家可能会考虑编写单元测试是一种开销，但它提供了自动测试功能性和非功能性安全特性的最具成本效益的方式。单元测试与 SAST、DAST 和 IAST 相结合，可以形成抵御简单安全漏洞的强大防线。

3.4.2 攻击监控与应对

1. 持续攻击监控

国外 DevSecOps 专家 Mitesh Patel 在 "DevSecOps - Incorporating The 10 Best Security Practices of the Industry" 这篇文章中归纳了 DevSecOps 的 10 个最佳安全实践，具体如下。

- 计划：制定针对整个应用的详细计划并展开行动。计划应覆盖功能需求和非功能需求，要有代码的测试标准，并梳理出常见的威胁。
- 开发：使用主流和成熟的开发方法，并考虑与安全措施的兼容。
- 构建：采用自动化构建工具，基于 TDD，通过实施质量标准将最佳安全实践用于静态代码分析。
- 代码测试：在每个代码块上运行各种类型的测试，如单元测试、API 测试、数据库测试、安全测试、后端测试、UI 测试等。
- 解决威胁：检查潜在的漏洞，查看是否对应用和数据安全构成了重大威胁，并及时处理和修复漏洞。
- 部署：使用自动化工具加速应用的部署，部署要检查云环境的兼容性和潜在威胁。
- 运维：定期维护和升级应用，持续检查是否存在新漏洞并定期更新应用，确保所使用的组件都是稳定可靠的安全版本。
- 监控：部署后，持续监控应用及其数据，持续检查它们的性能，一旦发现任何问题，则立即修复。
- 可扩展性：通过云服务扩展基础架构时，不应损害应用的功能、性能和安全性。扩展后应用要能更为健壮地提供服务。
- 适应性：当环境发生变化时，应用需要能够被修改来适应环境的变化。

其中，监控与持续安全理念密切相关，下面我们探讨如何持续监控以应对可能的攻击事件。

2. 自适应安全架构

Forrester Data 曾在 2017 年开展了一个名为 "Global Business Technographics Security Survey" 的调查，调查结果表明有 51% 的企业在过去 12 个月发生过数据泄露，平均探测时间为 99 天。由此可见，很多企业缺乏有效的手段开展持续攻击监控和及时发现攻击事件。

近年来国家出台《中华人民共和国网络安全法》，其中着重强调了网络安全信息收集、分析的重要性。

- 第五十一条中"国家网信部门应当统筹协调有关部门加强网络安全信息收集、分析和通报工作，按照规定统一发布网络安全监测预警信息"。
- 第五十二条中"负责关键信息基础设施安全保护工作的部门，应当建立健全本行业、本领域的网络安全监测预警和信息通报制度，并按照规定报送网络安全监测预警信息"。
- 第五十五条中"发生网络安全事件，应当立即启动网络安全事件应急预案，对网络安全事件进行调查和评估"。

然而，企业面临的问题和挑战是 IT 设备众多，各自为政形成信息安全孤岛；各类 IT 设备实现了单点防护，但是未能形成综合防护壁垒。安全人员面临的问题是要从每天多达千万数量级的分散原始数据中提取出几百万条包含潜在攻击事件、违规事件和安全漏洞的数据进一步分析、追溯和确认，但缺乏有效的技术手段和工具。

根据 Gartner 研究，大数据带来下一代安全防护解决方案——自适应安全架构。企业需建立专门的"安全数据中心"存储用于回溯分析的监控数据，通过一段时间的存储和数据分析，融入场景、外部威胁和社群智慧，才能建立"正常"模式，数据分析可以用于分辨从正常模式偏离的行为，这些数据分析能力逐步将自适应安全架构推向主流。

自适应安全架构的 6 种关键输入如下。

- 策略。该关键输入用于定义和描述各项组织需求，包括系统配置、补丁需求、网络活动、允许执行的应用、禁止执行的应用、反病毒扫描的频率、敏感数据的保护、应急响应等。策略驱动企业安全平台主动预防和响应高级威胁。
- 场景。基于地点、时间、漏洞状态等当前已有的信息，场景感知额外信息以提升信息安全决策的正确性。当需要分辨哪些攻击逃过传统安全防护机制，以及帮助确定有意义的偏离正常模式的行为且不想增加误报率时，对场景的利用非常关键。
- 社区智慧。为了更好地应对高级威胁，安全事件与漏洞信息应该是聚合的、可通过社区进行分析和分享的，在理想的情况下，自适应安全架构还应该拥有在相似行业和地区进行信息聚合及分析的能力。受益于网络效应，规模性的、好的社区可以让企业互相分享最佳实践、知识和技巧。
- 威胁情报。该关键输入的核心是那些可信的、有价值的主题源，如 IP 地址、域、URL、文件、应用等。除此之外，服务商还应提供企业关于攻击者或机构的组织方式、攻击目标等情报，并提供相应的指导，帮助企业有针对性地防范这些攻击。
- 漏洞分析。企业对所用到的设备、系统、应用和接口中的漏洞进行分析。除了已知的漏洞，还可通过主动测试应用、库和接口来分析存在于企业自建应用和第三方应用中的一些未知的漏洞。
- 供应商实验室。安全厂商通常提供最新的信息来支持他们的防护解决方案。例如，为了针对最新发现的威胁提供保护，更新黑白名单、规则和模式。

全面的可对攻击进行防御、检测、响应和预测的自适应安全架构需要包含如下 12 个关键功能。

- 加固与隔离系统。安全架构的设计原则是采用多种技术减少攻击面，阻止攻击者访问系统、发现漏洞和执行恶意代码。在防火墙或者应用层执行白名单是一种有效的模式，数据加密系统也可以视作对白名单模式的加固。此外，漏洞及补丁管理，结合端点隔离和沙箱技术主动限制网络、系统、进程、应用之间的接口，都是加固与隔离系统的技术。

- 攻击转移。该功能通过多种技术使攻击者难以定位真正的系统核心和可利用的漏洞。隐藏、混淆系统接口信息（如创建虚假系统、漏洞和信息）可使企业在攻防中获得时间上的非对称优势。虽然隐藏式安全并不能根本性解决问题，但该功能可视作一种可分层的、深层防御策略。

- 事故预防。该功能通过多种成熟的预防技术防止攻击者未授权而进入系统，包括传统的黑白名单式的反恶意病毒扫描、基于网络或主机的入侵防御系统和行为特征分析等。

- 事故检测。一些攻击者可能会绕过传统的拦截和防御机制，这时最关键的是在尽可能短的时间里检测到入侵，最小化攻击造成的损害和影响范围。很多技术可用在此处，但大多数依赖于自适应安全架构的核心能力，即分析持续监控所收集的数据，实现方法包括从正常的网络和端点行为中检测出异常，检测出外部连接到的已知的危险实体，或者检测出作为潜在攻击线索的事件和行为特征的序列。

- 风险确认和排序。一旦检测到潜在问题，我们就需要将不同实体中攻击的标志关联起来进行确认。例如，先查看沙盒环境中基于网络的威胁检测系统所观察到的进程、行为和实体等信息，然后将沙盒环境中的情况和实际端口中的情况相比，以分析情报。这种在网络和端点中分析情报的能力是基于内外情景（用户、角色和信息的敏感程度）进行业务分析，根据风险进行评估，并通知到企业，再经过可视化处理，这样安全人员就可以优先处理那些优先级高的安全风险。

- 事故隔离。一旦事故被识别，风险被确认和排序，该功能将迅速隔离被感染的系统和账户，防止其影响其他系统。常用的隔离方法包括端点隔离、账户封锁、网络隔离、系统进程关闭。

- 调查/取证。在隔离被感染的系统和账户之后，通过回顾分析事故的完整过程，利用持续监控所获取的数据，查找根本原因。例如，攻击者是如何获得主机控制权的？这是未知的漏洞还是没有打补丁的已知漏洞？哪些文件或者可执行程序包含攻击？有多少系统受到了影响？哪些信息泄露了？这些细节信息都需要依据监控的详细历史记录来回答。对于一次完整的调查，单独的网络流量数据可能不够充分，需要结合一些高级分析工具。如果安全厂商实验室和研究团队发布了新的签名、规则或模式，我们需要回放历史数据以判断企业是否曾遭受攻击，该攻击是否依然未被检测出来。

- 设计/模式改变。为了预防新的攻击或系统重新被感染，需要更改某些策略和控制，例如关闭网络端口、升级特征库、升级系统配置、修改用户权限、培训用户通过加密等手段提升信息防护选项的强度。在集成新规则之前，先要在持续监控所产生的历史数据中进行模拟攻防以主动测试其误报率和漏报率。

- 修复/改善。利用新兴的安全联动系统自动实施某些响应，例如在防火墙、入侵防御系统、应用控制或者反恶意病毒系统中，加入安全策略实施点以实施策略更改。
- 基线系统。系统持续迭代更新，可能引入移动设备和云服务等新的技术和系统，可能新建和撤销用户账户，可能披露新的漏洞，可能部署新应用，等等，因此我们需要对终端设备、服务器端系统、云服务、漏洞和典型接口等进行持续的基线重定义。
- 攻击预测。该功能通过检测攻击者的意图，例如关注黑客市场和公告板，保持对垂直行业的兴趣以及对受保护信息的分类和敏感度，主动预测未来的攻击手段和攻击目标，使企业可以及时调整安全防护策略来应对。
- 主动探索分析。随着内外情报的收集，我们需要对企业资产进行探索和风险评估以预测威胁，同时判断是否需要对企业安全策略和控制方法进行调整。例如，新购买一套云服务会带来什么风险？是否需要加强加密手段？上线一个新的应用会带来什么风险？应用是否已经进行漏洞扫描？是否需要使用防火墙或者端点隔离？

最终我们的目标是构建一个更具适应性的智能安全防护体系，它整合了不同的功能，并共享信息。例如，某企业一开始并没有"签名"功能来预防一个漏洞，但当发现攻击时，智能安全防护体系可以快速通过电子取证分析获得的知识来拦截后续的感染，这就是"定制防护"。

3.4.3 实现持续的安全性

正如持续集成、持续测试和持续部署是 DevOps 的代名词一样，"持续安全性"是 DevSecOps 的代名词和基石。持续安全的工具包括 Nessus、AppScan 等，以及其他基础架构、应用和网络安全扫描工具。这些工具的启动方式和运行频率需要团队内部商讨达成共识。部署完成后，可以通过 CI/CD 管道启动具有 API 调用的工具，其他不具有 API 调用的工具可按需基于一定的周期来运行，这些工具应尽可能频繁地运行，确保应用的安全性。

持续安全并非线性嵌入 CI/CD 管道，而是异步的、向开发人员提供持续的安全性反馈的。开发人员如何接收和响应该反馈也需要通过团队内部商讨达成共识。

3.5 安全自动化

安全性保障就像"打鼹鼠"游戏，一次性处理很简单，因为很多漏洞是可以修补的，并且企业可能已经制定了安全的流程、制度。困难在于有太多的"鼹鼠"，但没有太多时间来确保系统安全，而人工处理过程很烦琐、效率低下，因此需要实现安全自动化。

3.5.1 实现自动化

对大多数企业来说，自动化是成功的关键之一。自动化为相关各方带来了速度、一致性和效率。和敏捷开发一样，DevOps 的目标是做得更少、更好、更快，即软件发布更有规律，代码变更更少。更少的工作意味着更好的专注，每次发布的目的更明确，就能使错误更少。这也意味着在发生错误时更容易回滚。自动化帮助人们以较少的实际工作完成任务，但是由于自动化的工作完全相同，因此一致性是其最为明显的一个好处。

自动化的好处在构建服务器这里最为明显。构建服务器（如 Bamboo、Jenkins），通常称为持续集成服务器，它在代码更改时自动构建一个应用，甚至可能是整个应用栈。一旦构建了应用，自动化平台还可能启动质量保证和安全测试，将失败的构建反馈给开发团队。自动化除了对构建效率有提升的作用，还有利于软件生产的其他方面，包括报告、度量、质量保证和发布管理，但是安全自动化带来的好处则是我们关注的。

自动化确保了软件的每次更新都包括安全测试，以实现一致性。自动化可以帮助我们避免重复的或者完全透明的人工任务中常见的错误和遗漏。最重要的是，由于开发人员通常比安全人员多，自动化是扩大安全覆盖范围且无须扩大安全人员的规模的关键因素。

3.5.2 应用安全测试

应用可以理解为客户和核心业务功能之间的网关。客户使用应用访问企业提供的服务或购买产品，因此应用为企业及其客户承载了最大的安全风险。攻击者可以利用应用中的漏洞攻击企业的商业资产或其重要客户。为了消除这些风险，企业可以通过传统的实体交易与客户互动，客户访问实体站点以购买产品或访问服务。在数字时代，这种类型的交易不是可行的选择。因此，开发具有安全性的应用是非常重要的。

在 DevSecOps 中，我们可以将自动化安全测试集成到价值流中。应用安全测试方法有 SAST、DAST 和 IAST。它们都在成功的 DevSecOps 框架中发挥作用，决定将哪些方法集成到价值流中取决于许多因素。SAST 最适合识别"低垂的果实"——最容易在源代码中找到的缺陷，但由于缺乏上下文，它会产生大量的误报，我们可以用 DAST 或 IAST（或两者）补充 SAST。同时，我们应该确保避免陷入强制选择一种工具来满足所有应用安全需求的陷阱，而是通过实验确定哪种组合可提供最佳结果。

3.5.3 移动应用安全测试

测试移动应用的安全性存在移动应用自身的一系列挑战。移动应用针对多个设备，如手机和平板电脑；在多个平台和操作系统上，如 Android 和 iOS。这种复杂性需要付出巨大的努力来确保应用在各种移动设备上的安全。移动应用安全测试需要将手动流程与自动化工具相结合，自动化工具涵盖移动设备上运行的应用以及移动设备在后端运行的服务。验证所有第三方应用或移动应用使用的库的安全性也很重要。

移动应用有多种独特的安全要求：

- 它们需要保证密钥信息安全，如凭据和端点地址，以便它们能够安全地调用后端服务；
- 它们在安全网络之外运行，这意味着数据在通过无线接入点或移动数据服务传入和传出设备时需要明确保护；
- 数据应在运行应用的上下文中保持安全，以防数据泄露到移动设备上运行的其他应用。

3.5.4   基础设施安全测试

传统模式下，组织会配置自己的硬件，在硬件上安装操作系统并配置服务以支持托管在这些环境中的业务应用。云计算的到来改变了这种模式，组织可以利用代他们管理硬件的云服务提供商。云服务主要有以下 3 种类型：

- 软件即服务（Software as a Service，SaaS），其中第三方应用托管在云中，用户通过浏览器访问应用（如 Google Docs）；
- 平台即服务（Platform as a Service，PaaS）提供了一个由可用于构建软件的基础设施、操作系统和服务组成的平台（如 OpenShift）；
- 基础设施即服务（Infrastructure as a Service，IaaS）提供了与本地数据中心相同的功能，无须维护物理硬件，用户只需负责基础设施中的操作系统、中间件和数据库等上层应用的维护。

还有其他类型，如函数即服务（Function as a Service，FaaS）和通信即服务（Communication as a Service，CaaS），尽管它们被视为 PaaS 或 SaaS 的子集。在 DevOps 中，开发人员和运营人员负责管理应用和基础设施，因此 IaaS 模型的使用较为广泛。传统团队和敏捷开发团队从 PaaS 模型中受益，在 PaaS 模型中，供应商管理基础设施，可以让开发人员专注于交付软件。

基础设施即代码（Infrastructure as Code，IaC）采用软件开发原则来创建和管理基础设施，使用像应用程序源代码一样可管理的代码，它在自动化 CI/CD 流水线中进行版本控制、测试和部署。在传统的基础设施配置过程中，需要运营人员向各个安全部门发送详细文档，以在允许变更发生之前审查和批准基础设施设计。在开发环境、测试环境以及生产环境中，一旦出现问题，则需要重新提交设计并重新进行变更过程。在获得批准后，变更遵循一组书面说明手动进行，并且通常必须在变更窗口无人参与的时间内进行，以避免对客户造成干扰。这个过程需要几天或几周的时间，这阻碍了及时交付新产品的能力。

IaC 改变了这种模式，并在速度上有明显的提升，但这种方法的主要问题是它会将错误或安全问题快速传播到许多服务器。安全人员应该审查 IaC 文件，但他们可能对 IaC 技术没有足够的了解，人工审查需要很长时间。解决方案是自动化对基础设施代码的测试，特别是对于潜在的安全漏洞。

目前，基础设施代码分析工具不如"应用安全测试"部分中讨论的工具成熟。但是，有一些开源和供应商产品为许多基础设施管理工具（如 Chef、Puppet 和 Terraform）提供了这种功能。这些工具会寻找常见的错误配置，例如弱或无效的加密算法、不正确的安全组和过于宽松的访问控制。它们可以识别所有端口是否打开，是否有任何 IP 地址可访问，以及是否提供对所有资源的访问。这些工具可以集成到运营人员编写 IaC 脚本的 IDE 中，也可以集成到 CI/CD 流水线中，构建失败会阻止代码被升级到生产环境。基础设施代码分析工具提供了出色的安全性，并实现了更快的价值流节奏。而对基础设施代码的动态扫描分析（如容器镜像扫描、动态威胁分析、网络扫描）可以识别基础设施潜在的安全漏洞，并对可能表明基础设施存在漏洞的行为实施监控和告警。

3.6 云原生安全

云原生安全作为一种新兴的安全理念,不仅用于解决云原生技术带来的安全问题,更强调以原生的思维构建云安全,推动安全技术与云计算技术深度融合。

上云成为大势所趋,各行各业在国家相关政策的推动下积极推进企业上云。但是企业在上云过程中,云上安全体系建设相对滞后,通常在云平台建设完成之后补充措施保障云平台安全,并且大部分仍以堆砌各类安全设备构建安全管理能力的传统安全防护模式为主。传统的安全防护方案存在硬件设备昂贵、安全资源利用率低、部署困难、云上数据难以获取、数据流通性差、安全产品联动性不足、投入成本相对较高等问题。云原生安全体系建设是在企业云平台建设过程中就考虑融入安全建设,将安全能力内置于云平台,将安全产品云化部署,实现产品联动、数据连通,充分利用安全资源,降低安全解决方案的使用成本。

3.6.1 云原生安全的定义

根据信通院 2020 年发布的《"云"原生安全白皮书》,云原生安全指云平台安全原生化和云安全产品原生化。原生安全的云平台,通过云计算特性帮助用户规避部分安全风险,并将安全融入从设计到运营的整个过程中,以向用户交付更安全的云服务;原生安全产品能够内嵌融合于云平台,解决用户云平台和传统安全架构割裂的痛点。云原生安全架构如图 3-6 所示。

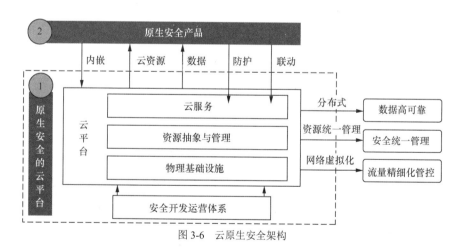

图 3-6 云原生安全架构

3.6.2 Gartner 的云安全体系

Gartner 提倡以云原生思维建设云安全体系。基于云原生思维,Gartner 提出的云安全体系覆盖 8 方面,如图 3-7 所示。

图 3-7　Gartner 的云安全体系

图 3-7 中，基础设施配置、身份和访问管理两方面由云服务商作为基础能力提供。其他 6 方面，即持续的云安全态势管理，可视化、日志、审计和评估，工作负载安全，应用、PaaS 和 API安全，扩展的数据保护，云威胁检测，均由客户基于安全产品实现。

3.6.3　云原生应用的供应链安全

供应链安全可以分为两部分：提供创建工作负载的工具和服务的安全环境（如开发人员的开发工具）以及构成工作负载的安全组件（如库、依赖项和镜像）。供应链实施后，需要确保供应链本身的完整性可以验证，并且可以对供应链产生的制品进行签名以验证来源。企业在使用依赖项时必须谨慎，因为上游依赖项可能不可避免地包含安全漏洞。验证所使用的第三方依赖项的真实性和完整性对于确保依赖项按预期运行且不会受到入侵至关重要。

云原生应用可能以开源组件和容器镜像的方式，通过开源代码库进行构建和分发。对开发人员、运营人员和安全人员来说，要确保应用中的制品和依赖项不包含已知的恶意软件和漏洞。容器镜像中存在恶意软件和漏洞是运行时环境的重要攻击向量，我们必须定期或按需在 CI 管道和容器镜像仓库中对容器镜像和组件进行漏洞扫描。

另外，将漏洞扫描整合到工作负载生成管道中，企业就能够加强对开发团队的反馈，并能够进一步阻止分发或部署不安全或易受攻击的更新软件。

3.6.4　容器技术安全基准

NIST 发布过一项有关应用容器技术安全问题的指南。该指南总结了镜像、注册表、编配器、容器、主机操作系统和硬件方面的漏洞，以及相应的应对措施。

NIST 发布的指南列出了 6 个需要应用安全措施的地方，其中镜像漏洞有可能是操作系统漏洞、配置问题、木马、未被信任的镜像、明文存储的密钥。在很多情况下，开发人员并不知道底层镜像会存在问题。例如，不安全的连接、过时的镜像和不完备的认证授权机制都会给镜像注册带来风险。如果没有做好网络流量控制，任由用户无限制的访问，那么用于管理容器生命周期的编配器也会出现问题。大部分编配器并不支持多用户模式，从安全方面来看，默认的设置一般无法保证最佳的安全性。

容器的可移植性和不可变性会导致安全问题。关于可移植性，安全工具和流程并不能保证容器的运行环境绝对安全，因为特定的环境可能包含很多安全漏洞。关于不可变性，容器使用了不可变模型，每当一个新版本的容器发布，旧的容器就会被销毁，新容器会代替旧容器执行任务。容器中可能包含恶意代码，这些恶意代码有可能会从容器中"逃逸"，对同一主机上的其他容器或对主机本身造成威胁。容器内部未加控制的网络访问和不安全的容器运行时配置（在高级别权限模式下运行）会使容器有可能受到来自其他方面的影响，如应用级别的漏洞。而每一个主机操作系统都有一个"攻击面"，攻击者可以通过这个攻击面对操作系统发起攻击，主机一旦受到攻击，主机上的容器也难逃厄运。共享内核的容器会加大这个攻击面。另外，如果将安全漏洞补丁和缺陷修复工作推到生产环境，那么这将变成开发人员的责任，而不是运营人员。但实际上，运营人员应该在这方面拥有更多的经验，这也会成为一个潜在的问题。

安全基准可为开发团队和组织提供创建"默认安全"的工作负载的指南。但是，这些基准并没有考虑数据流和测试平台的自定义使用，所以安全人员应将其作为一项指南，而不是一个检查清单。

3.6.5 混沌工程思想

混沌工程（chaos engineering）是通过主动向系统中引入软件或硬件的异常状态（扰动），制造故障场景，并根据系统在各种压力下的行为表现确定优化策略的一种系统稳定性保障手段。混沌工程可以对系统抵抗扰动、保持正常运作的能力进行校验和评估，以提前识别未知隐患并进行修复，进而保障系统更好地抵御生产环境中的失控条件，提升整体稳定性。

根据信通院混沌工程实验室在 2021 年发布的《中国混沌工程调查报告 2021》，近 20% 的受访者所负责的产品可用性低于 2 个 9（意味着用户每个月要忍受超过 7.3 小时的服务故障），超过 4 成产品的可用性低于 3 个 9（意味着用户每个月要忍受超过 44 分钟的服务故障）。故障发生之后的解决情况也不尽如人意：仅不到一半的故障的平均发现时长（Mean Time To Detect，MTTD）小于 1 小时；故障的平均修复时长普遍超过 1 小时，超过六成故障的平均修复时间（Mean Time To Repair，MTTR）高于 1 小时，甚至有约 20% 的服务故障的修复时间超过 12 小时。可以看到，国内系统稳定性仍有较大提升空间。

调查数据显示，随着混沌工程使用频率的提升，低可用性（可用性低于 99%）的产品占比急剧萎缩，高可用性（可用性高于 99.99%）的产品占比迅速增长。混沌工程通过在生产环境中执行探索性测试来发现系统中的隐藏问题，在系统稳定性维护上展现出巨大的价值。其中，提升服务可用性及降低故障的平均修复时间是两大主要收益。65%的受访者认为采用混沌工程提升了服务可用性，49.85%的受访者认为混沌工程帮助降低了故障的平均修复时间。企业需要建立稳定性优先的战略，构建系统稳定性保障体系，稳步推进数字化转型进程。

综上所述，混沌工程作为探究系统稳定性缺陷的手段，简单高效地为系统提高容错能力，很好地弥补了稳定性保障措施的短板。

1. 混沌工程实验

混沌工程实验是探究系统稳定性缺陷的最小单元，是实践混沌工程的核心要素。技术就绪是实施混沌工程的前置条件，产品技术层面的就绪包括完善的监控体系、可量化的系统稳定性评估体系和已具备韧性基础的系统。根据信通院发布的《混沌工程实践指南（2021 年）》，典型的系统评估指标可以分为以下类别。

- 时间类指标。系统完成实验场景单个或批量任务所需的时间，如服务器端响应时间、网络响应时间、客户端响应时间、任务完成耗时等。
- 效率类指标。系统在实验场景中的工作效率，如吞吐量、TPS（Transaction Per Second，每秒钟完成的业务数）、QPS（Query Per Second，每秒钟完成的查询数）等。
- 失效率类指标。系统执行功能失败的比例，如接口响应失败率、服务自动隔离或下线时间占比等。
- 资源类指标。系统使用资源的情况，如 CPU 使用率、内存使用量、磁盘输入和输出量、网络输入和输出量等。
- 综合业务类指标。用户对业务的反馈情况，如用户重试率、用户报错数量等。

2. 混沌工程能力评估框架

《混沌工程实践指南（2021 年）》中提出了一个混沌工程能力评估参考框架，可用于评估组织实践混沌工程的能力，主要反映执行混沌工程实践的可行性、有效性和安全性，评级越高则说明组织实践混沌工程的能力越强。

架构抵御扰动的能力评估标准如下。

- 1 级：无抵御扰动的能力。
- 2 级：具有一定的冗余性。
- 3 级：冗余且可扩展。
- 4 级：已使用可避免级联故障的技术。
- 5 级：已实现韧性架构。

实验指标设计能力评估标准如下。

- 1 级：无系统指标监控。
- 2 级：实验结果只反映系统状态指标。
- 3 级：实验结果反映系统的健康状况指标。
- 4 级：实验结果反映聚合的业务指标。
- 5 级：可在变量组和对照组之间比较业务指标的差异。

实验环境选择能力评估标准如下。

- 1 级：只能在开发环境和测试环境中运行实验。
- 2 级：可在预生产环境中运行实验。
- 3 级：未在生产环境中，用复制的生产流量来运行实验。
- 4 级：可在生产环境中运行实验。
- 5 级：包括生产在内的任意环境都可以运行实验。

实验自动化能力评估标准如下。

- 1 级：全人工流程。
- 2 级：可利用工具进行半自动运行实验。
- 3 级：可自助式创建实验，自动运行实验，但需要手动监控和停止实验。
- 4 级：可自动分析结果，自动终止实验。
- 5 级：全自动地设计、执行和终止实验。

实验工具使用能力评估标准如下。

- 1 级：无实验工具。
- 2 级：使用实验工具。
- 3 级：使用实验框架。
- 4 级：实验框架和持续发布工具集成。
- 5 级：有工具支持交互式比对实验组和控制组。

扰动注入场景能力评估标准如下。

- 1 级：只对实验对象注入一些简单事件，如突发高 CPU 使用和高内存使用等。
- 2 级：可对实验对象进行一些较复杂的扰动注入，如 EC2 实例终止、可用区故障等。
- 3 级：可对实验对象注入较高级的事件，如网络延迟。
- 4 级：可对变量组引入服务级别的影响和组合式的异常事件。
- 5 级：可注入如对系统的不同使用模式、返回结果和状态的更改等类型的事件。

终止扰动注入能力评估标准如下。

- 1 级：扰动无法独立终止。
- 2 级：可人为干预，长时间后可终止。
- 3 级：可人为干预可终止。
- 4 级：可定时终止。
- 5 级：可依据触发条件自动终止。

故障监控能力评估标准如下。

- 1 级：无法监控。
- 2 级：可监控到少量数据信息。
- 3 级：可人为搭建所有监控。
- 4 级：自带监控仪表盘。
- 5 级：自带监控仪表盘和告警能力。

定位问题能力评估标准如下。

- 1 级：无法定位。
- 2 级：可手动定位。
- 3 级：可自动定位。
- 4 级：可自动精准定位。
- 5 级：可自动精准定位，并提供改进方式。

环境恢复能力评估标准如下。

- 1 级：无法恢复正常环境。
- 2 级：可手动恢复环境。
- 3 级：可半自动恢复环境。
- 4 级：大部分可自动恢复环境。
- 5 级：韧性架构自动恢复。

实验结果整理能力评估标准如下。

- 1 级：没有收集实验结果，需要人工整理判断。
- 2 级：可通过实验工具得到实验结果，需要人工整理、分析和解读。
- 3 级：可通过实验工具持续收集实验结果，但需要人工分析和解读。
- 4 级：可通过实验工具持续收集实验结果，生成报告，并完成简单的故障原因分析。
- 5 级：实验结果可预测收入损失、容量规划，区分出不同服务实际的关键程度。

3.6.6　云上安全部署

企业用来控制风险的最常见的手段就是通过复杂、缓慢的流程和耗时的测试来进行管理。而云原生时代的企业向我们展示了一种全新的方式：在生产环境中进行安全实验。

大部分人都看过空中飞人表演，表演者的手松开挂在半空中的一个拉环上，在空中旋转，然后抓住另一个拉环，他们通常都能完成高难度动作并娱乐观众。他们的成功取决于正确的训练和合适的工具，以及大量的实践。但这些表演者知道事情有时候会出错，所以他们会在安全网的保护下进行表演。

当我们在生产环境中进行实验时，也需要合适的"安全网"。这张"安全网"实际由运营实践和软件设计共同编织而成，再加上可靠的软件工程实践，如测试驱动开发，就可以将失败的概率降到最低。关键在于，所有的运营实践和软件设计，都是为了让我们在必要时可以轻松、快速地从实验中回滚，返回之前已知的工作状态。

这是新旧思维方式的根本区别。在前一种方式下，我们在投入生产环境前进行了大量测试，相信自己已经解决了所有问题。当这种感觉被证明是错误的时候，就会陷入混乱。而在新的方式中，因为我们已经预料到会失败，所以会提前给自己准备一条降低失败影响的退路。这一效果是立竿见影的，会让我们的部署过程变得更简单、更快速，并且让系统在上线运行后具有更好的稳定性。

1. 安全部署的 3 个核心要素

基于"安全网"进行安全的部署，需要如下 3 个紧密关联的核心要素。

- 并行部署和版本化的服务。安全部署的核心是并行部署，与用新版本完全替代一个正在运行的软件版本不同，我们可以在部署新版本的同时继续运行已有的版本。一开始，我们只将一小部分流量路由到新版本，然后进行观察。我们可以根据各种条件来控制哪些流量被路由到新版本，例如根据请求来自何处（某个地理位置或者引用页）或者用户是谁。

- 必要的远程监控。要想了解新的部署是否产生了积极的结果，我们需要收集一些数据。例如，新版本是否正在运行且没有崩溃？新版本是否引入了新的延迟？点击率是增加了还是减少了？

- 灵活的路由。如果一切顺利，那么我们可以继续将更多流量路由到新版本。在任何时候出现了问题，我们都可以将所有流量切回以前的版本。这是一条让我们可以在生产环境中进行实验的退路。

2. K8s 加固最佳实践

K8s 管理着拥有大量节点的容器集群，且配置选项复杂，一些安全功能并非默认开启，这加大了安全管理难度。那么，如何有效地使用包括 Pod 安全策略、网络策略，以及 API Server、kubelet 和其他 K8s 组件安全策略建立安全的 K8s 环境呢？

美国国家安全局和网络安全与基础设施安全署发布了 *Kubernetes Hardening Guidance*。该指南详细叙述了 K8s 环境中存在的威胁，并提出了可以最大化降低风险的建议。以下归纳了对 K8s 进行全面加固的 12 个最佳实践。

（1）将 K8s 更新到最新稳定版本。K8s 新版本通常会包含一系列不同的安全功能，提供关键的安全补丁等，将 K8s 部署更新到最新稳定版本，使用到达稳定状态的 API，能够补救一些已知的安全风险，解决一些影响较大的 K8s 安全缺陷问题。

（2）利用 Pod 策略防止风险容器或 Pod 被使用。Pod 安全策略是 K8s 中可用的集群级资源，通过启用 Pod 安全策略准入控制器来使用此功能。用户至少要被授权一个策略，否则将不允许在集群中创建 Pod。Pod 安全策略设置了以下几个关键安全用例。

- 防止容器以特权模式运行。因为这种模式下的容器将会拥有底层主机可用的大部分能力。

- 避免容器与宿主机共享非必要的命名空间，如 PID、IPC 等，确保 Docker 容器和底层主机之间的适当隔离。

- 限制卷的类型。例如，通过可写的 HostPath 目录卷，操作者可写入文件系统，让容器得以在路径前缀（pathprefix）之外随意移动，因此必须使用 readonly:true。

- 限制主机文件系统的使用。

- 通过 readonlyRootFilesystem 将根文件系统设置为只读。

- 基于 defaultAllowPrivilegeEscalation 和 allowPrivilegeEscalation 选项，防止 Pod 及 Pod 中的进程获得高权限。

- 在遵循最小权限原则的前提下，将 Linux 功能限制为最小权限。

此外，一些 Pod 属性也可以通过安全上下文（Security Context）来控制。

（3）利用 K8s 命名空间正确隔离 K8s 资源。通过命名空间可以创建逻辑分区、强制分离资源以及限制用户权限范围。在一个命名空间内的资源名称必须是唯一的，并且资源不能相互嵌套，每个 K8s 资源只能位于一个命名空间中。在创建命名空间时，要避免使用前缀 kube-，因为 kube-用于 K8s 系统的命名空间。

（4）利用网络策略限制容器和 Pod 通信。网络策略规定了 Pod 群组之间相互通信以及 Pod 群组与其他网络端点间进行通信的方式，可以将其理解为 K8s 的防火墙。虽然 K8s 支持对网络策略资源的操作，但如果没有实现该资源的插件，仅创建该资源是没有效果的，可以通过使用支持网络策略的网络插件（如 Calico、Cilium、Kube-router、Romana 和 Weave Net 等）来实现。如果有一个适用于 Pod 的网络策略被允许，那么与 Pod 的连接就会被允许。要明确允许哪些 Pod 访问互联网，如果在每个命名空间内使用 default-deny-all 命令，那么所有的 Pod 都不能相互连接或接收来自互联网的流量。对于大多数应用，我们可以通过设置指定标签的方式，创建针对这些标签的网络策略来允许一些 Pod 接收来自互联网的流量。

（5）利用 ImagePolicyWebhook 策略管理镜像来源。可以通过准入控制器 ImagePolicyWebhook 来防止使用未经验证的镜像创建 Pod，这些镜像包括近期未扫描过的镜像、未列入白名单的基础镜像和来自不安全的镜像仓库的镜像。

（6）安全配置 K8s API Server。K8s API Server 处理来自集群内运行的用户或应用的 REST API 调用，以启用集群管理。我们需要在主节点执行 ps -ef | grep kube-apiserver 命令，并检查如表 3-5 所示的 K8s API Server 安全配置信息。

表 3-5　K8s API Server 安全配置信息

参数	配置
--anonymous-auth --profiling --repair-malformed-updates	设置为 false
--basic-auth-file --insecure-allow-any-token --insecure-bind-address --token-auth-file	使用默认设置
--kubelet-https	使用默认设置，或者设置为 true
--insecure-port	设置为 0
--secure-port	使用默认设置，或者设置为 1 到 65 535 之间的整数
--enable-admission-plugins	可设置为不包含 AlwaysAdmit，或者包含 AlwaysPullImages，假如没有使用 Pod 安全策略，确保包含 SecurityContextDeny
--disable-admission-plugins	设置为不包含 NamespaceLifecycle
--audit-log-maxage	设置为 30 天或其他天数

续表

参数	配置
--audit-log-maxbackup	设置为 10 或其他适合的值
--audit-log-maxsize	设置为 100 或其他适合的值
--authorization-mode	不设置为 AlwaysAllow
--service-account-lookup	设置为 true
--enable-admission-plugins	设置为包含 Pod 安全策略
--service-account-key-file	设置为用单独的公钥/私钥对来签署服务账户令牌
--disable-admission-plugins	设置为不包含 ServiceAccount
--kubelet-certificate-authority --kubelet-client-certificate --kubelet-client-key --etcd-certifle --etcd-keyfile --tls-cert-file --tls-private-key-file --client-ca-file --etcd-cafile --audit-log-path	设置为合适的值
--tls-cipher-suites	使用强密码
--authorization-mode	设置为包含 Node
--enable-admission-plugins	设置为包含 NodeRestriction
--encryption-provider-config	在 EncryptionConfig 中设置 EventRateLimit 值
--enable-admission-plugins	设置为包含 EventRateLimit
--feature-gates	未被设置为包含 AdvancedAuditing = false
--request-timeout	默认设置，或者设置为合适的值，默认 60 秒
--authorization-mode	设置为包含 RBAC（Role-Based Access Control，基于角色的访问控制）

（7）安全配置 kube-scheduler。kube-scheduler 作为 K8s 的默认编排器，负责监控未分配节点的新创建的 Pod，并将该 Pod 调度到合适的节点上运行。在主节点上执行 ps -ef | grep kube-scheduler 命令，并检查输出中的以下信息。

- --profiling 设置为 false，当遇到系统性能瓶颈的时候，profiling 可以通过识别定位瓶颈来发挥作用，这对性能调优有显著帮助。
- --address 设置为 127.0.0.1，防止将编排器绑定到一个非回环的不安全地址。

（8）安全配置 kube-controller-manager。在主节点上执行 ps -ef | grep kube-controller-manager 命令，并检查输出中的以下信息。

- --terminated-pod-gc-threshold 设置为一个适合的值，以确保拥有足够可用的资源，并不会导致性能降低。

- --profilingargument 设置为 false。
- --use-service-account-credentials 设置为 true。这种设置可以配合 RBAC 使用，确保控制环路以最小权限原则运行。
- --service-account-private-key-file 设置为单独的公钥/私钥对，用于签署服务账户令牌。
- --root-ca-file 设置为一个适合的值，在包含 API Server 的服务证书的根证书中进行设置，这样 Pod 会先验证 API Server 的服务证书，再建立连接。
- RotateKubeletServerCertificate 设置为 true，并且只适用于 kubelet 从 API Server 获得其证书的情况。
- --addressargument 设置为 127.0.0.1，确保控制管理器服务不会与非回环的不安全地址绑定。

（9）安全配置 etcd。etcd 是一种分布式键值存储，实现跨集群存储数据。K8s 集群都使用 etcd 作为主要的数据存储方式来处理 K8s 集群状态的数据存储和复制，系统管理员或相关工程师可以根据需要从 etcd 读取并写入数据。安全地配置 etcd 与其服务器的通信是最关键的。在 etcd 服务器节点上执行 ps -ef | grep etcd 命令，并检查输出中的以下信息。

- 根据需要设置--cert-file 和--key-file，以确保客户端连接只通过 TLS（transport layer security，安全传输层协议）提供服务。
- --client-cert-auth 设置为 true，确保所有客户端的访问都会包含一个有效的客户端证书。
- --auto-tls 不要设置为 true，这会禁止客户端在 TLS 中使用自签名的证书。
- 如果使用的是 etcd 集群（而非单一的 etcd 服务器），要检查--peer-cert-file 和--peer-key-file 参数是否设置正确，以确保同级别的 etcd 连接在 etcd 集群中被加密。此外，检查--peer-client-cert-auth 参数是否设置为 true，以确保只有经过认证的同级别的 etcd 才能访问 etcd 集群。最后检查--peer-auto-tls 参数是否设置为 true。
- 不要为 etcd 与 K8s 使用相同的授权证书，可以通过验证 API Server 的--client-ca-file 引用的文件与 etcd 使用的--trusted-ca-file 之间的差别来确保这一点。

（10）安全配置 kubelet。kubelet 是运行在每个节点上的主要"节点代理"，错误地配置 kubelet 会面临一系列的安全风险，所以可以使用运行中的 kubelet 可执行文件参数或 kubelet 配置文件来设置 kubelet 配置。找到 kubelet 配置文件（通过 config 参数可找到 kubelet 配置文件的位置），执行 ps -ef | grep kubelet | grep config 命令，并检查输出中的以下信息。

- --anonymous-auth 设置为 false。常见的错误配置之一是允许 kubelet 服务器提供匿名和未经验证的请求。
- --authorization-mod 设置为 AlwaysAllow。若使用默认配置值，要确保有一个由 config 指定的 kubelet 配置文件，并且该文件将 authorization:mode 设置为 AlwaysAllow 以外的配置。
- --client-ca-file 设置的是客户端证书授权的位置。若使用默认配置值，要确保有一个由 config 指定的 kubelet 配置文件，并且该文件已经过认证，同时将 x509:clientCAFile 设置为客户端证书授权的位置。

- --read-only-port 设置为 0。若使用默认配置值，要确保有一个由 config 指定的文件，如果要设置适合的值，则将 readOnlyPort 设置为 0。
- --protect-kernel-defaults 设置为 true。若使用默认配置值，要确保有一个由 config 指定的 kubelet 配置文件，并且该文件将 protectKernelDefaults 设置为 true。
- --hostname-override 使用默认配置值，确保 kubelet 和 API Server 之间 TLS 设置没有中断。
- --event-qps 设置为 0。若使用默认配置值，要确保有一个由 config 指定的 kubelet 配置文件，并且该文件将 eventRecordQPS 设置为 0。
- --tls-cert-file 和--tls-private-key-file 参数设置为合适的值。通过 config 指定的 kubelet 配置文件，该文件包含 tlsCertFile 和 tlsPrivateKeyFile，确保 kubelet 上的所有连接都是通过 TLS 进行的。
- 如果 kubelet 从 API Server 获得证书，则将 RotateKubeletServerCertificate 和--rotate-certificates 设置为 true，确保 kubelet 只使用强密码。

（11）确保主节点的配置文件安全。主节点上的配置文件安全主要涉及确保 API Server 的 Pod 规范文件的权限和所有权、控制管理器 Pod 规范文件的权限和所有权、编排器 Pod 规范文件的权限和所有权、etcd Pod 规范文件的权限和所有权、容器网络接口文件的权限和所有权、etcd 数据目录的权限和所有权、admins.conf 文件的权限和所有权、scheduler.conf 文件的权限和所有权、controller-manager.conf 文件的权限和所有权、K8s PKI 目录和文件的权限和所有权、K8s PKI 密钥文件的权限等。以 API Server 的 Pod 规范文件的权限和所有权为例。

- 文件的权限。在主节点上执行 stat -c %a /etc/kubernetes/manifests/kube-apiserver.yaml 命令（指定系统的文件位置），在输出中检查和确保权限是 644 或使用了更多权限限制，并保持文件的完整性。
- 所有权。在主节点上执行 stat -c %U：%G/etc/kubernetes/manifests/kube-apiserver.yaml 命令（指定系统的文件位置），在输出中检查和确保所有权权限设置为 root。

（12）确保工作节点的配置文件安全。保护工作节点的配置文件安全包括确保 kubelet 服务文件的权限、kubelet.conf 文件的权限和所有权、kubelet 服务文件的所有权、代理 kubeconfig 文件的权限和所有权、证书管理中心文件的权限、客户端证书管理中心文件的所有权、kubelet 配置文件的权限和所有权。以 kubelet 服务文件的权限为例：在主节点上执行 stat -c %a/etc/systemd/system/kubelet.service.d/10-kubeadm.conf 命令（指定系统的文件位置），在输出中检查和确保权限是 644 或使用了更多权限限制，并保持文件的完整性。

3.6.7 灰度发布

灰度发布是指在黑与白之间，能够平滑过渡的一种发布方式。在其上可以进行 A/B 测试，即让一部分用户继续用产品特性 A，一部分用户开始用产品特性 B，如果用户对 B 没有什么反对意见，那么逐步扩大范围，把所有用户都迁移到 B。灰度发布的作用是及早获得用户的意见反馈，完善产品功能，提升产品质量，让用户参与产品测试，加强与用户互动，降低产品升级所影响的用户范围。灰度发布可以保证整体系统的稳定，我们在初始灰度的时候就可以发现和调整问题，以降低问题的影响。

一般灰度发布执行流程如下：

（1）定义目标；

（2）选定策略，包括用户规模、发布频率、功能覆盖度、回滚策略、运营策略、新旧系统部署策略等；

（3）筛选用户，包括用户特征、用户数量、用户常用功能、用户范围等；

（4）部署系统，包括部署新系统、部署用户行为分析系统、设定分流规则、运营数据分析和分流规则微调；

（5）发布总结，包括分析用户行为、做用户问卷调查、收集社会媒体意见和形成产品功能改进列表；

（6）产品完善；

（7）新一轮灰度发布或完整发布。

灰度发布支持高可用的分布式应用部署。负载均衡在分布式应用中扮演重要角色，合理选择分流策略对用户访问服务的体验较为重要。我们对比了如下几种分流策略。

- 轮询。它的优点是实现简单，缺点是不考虑每台服务器的处理能力。
- 权重。它可以根据新版本用户体验量、版本过渡速度等因素来灵活设置权重，这是我们建议使用的策略。
- IP hash。它的优缺点均是对 IP 地址依赖程度高。
- url hash。它的优点是能实现同一个服务访问同一个服务器，缺点是根据 url hash 分配请求会不均匀，请求频繁的 URL 会请求到同一个服务器上。
- Fair。它按后端服务器的响应时间来分配请求，响应时间短的优先分配请求。

分流策略的核心工作是根据放量配置来决定当前用户应使用的资源版本，确保用户的分流路线稳定，即下次的请求页面应与上次的分流结果一致。如果新版本发布或放量比例变化，则重新分流。基于负载均衡的灰度发布，需要通过调整微服务、容器、Pod 数的权重来动态分割。

- 若希望新版本权重占比较多，建议使用六四原则进行处理，即在应用初期使用新版本的用户占 6 成。
- 若希望保持系统稳定缓慢过渡，建议使用二八原则进行处理，即在应用初期使用新版本的用户占 2 成。

3.7 零信任网络安全

传统意义上的安全产品、安全能力通常是外置的，DevSecOps 更看重过程安全和安全前置，把安全植入开发、测试、部署的各个环节，从源头上屏蔽一些安全风险。传统网络架构伴随业务变化而变化，系统各组件功能与硬件紧耦合，在安全防护上强调分区域和纵深防御，通常以物理网络或者安全设备为边界进行划分。

但是，云计算网络架构是扁平化的，业务系统与硬件平台松耦合，单纯地以物理网络或安全设备为边界进行划分，无法体现出业务系统的逻辑关系，更无法保证业务信息的安全和系统服务的安全。

3.7.1 零信任

"Never trust，always verify"（从不信任，始终验证）是零信任的基本原则，即从零开始建立信任，并以身份为中心实施"先认证后连接"。由于传统网络安全模型逐渐失效，零信任安全逐渐成为新时代下网络安全理念和架构。

在国外，2019 年美国国防部发布 *DoD Digital Modernization Strategy*，将人工智能、零信任安全列为优先发展计划。2020 年 8 月，NIST 发布 *Zero Trust Architecture*（NIST SP 800-207），对零信任安全理念和逻辑架构做了标准定义，并提出了实现零信任安全理念的三大技术方案：软件定义边界、身份识别与访问管理，以及微隔离。

在国内，2019 年工业和信息化部起草了《关于促进网络安全产业发展的指导意见（征求意见稿）》，将"着力突破网络安全关键技术"作为主要任务之一，并提到"零信任安全"。2022 年，信通院发布了《中国网络安全产业白皮书》，指出零信任已经从概念走向落地。

使用零信任技术应对等保 2.0 合规要求

在云环境中，计算、存储和网络等元素都被资源池化，虚拟机所在的物理位置和网络位置可能频繁变化。因此，传统的网络安全防护手段无法有效实现云计算安全。在等保 2.0 中，除了安全通用要求，还加入了云计算安全扩展要求，其防护体系要求与软件定义边界类似，都要求先进行身份鉴别。等保 2.0 充分体现了"一个中心，三重防护"的思想。"一个中心"指安全管理中心，"三重防护"指安全计算环境、安全区域边界和安全网络通信。等保 2.0 比等保 1.0 更注重整体的动态防御，强调事前预防、事中响应和事后审计。等保 2.0 的核心变化是从边界防御的思维模式转变为全网协同防御的整体安全观，是从以黑名单为主要防御技术转变为以白名单为核心特征的零信任安全体系。零信任的思想在等保 2.0 中随处可见，如软件定义边界（Software Defined Perimeter，SDP）。

SDP 的核心思想是构建以身份为中心的网络传输动态访问控制。它强调建立包括用户、设备、应用、系统等实体的统一身份标识，并基于最小权限原则进行访问。SDP 要求先进行身份鉴别，确定对应的访问权限和策略，再与相应的服务建立连接。SDP 以用户为中心，没有预设的发送方和接收方的地址，因而能够在内外部环境，尤其是网络地址和拓扑持续变化的情况下，提供可靠的隔离和访问控制手段。SDP 以网络为实施范围，以实体身份为抓手，实现数据层面的访问控制，符合等保 2.0 的三重防护体系要求。

3.7.2 微隔离

网络隔离并不是新的概念，而微隔离（micro-segmentation）技术是 VMware 在应对虚拟化隔离技术时提出的，但真正让微隔离技术备受大家关注是从 2016 年微隔离技术进入 Gartner 年度安全技术榜单开始，微隔离技术连续 3 年都进入了 Gartner 年度安全技术榜单。

1. 微隔离系统工作范围与组成要素

微隔离是粒度更细的网络隔离，从微隔离概念和技术诞生以来，对其核心能力的要求是聚焦在东西向流量的隔离上，它有别于防火墙的隔离作用，能够应对在云环境中的真实需求。

在传统防火墙单点边界上的隔离场景中，控制中心和策略执行单元耦合在一台设备中，而微隔离系统的控制中心和策略执行单元是分离的，具有分布式和自适应特点。策略控制中心是微隔离系统的"大脑"，它需要具备以下几个重点能力：

- 能够可视化地展现内部系统之间和业务应用之间的访问关系，让平台使用者能够快速厘清访问关系；
- 能够按角色、业务等多维度标签对需要隔离的工作负载进行快速分组；
- 能够灵活地配置工作负载、业务应用之间的隔离策略，策略能够根据工作组和工作负载进行自适应配置和迁移。

策略执行单元是执行流量数据监测和隔离策略的工作单元，它可以是虚拟化设备也可以是主机代理。

2. 微隔离与零信任的关系

在零信任诞生之初，微隔离就是其重要的技术实现方式之一，而近年来包括 NIST、Gartner、Forrester 等机构均将微隔离纳入零信任体系的基本组成部分。另外，将微隔离技术与自适应技术相结合，可以通过软件定义的方式对工作负载之间实施细粒度的访问控制，还可以根据业务的动态变化自适应调整安全策略，使其适用于物理环境、混合云环境、容器环境等，帮助用户构建数据中心内部的零信任体系。

3. 使用微隔离技术应对等保 2.0 合规要求

下面列举等保 2.0 中与微隔离技术相关的合规要求，并提出借助微隔离技术的解决方案。

（1）应在网络边界或区域之间根据访问控制策略设置访问控制规则，默认情况下除允许通信外，受控接口拒绝所有通信。这项要求本质上是要求以白名单的方式在边界做访问控制，最大的挑战在于确保白名单策略符合业务实际需求，因为策略配置错误会引起业务中断。借助微隔离技术，可以通过业务流量自学习，准确地描绘每个工作组、每个工作负载的访问情况，基于业务拓扑，可以准确地生成符合业务实际的白名单访问控制策略。

（2）应删除多余或无效的访问控制规则，优化访问控制规则列表，并保证访问控制规则数量最小化。这项要求可以认为是上一项要求的衍生要求，在白名单模式下，必须确保规则集最小，其核心挑战在于确保策略始终与业务保持一致。利用微隔离技术，可以设计自适应策略计算引擎，根据网络环境的实际情况自动进行策略的计算与更新，对不必要的策略实时删除，确保策略与业务始终保持一致。

（3）应对源地址、目的地址、源端口、目的端口和协议等进行检查，以允许/拒绝数据包进出。实现这项要求最大的难点在于确定服务的访问源，过去的边界防御方案主要是基于目的地址与端口来开展，对源进行限制将大大提高策略设计的难度。借助微隔离技术，可视化业务拓扑能够准确地描述全部业务访问的源和目的的信息，并可以自动化生成访问控制策略，极大提升策略配置效率和策略有效性。

（4）应在关键网络节点处检测、防止或限制从内部发起的网络攻击行为。在等保 2.0 中首次明确强调要防范内部危险，而这项要求的核心挑战在于策略控制点的部署密度和访问控制能力。过去的解决方案普遍存在控制点成本过高以及重检测轻处置的能力缺陷。借助微隔离技术，可以采用轻代理模式进行部署，每一个工作负载是控制点也是检测点，从而实现最大密度的异常流量监测网络，实现进程级（容器级）访问控制，最大程度减少内部攻击面，提升内网安全防御能力，对各种异常流量和工作负载做到一键隔离、快速处置。

（5）当检测到攻击行为时，记录攻击源 IP 地址、攻击类型、攻击目标、攻击时间，在发生严重入侵事件时应提供报警。这项要求的核心挑战在于对东西向流量进行捕捉和记录。一方面东西向流量体量巨大，过去的引流、镜像等方式无法对全部东西向流量进行有效捕捉。另一方面，通过虚拟网络流量分辨不出宿主机，而捕捉和记录更难。借助微隔离技术，可以通过轻代理方式对全部东西向流量进行统计与集中分析，从而实现对网络流量日志与事件的溯源。

（6）应关闭不需要的系统服务、默认共享和高危端口。这项要求最大的难点在于确认什么是不需要的。因为对主机开放端口必要性的确认工作量巨大，在大型网络中很难完成，而在不影响主机工作的前提下有效关闭端口也是个技术难点。借助微隔离技术，可以通过进程级的业务学习，准确地了解全部主机开放端口被什么业务进程监听以及被什么访问源访问，以便于对全网端口开放情况进行分析，并且可以通过白名单策略，做到彻底关闭全部无业务需求的端口。

（7）应通过设定终端接入方式或网络地址范围对通过网络进行管理的终端进行限制（传统的堡垒机需求）。这项要求的核心挑战在于解决堡垒机绕过问题，也就是访问者通过控制点登录一台内网主机后，可以以此主机为跳板对其他主机进行越权访问。借助微隔离技术，可以将自适应微隔离的策略控制点设置为不在边界，而是分布于每个被保护的工作负载之上，所以不存在绕过的可能性，即每次在任何一台内网主机登录的时候都需要进行安全策略访问控制。

（8）应能检测到虚拟机与宿主机、虚拟机与虚拟机之间的异常流量。这项要求的核心挑战在于识别虚拟机间流量（或容器间流量），基于传统的防火墙或者其他流量分析产品都无法对虚拟流量进行有效的捕捉与分析。借助微隔离技术，可以通过工作负载上部署的轻代理，对虚拟机间流量进行有效分析，对容器间流量做可视化分析。

（9）应保证当虚拟机迁移时，访问控制策略随其迁移。云计算的一个重要特征就是经常发生虚拟机漂移，因此必须确保当发生虚拟机漂移时策略能够随之迁移，否则就会造成业务的中断或者安全的失控。借助微隔离技术，可以通过自适应策略计算引擎，实时捕捉虚拟机漂移、虚拟机上下线、克隆扩展等事件，并进行自动化策略重算，始终保持策略有效性。

（10）应允许云服务客户设置不同虚拟机之间的访问控制策略（点到点访问控制）。这项要求明确提出云环境应该具备点到点访问控制能力，而实际上目前的云环境基本只能提供虚拟专有云（Virtual Private Cloud，VPC）、安全组等边界防御产品，用这种产品进行虚拟机间访问控制不具备可行性和可扩展性，其部署和运维的成本极高。借助微隔离技术，可以通过自适应微隔离，允许用户以软件定义隔离的形式方便地对大规模网络设置虚拟机间访问控制策略。

4. 贯穿开发运营阶段的网络安全策略

由于开发环境与生产环境不同，基于开发环境配置的网络安全策略不能直接作用于生产环境，只能是生产环境的安全人员根据业务构成和访问关系进行网络安全策略配置。

借助微隔离技术，可以基于开发阶段的业务和访问的已知关系进行策略配置，做好开发侧的安全，将安全左移；在测试阶段可以验证策略的有效性；在业务上线之后自适应引擎可以根据生产环境当时的状态和业务特点进行策略调整，保证每台机器上的策略都是恰当有效的。

3.8 安全度量

在软件生命周期安全管理过程中，必须重视安全的可度量性，相关问题如下。

- 当前的安全管控是否全面？
- 和业界领先的差距有多大？
- 安全投入有限，应该优先投入哪儿？
- 每年如何对安全工作成效进行量化？

"If you can't measure it，you can't manage it."（如果你不能度量它，你就无法管理它）。因此，我们需要引入软件安全成熟度模型，对当前的安全水平进行度量和对比，这样既可以纵向量化安全的成果，也可以横向发现和业界领先水平的差距。

3.8.1 软件安全成熟度发展史

20 世纪 70 年代初，由于软件的规模和复杂度的增加，软件的可靠性问题变得越发突出，软件研究人员开始关注软件的质量属性，并陆续制定了一些质量控制相关的国际标准，如 CMM/CMMI、ISO/IEC9000、ISO/IEC15504、ISO/IEC12207 等。制定标准的思路是将软件开发视为一个过程，从而对软件开发和维护进行过程监控，保障软件的质量，但并没有标准将软件的安全性作为软件的质量度量指标之一，标准中也没有包含相应的安全性目标和活动。因此，一个企业即使达到了很高的软件成熟度（例如通过了 CMMI 5 级评估）也无法证明其开发的软件具有足够的安全性。

20 世纪 90 年代中后期，随着互联网的发展，软件互联与开放性增强，由于软件漏洞导致的安全事件以及造成的资产和服务功能损失急剧增加，软件安全从传统的计算机安全和网络安全中分离出来，成为一门独立的学科开始发展。各种软件安全开发理论、实践和标准相继推出，包括软件安全构建成熟度模型、Microsoft 的 SDL、ISO/IEC27034、Cisco 的 NIST 800-64、信息系统等级保护等，同时形成了多个侧重于评估组织安全开发能力和保障能力的理论和标准，软件或系统安全成熟度模型，如软件保障成熟度模型（Software Assurance Maturity Model，

SAMM）、系统安全工程能力成熟度模型（Systems Secure Engineering Capability Maturity Model，SSE-CMM）等。

运用上述模型，可以达到以下目标。

- 评估组织在软件/系统安全保障能力上的水平，分析其与组织业务期望和业界平均安全水平的差距。
- 根据组织的业务目标，综合考虑资源情况和软件/系统开发成熟度等限制因素，规划合理的、可以实现的优化方向和演进路线。
- 以统一的标准，定期评估组织的安全能力，向管理层展示各方面的实质性进步，并证明安全投入的实际成效，争取管理层对安全的长期支持。
- 定义并持续改进组织所采取的安全措施，形成可以执行的安全计划。

3.8.2 软件安全构建成熟度模型

软件安全构建成熟度模型（Building Security In Maturity Model，BSIMM）是一种描述性的模型，它采用软件安全框架和活动描述，提供了一种共同语言以解释软件安全中的关键点，并在此基础上对不同规则、不同领域、采用不同术语的软件计划进行比较。BSIMM 的软件安全框架（如图 3-8 所示）分为 4 个领域，包括管理、情报、安全软件开发生命周期（Secure Software Development Lifecycle，SSDL）触点和部署，每个领域又各分 3 项实践，共形成 12 项安全实践。

领域			
管理	情报	SSDL触点	部署
用于协助组织、管理和评估软件安全计划的实践。人员培养也是一项核心的管理实践	用于在企业中汇集企业知识以开展软件安全活动的实践。所汇集的这些知识既包括前瞻性的安全指导，也包括组织威胁建模	与分析和保障特定软件开发制品及开发流程相关的实践。所有的软件安全方法论都包含这些实践	与传统的网络安全及软件维护组织打交道的实践。软件配置、维护和其他环境问题对软件安全有直接影响
实践			
管理	情报	SSDL触点	部署
1.战略和指标 2.合规与政策 3.培训	4.攻击模型 5.安全性功能和设计 6.标准和要求	7.架构分析 8.代码审查 9.安全性测试	10.渗透测试 11.软件环境 12.配置管理和安全漏洞管理

图 3-8 BSIMM 的软件安全框架

对于每个实践，BSIMM 会根据统计数据给出多数企业都在从事的主要安全活动，如图 3-9 到图 3-12 所示，并且根据被调查企业参与安全活动的占比排名，将安全活动分成 1、2、3 级，其中活动的号码并不连续。

管理		
战略和指标（SM）	合规与政策（CP）	培训（T）
第1级 • SM1.1 公布流程并按需演进 • SM1.2 设立布道师岗位，开展内部宣传 • SM1.3 对高管人员进行培训教育 • SM1.4 实施软件生命周期管理	第1级 • CP1.1 统一监管压力 • CP1.2 确定个人身份信息责任 • CP1.3 制定政策	第1级 • T1.1 开展安全意识培训 • T1.5 提供与具体角色相关的高级课程 • T1.7 提供按需个人培训 • T1.8 在入职培训中加入安全方面的内容
第2级 • SM2.1 在内部发布有关软件安全性的数据 • SM2.2 根据评估结果验证产品发布条件并跟踪异常 • SM2.3 创建或扩大外围小组 • SM2.4 要求签发安全性证明	第2级 • CP2.1 确定个人身份信息数据清单 • CP2.2 要求签发与合规相关的风险安全证明 • CP2.3 实施并跟踪针对合规的控制 • CP2.4 把软件安全性纳入所有的供应商合同 • CP2.5 确保管理层了解合规和隐私义务	第2级 • T2.5 通过培训和活动来提高外围小组的能力 • T2.8 创建并使用与企业具体历史相关的材料
第3级 • SM3.1 使用带组合视图的软件资产跟踪应用 • SM3.2 执行对外推广计划 • SM3.3 确定指标并利用指标来获得资源 • SM3.4 集成软件生命周期管理	第3级 • CP3.1 编写向监管者提供的合规性报告 • CP3.2 要求供应商执行政策 • CP3.3 推动把来自SSDL数据的反馈纳入政策	第3级 • T3.1 奖励通过课程的进步 • T3.2 为供应商或外包人员提供培训 • T3.3 举办软件安全性活动 • T3.4 要求参加年度进修课程 • T3.5 确定软件安全团队服务办公时间 • T3.6 通过观察来发现新的外围小组成员

图 3-9　管理实践的安全活动

情报		
攻击模型（AM）	安全性功能和设计（SFD）	标准和要求（SR）
第1级 • AM1.2 制定数据分类方案和数据清单 • AM1.3 识别潜在攻击者 • AM1.5 收集并使用攻击情报	第1级 • SFD1.1 集成并交付安全性功能 • SFD1.2 让软件安全团队参与架构设计	第1级 • SR1.1 制定安全性标准 • SR1.2 创建安全性门户网站 • SR1.3 把合规性约束转变成需求
第2级 • AM2.1 构建与潜在攻击者有关的攻击模式和滥用案例 • AM2.2 创建与特定技术相关的攻击模式 • AM2.5 创建并维护前N种可能的攻击列表 • AM2.6 收集并发布攻击案例 • AM2.7 建立内部论坛来讨论各种攻击	第2级 • SFD2.1 利用"通过设计保证安全"（secure-by-design）的组件和服务 • SFD2.2 培养解决棘手设计问题的能力	第2级 • SR2.2 成立标准审查委员会 • SR2.4 识别出开源代码 • SR2.5 创建软件安全性样板文件
第3级 • AM3.1 拥有一个开发新攻击方法的研究团队 • AM3.2 创建并使用自动化方法来模拟攻击者 • AM3.3 监控自动化资产创建工作	第3级 • SFD3.1 成立审查委员会来批准并维护安全的设计模式 • SFD3.2 要求采用获得批准的安全性功能和框架 • SFD3.3 从企业中寻找并发布成熟的安全设计模式	第3级 • SR3.1 控制开源风险 • SR3.2 同供应商沟通标准 • SR3.3 采用安全编码标准 • SR3.4 为技术栈制定标准

图 3-10　情报实践的安全活动

SSDL触点		
架构分析（AA）	代码审查（CR）	安全性测试（ST）
第1级 ● AA1.1　开展安全性功能审查 ● AA1.2　针对高风险应用开展设计审查 ● AA1.3　由软件安全团队领导设计审查工作 ● AA1.4　利用风险方法论为应用排序	第1级 ● CR1.2　开展机会性的代码审查 ● CR1.4　并行采用自动化工具和人工审查 ● CR1.5　所有的项目都必须强制执行代码审查 ● CR1.6　使用集中报告来构建知识环路并推动培训 ● CR1.7　指定工具辅导人员	第1级 ● ST1.1　确保质量保证人员执行支持边缘/边界值条件测试 ● ST1.3　推动结合安全性要求和安全性功能的测试
第2级 ● AA2.1　定义并使用架构分析流程 ● AA2.2　标准化架构描述	第2级 ● CR2.6　使用自定义规则运行自动化工具 ● CR2.7　采用一份重要的缺陷列表（最好采用真实数据）	第2级 ● ST2.1　整合黑盒安全工具到质量保证流程中 ● ST2.4　与质量保证人员共享安全检查结果 ● ST2.5　将安全测试纳入质量保证自动化 ● ST2.6　开展专为API定制的模糊测试
第3级 ● AA3.1　让开发团队领导架构分析流程 ● AA3.2　推动把分析结果引入标准架构 ● AA3.3　使软件安全团队成为架构分析资源或导师	第3级 ● CR3.2　培养合并评估结果的能力 ● CR3.3　培养消除缺陷的能力 ● CR3.4　自动进行恶意代码检测 ● CR3.5　执行安全编码标准	第3级 ● ST3.3　推动结合风险分析的测试 ● ST3.4　利用（代码）覆盖分析 ● ST3.5　开始构建并使用对抗性安全测试（滥用案例） ● ST3.6　在自动化中实施事件驱动的安全测试

图 3-11　SSDL 触点实践的安全活动

部署		
渗透测试（PT）	软件环境（SE）	配置管理和安全漏洞管理（CMVM）
第1级 ● PT1.1　聘请外部渗透测试人员来查找问题 ● PT1.2　把结果反馈至缺陷管理和修复缓解系统 ● PT1.3　在内部使用渗透测试工具	第1级 ● SE1.1　对软件的输入进行监控 ● SE1.2　确保主机及网络安全基础能力	第1级 ● CMVM1.1　创建事件响应机制或者与事件响应团队交流 ● CMVM1.2　通过运维监控发现软件缺陷并将其反馈给开发团队
第2级 ● PT2.2　渗透测试人员使用所有可用的信息 ● PT2.3　定期开展渗透测试，以提高应用覆盖情况	第2级 ● SE2.2　定义安全部署参数和配置 ● SE2.4　保护代码完整性 ● SE2.5　使用容器 ● SE2.6　确保具备云安全基础能力	第2级 ● CMVM2.1　建立紧急响应机制 ● CMVM2.2　通过修复流程跟踪运维过程中发现的软件错误 ● CMVM2.3　制定软件交付价值流的运维清单
第3级 ● PT3.1　聘请外部渗透测试人员开展深度分析 ● PT3.2　定制渗透测试工具	第3级 ● SE3.2　进行代码保护 ● SE3.3　进行软件行为监控和诊断 ● SE3.5　对容器和虚拟化环境使用编排功能 ● SE3.6　通过运维物料清单来增强应用库存盘点	第3级 ● CMVM3.1　修复运维过程中发现的所有软件错误 ● CMVM3.2　增强SSDL，以防止运维期间再次发生软件错误 ● CMVM3.3　模拟软件危机 ● CMVM3.4　启动鼓励发现软件错误的计划 ● CMVM3.5　自动验证基础运维设施安全 ● CMVM3.6　发布可部署工件的风险数据

图 3-12　部署实践的安全活动

BSIMM 中的活动并不是静态的，而是会根据不同时期安全关注点的变化进行变更。BSIMM 11 中包含了 121 项活动，BSIMM 对每一项活动都给出了指导性解释。在进行评估时，BSIMM 按活动打分，并以实践为单位进行合并和正规化，形成 0.0～3.0 的得分区间，作为实践的最终成熟度指标，并以蜘蛛图的方式与行业做横向对比或进行自身纵向对比。

3.8.3 可信研发运营安全能力成熟度模型

信通院牵头制定的《可信研发运营安全能力成熟度模型》定义了一个参考框架，分为管理制度以及软件的要求阶段、需求分析阶段、设计阶段、开发阶段、验证阶段、发布阶段、运营阶段和下线阶段共九大部分，每个部分提取了关键安全要素，以规范企业研发运营安全能力的成熟度水平。《可信研发运营安全能力成熟度模型》适用于软件供应商在实践研发运营安全时参考，也可为第三方机构对企业的研发运营安全能力进行审查和评估提供标准依据。

可信研发运营安全能力成熟度模型的关键安全要素如图 3-13 所示，该模型可用于评价企业在涉及开发软件、部署解决方案等方面的研发运营安全能力成熟度。

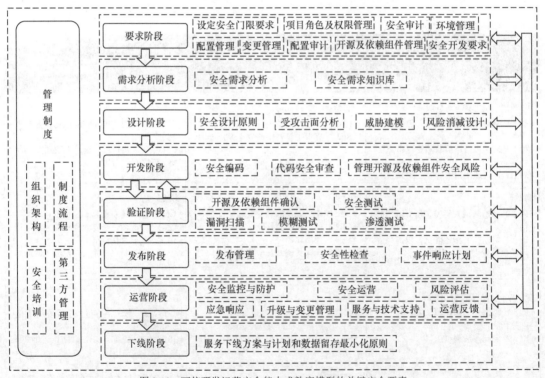

图 3-13　可信研发运营安全能力成熟度模型的关键安全要素

可信研发运营安全能力成熟度模型共分为 3 个能力等级，自低到高依次为基础级、增强级和先进级。成熟度能力等级表明了企业具体项目研发运营安全能力所达到的水平。在单独指标项中，每个能力等级按照不同程度说明，呈现递进的方式，高级别内容包含低级别内容，故无须重复说明。成熟度能力等级具体说明如下。

- 基础级。企业在具体项目的研发运营安全实践过程中，有可以依照的安全准则与安全要求，可实现基本的研发运营安全。
- 增强级。企业在具体项目的研发运营安全实践过程中，在有可以依照的安全准则与安全要求的基础之上，借鉴国内外先进的标准和优秀实践，持续优化可信研发运营的制度和流程，精细化安全要求，实现一定程度的研发运营安全。
- 先进级。企业在具体项目的研发运营安全实践过程中，在精细化安全要求的基础之上，通过新技术、新方法提升安全能力，实现安全需求，实现更高程度的研发运营安全。

1. 管理制度

组织架构指在可信研发运营安全实践中，建立对应的组织架构，规范安全职责与工作，推动研发运营安全的落地实施。能力等级要求如下。

- 基础级要求有基本的安全管理组织架构，具有安全管理岗位与专职的安全人员。
- 增强级要求制定组织层面的网络安全策略，并定义网络安全目标、原则和范围；建立组织层面的安全，有明确的安全人员角色划分，清晰的岗位职责、权利和义务；有多级安全管理架构协调安全工作的推进，包括但不限于首席安全官、产品安全应急响应团队、安全开发团队、环境安全管理组织等。
- 先进级要求有高级别的安全管理组织架构，协调组织级的跨部门安全工作；具有安全管理架构和安全人员管理的持续更新完善机制；具有组织级安全纲要，设定具体指标推进组织整体研发运营安全策略。

制度流程指制定相关的管理制度和操作流程，保障各个环节都能够及时响应，各项任务能够顺利传递、衔接。能力等级要求如下。

- 基础级要求有明确的管理制度和操作流程规范，包括但不限于账号和密码管理、故障流程管理办法、应急事件分级处理措施、人员行为安全规范、变更管理制度、团队间安全协作流程和规范；有明确的安全开发流程，明确开发各个阶段的安全控制措施，包括但不限于安全需求分析、安全设计、安全编码、安全测试、安全运维，其中安全设计包括威胁分析、安全架构设计等。
- 增强级要求具有统一的制度流程管理平台；对于操作流程，根据业务场景、紧急程度等具备自定义的能力；具有持续更新制度流程的机制。
- 先进级要求安全团队有专属的流程管理平台，具备一定的开发能力；具有统一的研发运营安全管控平台，保证整体流程的安全可控；安全管控平台可集成 SAST、DAST、IAST、SCA 等功能；安全管控平台可对接其他开发管理系统，实现开发任务的指派与跟踪。

安全培训指针对开发、测试、运营相关人员，组织安全相关培训，提升员工安全意识，增强员工研发运营安全能力，并进行相应的考核管理。能力等级要求如下。

- 基础级要求有明确的安全培训管理办法与实施计划；对开发人员、测试人员和运维人员进行相关安全培训，包括但不限于安全管理制度培训、安全意识培训、安全设计培训、安全开发流程培训、安全编码规范培训、安全测试培训、安全运维培训；具有组织层面的安全考核，范围包括但不限于新员工入职，并对员工安全培训的结果进行考核登记。

- 增强级要求定期对开发人员、测试人员和运维人员进行相关安全培训；对特定需要的安全人员进行专项培训；按需提供个人培训，提供平台进行安全知识持续学习；安全考核范围应包括人员安全事故维度。
- 先进级要求安全培训考核结果与员工的专业能力评价相结合；制定上岗前的考核机制，未通过相关测评或认证的，不得从事相关岗位的工作。

第三方管理指针对第三方人员和第三方系统建立相应的安全管理规范，确保第三方人员和系统的安全性。能力等级要求如下。

- 基础级要求有明确的第三方管理制度与安全规范，包括但不限于第三方人员账号分配与使用规范、安全培训与考核制度、安全保密协议的签署、敏感数据的安全访问与操作、机房与办公场所出入规则；第三方系统有安全基线要求，确保第三方系统的安全性。
- 增强级要求通过技术平台对第三方进行管理监控，包括但不限于对第三方人员的统一管理、统一进行安全培训与考核，以及对办公场所与机房人员出入、访问控制与操作行为的监控；定期对第三方合作商和第三方人员进行安全审计；通过管理平台对第三方系统进行统一管理，包括但不限于漏洞管理、安全风险管理、统一修复加固。
- 先进级要求通过智能化技术平台对第三方人员进行安全管理、监控；通过智能化技术平台对第三方系统进行安全管理，分析管理安全问题，发现潜在安全风险；对第三方人员进行自动定时安全审计。

2. 要求阶段

设立安全门限要求指在要求阶段，有明确的安全门限要求，作为后续研发运营实践中安全检查的关键节点。能力等级要求如下。

- 基础级要求具有项目级的安全门限要求。
- 增强级要求具有团队级的安全门限要求；根据业务场景、产品类型设立安全门限要求；根据语言类型划分安全门限要求。
- 先进级要求具有组织级安全门限要求；智能化收集安全门限要求；建立安全门限推荐平台，根据业务场景、产品类型、系统架构、语言类型智能化推荐安全门限要求。

项目角色及权限管理指在企业研发运营实践过程中，根据人员进行项目角色及权限管理，确保人员及研发运营资源的安全性。能力等级要求如下。

- 基础级要求依据最小权限原则，通过用户、角色和用户组，建立资源、行为操作权限管控；采用认证机制保证访问安全；配置强密码策略；及时为不需要权限的用户或用户组移除权限。
- 增强级要求支持多因素认证，保证访问安全。
- 先进级要求具有零信任机制，能够根据包括但不限于人员属性、资源属性、访问行为属性和访问环境属性，动态调整访问权限。

安全审计指在企业研发运营实践过程中，定期对安全管理要求的落地情况进行审计，包括但不限于安全组织及流程的执行情况，安全开发、安全发布及运营要求的落地情况以及环境管理、配置管理、开源及依赖组件管理的执行情况，并对开发人员、测试人员和运维人员的行为进行审计，以确保行为的安全性和可追溯性。能力等级要求如下。

- 基础级要求审计范围应包括安全管理要求的落地情况以及开发、测试和运维相关人员的所有操作行为；对审计记录进行保护，避免有效期内非授权的访问、篡改、覆盖和删除；安全审计日志应完整详细。
- 增强级要求将审计记录形成报表，方便查询、统计与分析；对审计日志进行自动化与人工审计，详细记录安全事件；重点审计高危操作，并进行告警通知。
- 先进级要求针对行业特点、业务场景定制安全审计策略；对审计记录进行统计分析、关联分析等，实现智能化安全审计。

环境管理指对开发环境、测试环境、发布环境和生产环境进行统一的安全管理。能力等级要求如下。

- 基础级要求开发环境、测试环境和生产环境隔离；生产环境具有安全基线要求，保障环境的安全，例如生产环境上的服务器和计算机使用非嵌入式操作系统并下载最新补丁等；针对开发环境和测试环境有明确的权限管控机制；详细记录各类环境中的操作，具有可追溯性；具备限制人员直接操作相关环境的能力，具体实现方式包括但不限于通过堡垒机访问系统，记录并限制相关风险操作；具备将开发环境、测试环境和生产环境中的数据定期离线备份的能力。
- 增强级要求定期对生产环境执行安全基线扫描，及时发现和处理安全风险；开发环境和生产环境具备良好的抗攻击与灾备容错能力；根据特定行业和业务场景，对测试环境接入安全扫描；针对不同的业务场景和架构，对发布环境进行分类管理、安全加固。
- 先进级要求生产环境具备智能化管理能力，包括但不限于秒级容灾容错切换、环境安全风险自动发现、分析和修复。

配置管理指管理产品信息，对产品信息进行规划、标识、控制变更、发布、审核等一系列活动和实践，目标是确保产品交付信息的完整、一致及交付过程的可追溯。能力等级要求如下。

- 基础级要求有明确的配置管理策略；将需求分析文档、设计文档、源代码、测试文档、软件包等识别为配置项并建立配置库进行配置管理；配置库具有权限管理和配置库操作记录；对各配置项建立配置基线，对建立基线后的配置项变更有明确的变更控制。配置管理策略包括但不限于配置项标识（包括配置项识别和配置项命名规则）、配置库命名规范及配置库结构、权限控制原则（例如各配置库的分组权限划分）、基线及变更控制、配置审计。其中，基线指在特定时间点经过正式评审和批准的单个或多个配置项的集合，是后续开发活动的基础，基线一旦建立，其变更必须执行变更管理流程。
- 增强级要求构建要素、测试环境要素识别为配置项并纳入配置管理；从需求设计到开发、测试，配置项可追溯。
- 先进级要求通过集中配置管理平台实现从需求设计到开发、测试，联网后的安全问题可追溯。

变更管理指针对变更有明确的要求，对变更进行统一规范、管理、分析、执行和记录，便于审计回溯。能力等级要求如下。

- 基础级要求有明确的变更条件和变更执行机制，变更包括但不限于功能变更、缺陷修补；重点变更内容需评审；变更操作具有明确的审批授权机制；统一管理变更操作，明确记录变更信息，包括但不限于变更人员、变更时间和变更内容。
- 增强级要求对变更请求进行统一分析、整理，并确定变更方案；重大变更操作具有分级评审机制；具有统一的变更管理系统；变更管理系统与版本控制系统同步，保证版本的一致性；变更操作覆盖需求、设计到发布、部署的全流程；变更可以实现自动化回滚；所有变更方案能够在测试环境中进行预演，可以根据预演结果调整方案，提高变更方案成功率。
- 先进级要求配置项具有回滚机制，所有的配置项都能通过回滚的方式还原到变更之前的状态；具备自动实现变更的能力；所有变更回滚机制都能在测试环境中进行预演，可以根据预演结果调整机制，提高变更回滚机制成功率。

配置审计指在软件生命周期各阶段对系统中的配置项进行审计确认，确保配置项的安全性、一致性和完备性。能力等级要求如下。

- 基础级要求具有明确的配置审计机制；配置项的每次变更都有记录，可以追溯到具体的修改时间和修改内容；项目依赖的自研模块、平台组件、开源代码、开源二进制、第三方软件被准确地定义和记录。配置审计包括但不限于配置项是否完备、配置项与前期安全需求是否一致以及配置项版本的描述是否精确且与相关版本一致。
- 增强级要求对于明确统一的合规需求和安全需求，进行自动化配置审计。
- 先进级要求同上级安全要求。

开源及依赖组件管理指针对开源及依赖组件进行统一管理，依赖组件包括商采的第三方软件及二方组件，开源组件包括软件开发所使用的开源组件及运行阶段所依赖的开源组件。开源及依赖组件库的信息包括但不限于许可证信息、版本信息和组件漏洞。能力等级要求如下。

- 基础级要求有明确的开源及依赖组件管理要求，包括但不限于开源及依赖组件的选型、使用以及生命周期管理要求；对依赖组件进行风险评估，明确组件风险；对开源及依赖组件的漏洞进行跟踪并及时修复；开源及依赖组件的来源应可追溯，开源组件追溯源社区与贡献者，依赖组件信息追溯到供应商。
- 增强级要求具有项目级开源及依赖组件库，明确优选、可用、禁用的开源及依赖组件列表；项目开发所利用的开源及依赖组件只能从可信软件仓库获取；制定明确的开源组件选型规范，明确禁用开源组件的基线；具有明确的开源及依赖组件入库审批机制；对开源及依赖组件的引入、评估、评审、使用和淘汰过程进行全生命周期的审计，通过自动化工具及时向使用产品通知预警；开源及依赖组件的引入应遵循最小化引入原则，减少安全风险；开源及依赖组件与自研代码独立存放、目录隔离。
- 先进级要求具有组织级开源及依赖组件库，明确优选、可用、禁用的开源及依赖组件列表，统一组件来源；具有风险控制部门，该部门根据许可证信息协助进行安全风险管理。

安全开发要求指针对研发运营过程中实际设计、编码与测试，制定基本安全要求。能力等级要求如下。

- 基础级要求具有组织级安全设计规范、安全编码规范和安全测试规范,规范包括但不限于禁用的函数和 API、安全编码指南以及安全测试指南;具有 SAST 工具、漏洞扫描、病毒扫描等安全测试工具。
- 增强级要求具有团队级安全设计规范、安全编码规范和安全测试规范,规范包括但不限于禁用的函数和 API、安全编码指南,对于不同类型的编码语言有相应的安全编码指南;具有标准化的安全知识库,包括但不限于通用弱点枚举等常见攻击模式枚举和分类、安全设计和实现规范、安全验证规范及用例;对不安全编码行为进行识别和告警;具有统一的平台管理研发测试规范。
- 先进级要求具有项目级安全设计规范、安全编码规范和安全测试规范;安全测试规范具有更新反馈机制,并基于企业内部和业界安全问题或实践持续刷新;具有内部安全组件并进行引用;具有与当前安全测试要求进行对抗的团队或机制,如漏洞赏金模式、红蓝对抗。

3. 安全需求分析阶段

安全需求分析指根据客户安全要求、合规要求、用户隐私要求、功能要求、行业安全标准和企业内部安全标准,结合最佳实践等进行安全需求分析,作为测试用例编写的前期工作。能力等级要求如下。

- 基础级要求安全需求分析应包括客户安全要求、安全合规需求、用户隐私需求、行业安全标准、内部安全标准以及安全功能需求,并将这些纳入整体的需求清单;针对安全合规需求,应分析涉及的法律法规、行业监管等要求,制定合规和安全需求基线;针对安全功能需求,应根据业务场景和技术,编写相应的测试用例;涉及个人数据处理的服务产品及相关业务活动需梳理个人数据清单,开展隐私风险评估。
- 增强级要求具备持续更新和完善安全需求知识库的能力,安全需求知识库包括但不限于法律法规、行业监管要求、行业安全标准、企业内部安全策略、业界最佳实践和客户安全需求;安全功能需求应与其他功能性需求同步开展;具有明确的安全需求管理流程,能够对安全需求的分析、评审、决策等环节进行有效管理,实现需求分解分配可追溯,以形成闭环。
- 先进级要求具备智能化收集与分析安全需求的能力;具有基于业务场景、技术栈智能化推荐安全需求的能力;对于安全需求,具有自主性的挖掘机制,包括但不限于滥用用例、系统脆弱性分析等。

安全需求知识库指针对安全需求建立统一的知识库,形成知识复用。能力等级要求如下。

- 基础级要求具有安全需求知识库,依据具体安全需求,查找相应安全解决方案。
- 增强级要求安全需求知识库具有持续更新和完善的机制。
- 先进级要求具有组织级安全需求知识分享平台。

4. 设计阶段

安全设计原则指针对服务、系统进行整体的安全设计,确保整体的设计安全。能力等级要求如下。

- 基础级要求有明确的安全设计原则。
- 增强级要求根据行业特点、业务场景和技术栈特点制定安全设计原则;根据安全设计原则构建安全设计方案库，并实践安全设计。

- 先进级要求具有动态安全设计机制，与受攻击面分析、威胁建模过程自动化关联分析，形成完备的安全设计方案。

受攻击面分析指对系统进行受攻击面分析，确定受攻击面，根据分析结果进行后续的威胁建模等。能力等级要求如下。

- 基础级要求具有受攻击面分析过程，识别关键受攻击面。
- 增强级要求具有明确的受攻击面分析流程，包括但不限于系统各个模块的重要程度，系统各个模块的接口分析，以攻击者视角分析的攻击手段、攻击方式和攻击路径，权限设置是否合理以及攻击难度分析；依据业界最佳实践风险识别模型确定风险点，进行受攻击面分析；根据业务场景，识别攻击者意图，并针对攻击者意图有效识别价值资产。
- 先进级要求具有动态受攻击面分析机制，基于真实攻击案例，使用标准化知识库关联相关工具结果，改进受攻击面分析结果。

威胁建模指通过明确的威胁建模流程，分析得出威胁列表，进一步形成相应的安全解决方案。能力等级要求如下。

- 基础级要求具有威胁分析过程，识别出关键风险点。
- 增强级要求具有明确的威胁建模流程，包括但不限于确定安全目标、分解系统、确定威胁列表；具有标准化、平台化的威胁建模方法和工具。
- 先进级要求具有相应的威胁建模数字化工具，构建风险识别体系，根据威胁建模结果，推荐安全设计解决方案。

风险消减设计指针对受攻击面分析和威胁建模中识别的风险进行安全功能设计和安全保障设计，保证产品的安全能力。能力等级要求如下。

- 基础级要求针对识别出的关键攻击面和关键风险点进行分析设计，并输出消减措施；针对安全需求分析阶段识别的安全需求进行设计。
- 增强级要求基于产品初始架构和产品高危风险点，输出针对价值资产的攻击路径；基于架构元素识别脆弱性、威胁，并进行分析设计，输出消减措施。
- 先进级要求使用自动化工具，针对系统架构进行攻击路径的自动识别和结果分析，其过程指标应可度量。

5. 开发阶段

安全编码指在实际开发过程中，通过自动化安全测试工具、安全策略等手段，识别编码过程中的安全风险，确保系统代码层面的安全性。能力等级要求如下。

- 基础级要求根据安全编码规范进行编码，并具有代码审查机制，确保代码符合安全编码规范；维护获得安全认可的工具和框架列表，使用获得安全认可的工具和框架；使用 SAST 工具对代码进行扫描，并对扫描出的安全问题进行修复；具有统一的版本控制系统，将全部源代码纳入版本控制系统管理；版本控制系统具有明确的权限管控机制；对构建中的告警进行分析、消除。
- 增强级要求代码仓库具有实时代码安全扫描机制，发现安全问题并提示修复；根据安全编码规范制定自定义安全策略，进行自动化安全扫描；采用集成于 IDE 或其他形式提供的自动化测试工具定时进行代码安全检测；对版本控制系统设置监控机制，涉及监控人员、时间、行为操作等，方便审计回溯；制定代码审核及代码合入门禁机制，如分级审核机制，确保代码合入质量；构建时开启安全选项，从构建启动开始到构建结束过程自动化，中间过程不能人工干预；版本重复构建结果一致。

- 先进级要求代码仓库支持线上构建环境进行代码动态扫描，发现安全问题并提示修复；开发团队具备安全测试用例编写能力，并接入自动化测试流程，修复编码安全问题；支持一键式启动构建，从构建启动开始到构建结束及软件包归档全程自动化，中间过程无人工干预。

代码安全审查指针对提交的源代码进行安全审查，确保代码的安全性。能力等级要求如下。

- 基础级要求制定明确的源代码安全检视方法，开展源代码安全审计活动；采用工具与人工核验相结合的方式进行代码安全审计，对于威胁代码及时通知开发人员进行修复。
- 增强级要求自动通知开发人员审计发现的威胁代码；对高风险源代码有分级审核机制。
- 先进级要求根据行业特点和业务场景定制化开发代码安全审查工具，制定安全审查策略；持续改进代码审核策略与规则；自动化修复代码安全审查发现的安全风险。

管理开源及依赖组件安全风险指在开发阶段，对开源及依赖组件的安全风险进行统一管理，针对开源及依赖组件有明确的引入机制。能力等级要求如下。

- 基础级要求针对开源及依赖组件根据风险级别，有明确的优选、可用和禁用机制。
- 增强级要求代码提交前采用扫描工具进行开源及依赖组件安全检查，管理项目中的开源及依赖组件安全风险，包括但不限于许可证风险、开源及依赖组件安全漏洞；通过组织级可信软件仓库，对开源及依赖组件按照安全基线要求进行自动化加固和修复。
- 先进级要求针对开源及依赖组件安全风险，推荐安全解决方案；对开源及依赖组件进行持续的自动化漏洞追踪和监控，实时从制品构建过程中剔除不符合安全基线要求的开源及依赖组件。

6. 验证阶段

开源及依赖组件确认指对于系统中引入的开源及依赖组件，在系统上线前进行最终确认，确保组件版本的安全性，避免法律风险。能力等级要求如下。

- 基础级要求具有开源及依赖组件确认机制。
- 增强级要求采用工具与人工核验的方式确认开源及依赖组件的安全性和一致性；根据许可证信息、安全漏洞等综合考虑法律和安全风险。
- 先进级要求具备自动化确认开源及依赖组件的能力。

安全测试指针对系统及功能模块进行安全及隐私相关测试，并确保测试的全面性和准确性。能力等级要求如下。

- 基础级要求具有明确的安全测试策略，用于指导后续测试方案设计和测试执行活动的开展；具有明确的安全隐私测试要求，并将其作为发布部署的前置条件；测试数据不包含未经清洗的敏感数据；基于安全隐私要求，有相应的安全隐私测试用例，并进行验证测试；单个测试用例的执行不受其他测试用例结果的影响；测试环境、测试数据、测试用例应统一管理，有明确的权限管控机制；测试过程有记录可查询，使得测试设计、执行端到端可追溯；需要有明确的测试评估模型，用测试报告对被测对象进行测试评估；对测试过程中发现的问题进行跟踪、闭环。

- 增强级要求测试用例、测试数据应定期更新，满足不同阶段、不同环境的测试要求；具备自动化安全测试能力，有集中汇总与展示测试结果的能力；持续优化安全测试策略，持续降低误报率与漏报率；具备 IAST 相关能力，可基于动态运行时程序分析发现相关安全威胁；实现对被测对象的评估依据，包括测试用例执行率/通过率、遗留问题等，信息化管理评估结果，测试问题有记录可查询。
- 先进级要求基于不同业务场景和系统架构，实现安全测试的智能化推荐与测试策略的智能优化。

漏洞扫描指针对系统及功能模块执行漏洞扫描操作，避免引入高危安全漏洞。能力等级要求如下。

- 基础级要求采用主流的安全工具进行漏洞扫描，扫描类型包括但不限于主机扫描、Web 应用扫描、容器扫描、App 扫描、端口扫描；漏洞扫描结果有统一管理与展示的平台；漏洞扫描的结果及时反馈开发人员，根据安全门限要求进行安全漏洞修复。
- 增强级要求漏洞扫描结果自动通知开发人员，根据安全门限要求进行安全漏洞修复；不局限于根据安全门限要求进行漏洞修复，支持一定范围的中低风险漏洞修复；具有自身及第三方漏洞库，并定期更新。
- 先进级要求基于标准化知识库对于漏洞信息进行关联与聚合分析。

模糊测试指针对系统及功能模块执行模糊测试，识别安全风险和漏洞。最简单的模糊测试实质上是向应用投入大量随机的垃圾，看看是否有特定（类型）的垃圾会导致错误。大多数安全人员会通过模糊测试查找易受攻击的代码。在过去的 10 年里，随着敏捷开发和 DevOps 的出现，开发团队和质量保证团队对模糊测试的使用逐渐减少。这是因为执行一个大型恶意输入测试任务需要大量的时间。这对 Web 应用来说不是什么大问题，因为攻击者不可能把所有东西都扔进代码里，但是对交付给用户的应用（包括移动应用、桌面应用和汽车系统）来说，问题就很大。我们几乎排除了这一操作，但是对于关键系统，定期的模糊测试应该是安全测试工作的一部分。能力等级要求如下。

- 基础级无要求。
- 增强级要求采用主流的模糊测试工具，自动化进行模糊测试；模糊测试的结果及时反馈开发人员。
- 先进级要求持续改进模糊测试策略；测试结果自动告知开发人员。

渗透测试指针对系统及功能模块引入渗透测试，对重要安全点进行测试。能力等级要求如下。

- 基础级无要求。
- 增强级要求引入人工渗透测试机制，基于渗透测试工具对系统架构、应用、网络层面的漏洞进行渗透测试；根据行业特点与业务场景实施渗透测试，范围应覆盖重要安全风险点与重要业务系统；有明确的渗透测试计划与管理机制；测试范围覆盖常见安全风险点。

- 先进级要求具有渗透测试相关平台，并且具备将渗透测试经验固化到平台的能力，可落地自动化、智能化渗透测试平台。

7. 发布阶段

发布管理指制定安全发布操作流程，确保发布过程的安全性。能力等级要求如下。

- 基础级要求有相应的发布安全流程与规范；发布操作具有明确的权限管控机制；发布应具有明确的安全检查节点，包括但不限于漏洞扫描报告、病毒扫描报告、代码审计相关报告、安全测试报告；根据安全节点检查结果，有相关告警机制；针对软件具有完整性保护措施，如数字签名；对外发布的软件使用安全可靠的传输链路、协议和工具，防止软件包被劫持和篡改；发布的过程和内容可追溯。
- 增强级要求针对发布流程具有安全回滚和备份机制；制定发布策略，通过低风险的发布策略发布，如灰度发布或者蓝绿发布等；发布流程实现自动化，可一键发布；根据安全节点检查结果，一旦发现高危安全问题，自动阻断发布流程；发布到生产的烧录软件，实现自动化烧录，不需要人工干预。
- 先进级要求对于发布流程具有监控机制，出现问题自动化回滚；建立稽核机制，发布前需要通过稽核部门的独立检查。

安全性检查指在系统或者服务发布前，对包文件进行病毒扫描、完整性检查等活动。能力等级要求如下。

- 基础级要求发布前具有明确的病毒扫描、完整性检查；发布前手动进行完整性校验。
- 增强级要求自动化进行病毒扫描和数字签名验证等完整性检查，检查结果作为发布的前置条件。
- 先进级要求同增强级安全要求。

事件响应计划指在系统或者服务发布前，制定预先的安全事件响应计划。能力等级要求如下。

- 基础级要求具有预先的安全事件响应计划，包括但不限于安全事件应急响应流程、安全负责人与联系方式。
- 增强级要求同基础级安全要求。
- 先进级要求同基础级安全要求。

8. 运营阶段

安全监控与防护指对上线的系统和服务进行安全监控与防护，并进行可视化展示。能力等级要求如下。

- 基础级要求具有运营阶段安全监控机制，覆盖全部业务场景；具备抵御常见威胁攻击的能力，包括但不限于 DDoS 攻击、暴力破解、病毒攻击、注入攻击、网页篡改。
- 增强级要求具有统一的安全监控平台，对于威胁攻击处理能够统一监控和可视化展示，对监控安全事件进行分级展示，可视化展示内容包括但不限于安全事件数、攻击类型、攻击来源、严重程度分级及影响范围；针对敏感数据泄露具备事件溯源追责的相关能力。
- 先进级要求具备运行时应用自防护安全能力；具有智能化安全监控平台，可统一关联分析监控事件，智能识别潜在的安全风险；实现智能化用户行为分析和资产数据的安全画像；具备智能学习相关业务模型的能力，识别高级威胁并进行自动化处置；利用安全编排自动化与响应，自动化处置部分安全事件。

安全运营指制定安全事件处理流程，对运营人员、运营设备进行统一的安全管控，通过加密存储、传输等方式确保运营数据的安全性。能力等级要求如下。

- 基础级要求定期进行常规安全检查与改进；运营人员有明确的权限管控机制与管理规范；监控运营数据加密存储，存储与备份机制符合安全要求，保证软件生命周期安全；针对安全事件有多种方式的告警机制；通过统一平台跟踪安全事件处置全流程；具备从外部接收相关漏洞通告和安全情报的能力。

- 增强级要求对自动化运营工具进行安全加固并具有自动化监控机制，以及时发现工具的操作安全风险；对运营过程中的安全日志等数据进行自动化分析，以发现安全风险并告警；具有统一的技术平台，对监控数据进行统计和展示。

- 先进级要求对运营过程中的安全日志等数据进行智能化关联分析，以发现潜在安全风险并告警；根据漏洞信息、业务场景等智能化推荐安全解决方案，并进行智能化处置。

风险评估指针对已经上线运营的系统和服务，定期进行安全风险评估，确保其安全性。能力等级要求如下。

- 基础级要求制定和实施安全风险评估计划，定期进行安全测试与评估；安全风险评估、测试范围应覆盖重要业务系统和服务。

- 增强级要求建立渗透测试流程；根据渗透测试流程，针对系统架构、应用、网络层面漏洞进行安全测试；制定漏洞奖励计划，鼓励第三方渗透测试；具有漏洞披露相关流程，协助用户进行漏洞修复。

- 先进级要求安全风险评估、测试范围应覆盖全业务系统；建立智能化的风险评估体系，对生产环境中的安全风险进行分析、告警。

应急响应指针对安全事件具有明确的响应流程，确保安全事件处理的及时性。能力等级要求如下。

- 基础级要求具有明确的应急事件响应流程；分级、分类处理应急事件；具有专门的应急响应安全团队。

- 增强级要求有统一的技术平台，对应急事件进行全流程跟踪与可视化展示；及时复盘应急事件，形成应急事件处理知识库；对于应急事件处理有具体的量化指标，包括但不限于威胁处理时间、响应时间；定期开展应急事件演练；对于应急事件可以实现一定程度上的自动化处理。

- 先进级要求对于应急事件具备全面的自动化以及一定程度的智能化处理能力。

升级与变更管理指在运营阶段，针对升级与变更操作有统一的操作流程与管控审批机制，确保升级变更的安全性。能力等级要求如下。

- 基础级要求有明确的升级与变更操作制度和流程；对于升级与变更操作有明确的权限管控机制；对于升级与变更操作有明确的审批授权机制；对于升级与变更操作有明确的操作信

息记录，包括但不限于升级与变更内容、升级与变更时间；升级与变更操作对于用户无感知，而对于用户有影响的，需要提前告知沟通；有相应的回滚机制；升级与变更操作与版本系统同步，确保版本信息一致。

- 增强级要求对于重大升级与变更有分级评审机制；实现自动化回滚。
- 先进级要求对于升级与变更操作有相应监控机制，出现问题自动化回滚；实现自动化升级与变更。

服务与技术支持指针对客户反馈的安全问题，及时进行处理。能力等级要求如下。

- 基础级要求有明确的服务管理规范；有明确的服务与技术支持方式；通过电话等方式对用户反馈问题进行答复、回访，说明处理结果、影响程度等；及时响应客户提出的安全问题。
- 增强级要求具有 7×24 小时在线服务机制；制定服务等级要求，对于用户反馈问题有分级处理机制；对反馈问题进行分类处理、记录和归档，方便知识的反馈、复用。
- 先进级要求针对安全类问题设置专属反馈通道，确保及时响应安全问题。

运营反馈指关注运营阶段的安全问题，分析安全信息，建立反馈机制，完善需求设计和开发、运营全流程。能力等级要求如下。

- 基础级要求具有安全反馈机制；定期收集运营过程中的安全问题，进行反馈；对反馈的安全问题进行分类、分级处理，完善前期安全需求设计、安全开发等流程。
- 增强级要求具有明确的反馈改善管理流程与度量机制；有统一的运营安全问题反馈平台，统一收集反馈的安全问题，并进行分类、分级处理和全流程跟踪；对于收集的安全问题实现自动化汇总分析，优化从需求设计到开发、运营的全流程。
- 先进级要求对于反馈的安全问题实现智能化关联分析，以发现潜在安全问题，优化需求设计和开发、运营全流程。

9. 下线阶段

服务下线方案与计划和数据留存最小化原则指系统在终止服务之后，应制定服务下线方案与计划，保护服务用户的隐私安全与数据安全。能力等级要求如下。

- 基础级要求制定服务下线方案与计划，明确隐私保护合规方案，确保数据留存符合最小化原则。
- 增强级要求同基础级安全要求。
- 先进级要求同基础级安全要求。

第 4 章

DevSecOps 平台设计与工具应用

DevSecOps 的落地应用离不开工具平台的支撑，本章重点介绍 DevSecOps 体系的模型设计、工具链的设计，以及 DevSecOps 各个环节所用到的技术和工具。

4.1 DevSecOps 模型设计

DoD Enterprise DevSecOps Reference Design 是由美国国防部发布的 DevSecOps 设计指南，对于企业构建自己的 DevSecOps 体系和工具平台有很好的指导借鉴作用，下面从概念模型、分层模型、架构模型 3 方面介绍。

4.1.1 概念模型

DevSecOps 体系建立在由开发环境、测试环境、准生产环境及生产环境构成的环境及由流水线构成的软件工厂之上，如图 4-1 所示。其中，软件工厂是开发人员基于代码库构建的生产软件的基础设施，它包含软件生产流水线的一系列工具。CI/CD 编排器通过流水线从制品库拉取代码包部署到环境中，从而生产出符合客户需求的应用。"边斗车"容器安全栈包含一系列工具和技术手段，通过流水线将安全行为注入"边斗车"容器安全栈，实现应用内建安全和防御系统的构建。

4.1.2 分层模型

DevSecOps 体系分为 5 层，如图 4-2 所示。
- 基础设施层主要负责按需供给环境（开发环境、测试环境、准生产环境及生产环境）。
- 平台层主要由符合云原生计算基金会（Cloud Native Computing Foundation，CNCF）的 K8s 技术栈构成，主要用于支撑容器及制品的持续集成、自动部署和运行。
- CI/CD 层构建持续交付流水线，全面应用容器，使用制品库中经过严格筛选和测试的镜像。
- 服务网格层依托持续交付流水线，集成工具链，引入内建安全和微服务架构增强。
- 应用层的开发组基于标准容器镜像构建软件/微服务。

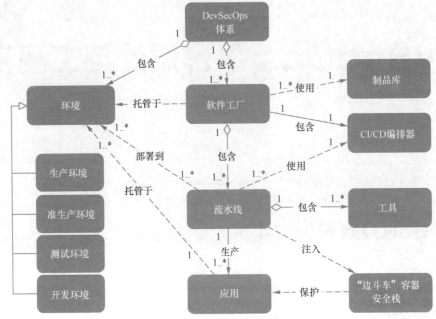

图 4-1　DevSecOps 体系的模型

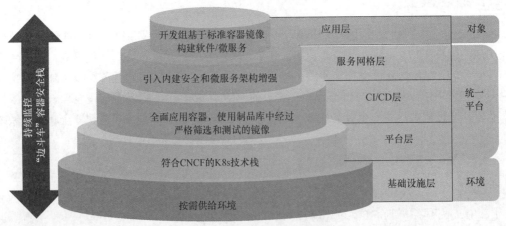

图 4-2　DevSecOps 体系的分层模型

4.1.3　架构模型

DevSecOps 体系架构（如图 4-3 所示）建立在 K8s 等技术栈之上，以 CI/CD 流水线为核心，以 "边斗车" 容器安全栈为安全保障，从源代码库拉取代码进行编译、构建，从制品库拉取制品进行部署、测试，利用流水线内置 Elasticsearch 收集过程日志和数据进行度量管理、服务可视化。

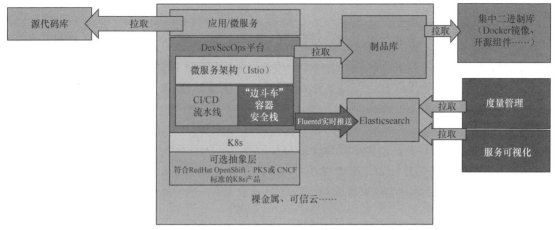

图 4-3 DevSecOps 体系架构

4.2 DevSecOps 工具链设计

Gartner 的 DevSecOps 模型是 Gartner 提出的 DevSecOps 工具链模型，它涵盖从开发阶段的计划、创建、验证、准生产、发布，到运营阶段的配置、检测、响应、预报、调整的软件生命周期，并且在每一个环节都考虑相应的安全管控手段，如图 4-4 所示。

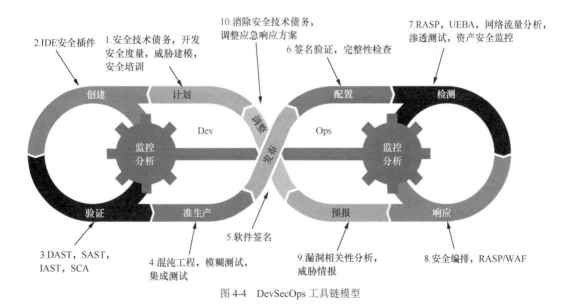

图 4-4 DevSecOps 工具链模型

DevSecOps 理念是将安全能力内建到开发运营工具中，形成 DevSecOps 工具链。业务应用的 DevSecOps 生命周期主要划分为 10 个阶段，具体包括计划、创建、验证、准生产、发布、配置、检测、响应、预报和调整。

4.2.1　计划阶段

在计划阶段，我们需要根据业务安全策略、数据安全要求、合规需求、业务系统的特性等进行快速的分类分级，并根据业务系统分类分级情况分别定制不同的安全策略，进而选取合适的安全活动。在计划阶段通常涉及的安全活动主要包含安全培训、威胁建模、制定开发安全度量指标等。

- 安全培训。在 DevSecOps 流程方面，我们需要让项目组成员清楚地了解各个阶段应承担的责任与义务，并进一步了解 DevSecOps 流程。在 DevSecOps 工具使用方面，我们需要对项目组成员进行培训，例如对开发人员、安全人员进行 SAST、SCA、IAST、DAST 等工具的使用培训，对运营人员进行安全基线工具、资产安全管理工具等工具的使用培训。
- 威胁建模。为满足 DevOps 快速敏捷要求，应采用轻量级的威胁建模方式，主要实践步骤为：首先，通过动态调查问卷快速收集有关业务系统、部署环境和合规性要求等方面的重要且详细的信息，根据收集到的信息自动识别风险、威胁和潜在弱点；其次，根据预定义的安全和合规性策略对整体风险进行分类管理；最后，输出安全设计方案，并对安全问题进行跟踪。
- 制定开发安全度量指标。根据业务系统的不同安全级别来制定对应的开发安全度量指标，用于评估实施效果。

4.2.2　创建阶段

创建阶段（即编码阶段）是业务安全问题修复成本最低的阶段，在这一阶段的安全能力建设主要包括制定安全编码规范及流程，使用安全组件库、安全 SDK、风险检测插件等，建设和运用这些安全能力，能最大程度地保证在创建阶段消除安全风险。例如，通过制定安全的开发流程，将创建阶段的每一步提交和测试纳入管理范围，保证风险的可控性；通过制定安全编码规范，并使用 IDE 安全插件进行源代码的自动化安全检测，有效避免在创建阶段引入安全风险；通过使用组件防火墙，阻止违规组件的下载，记录阻断信息，防止不安全组件的下载和使用等。

4.2.3　验证阶段

验证阶段（即测试阶段）的安全能力主要包括自动化的应用安全测试和 SCA，其中应用安全测试主要分为动态应用安全测试（DAST）、静态应用安全测试（SAST）、交互式应用安全测试（IAST）。将应用安全测试工具和 SCA 工具集成到 CI/CD 流程中，能够更早地对软件进行安全测试，以及时发现安全问题。

- DAST 是一种黑盒测试方法，该方法在应用测试或运行时，模拟攻击者构造特定的恶意请求，从而分析确认应用是否存在安全漏洞，是验证阶段最常用的测试方法。

- SAST 是一种白盒测试方法，可以在创建阶段和验证阶段部署使用，该方法能够通过分析应用的源代码、中间表示文件或二进制文件等来检测潜在的安全漏洞。利用 SAST 工具进行检测不需要运行应用，而且理论上可以覆盖所有可能的程序路径，检测出来的漏洞多而全。
- IAST 寻求结合 DAST 和 SAST 的优势。其实现原理通常为通过插桩的方式在应用环境安装 Agent，从而在软件代码的特定位置插入探针，然后通过执行测试用例触发请求，跟踪获取请求、代码数据流、控制流等，最后依据测试用例的执行情况和反馈结果进行综合的判断，分析是否存在漏洞。相比 DAST 和 SAST，IAST 既能识别漏洞所在代码位置，又能记录触发漏洞的请求。和 DAST 工具类似的是，IAST 工具仅能检测已执行的程序路径，因此其检测覆盖率方面的劣势有待提升，我们可以通过将 IAST 工具和现有自动测试生成工具（如模糊测试工具）相结合的方式来提高覆盖率。
- SCA 针对第三方开源软件和商业软件涉及的各种源代码、模块、框架和库进行分析、清点和识别，找出已知的安全漏洞或潜在的许可证授权问题，并指导用户把这些安全风险排除在业务系统投产之前。

4.2.4 准生产阶段

准生产阶段是业务系统正式发布前的阶段，业务系统在测试环境中通过所有测试用例后，需要完成正式发布前最后的测试。该阶段业务系统的所有功能和配置（如数据库、中间件、系统配置环境等）都与线上环境高度相似。

在 DevSecOps 工具链中准生产阶段主要包含的安全活动有混沌工程（用于识别并修复故障问题）、模糊测试（用于监视程序异常）、集成测试（用于将所有组件、模块进行组装测试）和行为基线建立（用于建立形成软件的安全行为基线），除了以上安全活动，还可以开展基线合规检测、容器镜像检测和渗透测试等。

- 混沌工程通过在受控实验中对待测系统主动注入故障的方式检测业务系统的弱点，以达到减少故障产生概率和增强系统韧性的目的。混沌工程可以根据实际情况和成熟度情况选择合适的环境进行实验，实验通过相关工具对业务系统进行故障攻击，如模拟资源不足（CPU、内存、IO 或磁盘不足等）、模拟基础环境错乱（在主机操作系统上执行关闭、重启，更改主机的系统时间，杀死指定进程等）、模拟网络错误（丢弃网络流量、增加网络延时、产生域名系统服务故障等）。
- 模糊测试通过自动生成测试输入来测试业务系统在不同输入下出现的状况，进而分析运行时的异常，并检测潜在的漏洞。其核心在于如何生成有效的测试用例，从而测试尽可能多的系统行为。由于模糊测试无法做到完全自动化，并且非常耗时，因此一般只针对关键业务系统。
- 集成测试是根据设计要求将所有组件、模块进行组装后展开的系统测试。传统的单元测试无法覆盖业务系统的所有功能，会有部分安全风险无法暴露出来，因此对系统进行集成测试是必不可少的。

- 行为基线建立。在准生产环境中，可以对业务系统的行为进行学习与建模，形成它的行为基线，包括进程、网络、文件读写和命令执行等。当业务系统在生产环境运行时，如果检测到模型外行为，便可能判定为异常事件并发送告警。

4.2.5   发布阶段

在发布阶段，我们需要对业务系统进行数字签名，该签名可用于在后续配置阶段验证业务系统是否被恶意用户非法篡改。签名是开发人员在业务系统或代码发布之前，通过技术手段附加在其上的唯一安全标识。操作系统、业务系统、设备等通过可信的数字签名来验证业务系统或代码的来源并确认其完整性。在这个过程中，对签名密钥的安全保护直接影响到签名的安全性，因此，我们应将密钥存储在具有防篡改和密码保护功能的专用硬件密码保护设备中。

4.2.6   配置阶段

配置阶段是正式上线运营前的最后一个阶段，在此阶段需要通过验证签名、检查业务系统完整性来保证业务系统及其部署环境的安全性。

- 验证签名，即在部署业务系统时对业务系统进行签名验证，校验业务系统是否被篡改，保证部署的业务系统是未经非法篡改的。
- 检查业务系统完整性，即检查系统组件的完整性，例如可执行文件、配置文件和各种二进制模块是否被更改或损坏。攻击者可以将系统的模块或文件替换为其他包含恶意代码的模块或文件从而开展攻击，如果系统模块或文件的校验不正确，业务系统不应该继续加载或执行这些模块或文件。

4.2.7   检测阶段

在检测阶段，我们通过部署相关安全工具对业务系统进行安全防御、威胁检测和安全感知等，从而及时地发现安全风险，为响应阶段的处置建立良好的基础。此阶段的常用技术包括运行时应用自保护（RASP）、用户和实体行为分析（UEBA）、网络流量分析、渗透测试和资产安全监控等。

- RASP 通过将安全能力原生化，内嵌于运行时的应用中，使得应用具备运行时检测和阻断安全攻击的能力。与 Web 应用防火墙（WAF）相比，RASP 的主要优势在于检测应用行为来确定访问请求是否为攻击。在面对 WAF 无法防御的加密场景和其规则无法覆盖的攻击行为时，RASP 能够进行有效的检测和防护。RASP 因其识别攻击快速且准确、能够定位安全漏洞风险代码、持续实时的监控和快速融入软件开发等特性，逐步被 DevOps 实践者作为安全防护实践方案广泛应用。
- UEBA 通过分析系统日志等运行时数据建立用户和实体正常行为模型，并基于该模型检测系统运行异常或者用户行为异常。当出现异常行为时，UEBA 可以有效地提醒安全人员。
- 网络流量分析结合机器学习、高级分析和基于规则的检测方式来发现网络上的可疑活动。

网络流量分析系统通过持续分析原始流量或流记录（如 NetFlow），构建正常的网络行为模型，当检测到异常的流量模式时会发出警报，并及时提醒安全人员。

- 渗透测试是通过对应用及环境中的目标系统进行模拟攻击，以进行全面安全评估的过程。渗透测试不但可以发现系统中存在的漏洞，还可以检验安全防护措施的有效性。在实践中，除了可以邀请专家团队进行渗透测试，还可以引入攻防对抗演练等内容。
- 资产安全监控以网络资产为主线，通过远程探测的方式对网络资产指纹及风险状态进行检测跟踪，实现从漏洞发现、漏洞跟踪到漏洞修复、验证的闭环管理，并展示资产安全综合评估得分、全网资产的指纹统计情况、资产及漏洞分布情况、漏洞影响资产范围等信息。

4.2.8 响应阶段

自动化安全工具的检测，可以有效地发现一些安全风险。在发现安全风险的基础上，我们下一步需要在运营和安全监控工作中，对风险进行有效的响应。

- 安全编排通过调度、编排虚拟和物理的安全资源池，实现安全资源自动分配、安全业务自动发放、安全策略自动适应网络业务变化、全网高级威胁实时响应和防护等能力需求。
- RASP/WAF 的防护通过 RASP/WAF 监测应用运行时遭受到的攻击，并在记录相应攻击行为的同时产生告警信息，指导安全人员采取防御措施，同时更新 RASP/WAF 防护策略。

4.2.9 预报阶段

预报阶段是在业务系统上线运行后，结合历史漏洞、攻击事件、威胁情报等信息，主动分析、发现和预测未被发现或利用的漏洞风险、攻击风险等内容。

- 漏洞相关性分析把不同的安全工具（如 SAST 工具、DAST 工具等）检测到的漏洞，以及人工渗透测试发现的漏洞，通过相关性分析进行自动关联，进一步确认漏洞是否存在以及漏洞是否被全面修复。
- 威胁情报包括恶意资源信息、恶意样本、安全隐患信息和安全事件信息等，其中恶意资源信息指实施网络攻击的恶意 IP 地址、恶意域名、恶意 URL 等；恶意样本指以嵌入恶意代码的方式实现漏洞的触发及利用、开启后门等恶意行为；安全隐患信息指网络服务和产品中存在的安全漏洞、不合规配置等；安全事件信息指网络服务和产品已被非法入侵、非法控制的网络安全事件。通过威胁情报，我们可以对这些安全事件有效地开展重点防御和相关的漏洞治理。

4.2.10 调整阶段

在调整阶段，我们需要借助 DevSecOps 工具链，对实施 DevSecOps 流程的各个阶段进行持续的适配改进和项目调整优化，然后对优化点进行跟踪管理，确保所有的优化点都被制定完整的闭环流程，并依据流程进行整改。DevSecOps 流程优化主要包括消除安全技术债务、优化应急响应方案。

- 消除安全技术债务。安全技术债务是指系统的各历史版本中存在的，由于时间、成本、技术、资源、环境等约束，无法得到满足的安全需求，或无法及时修复的安全弱点等内容。消除安全技术债务能够提升业务系统的安全健壮性，从而提升整体组织安全开发能力和安全运营能力。
- 优化应急响应方案。我们需要定期对应急响应方案进行优化，当业务系统受到安全威胁时，立即启动应急响应方案，并采取收集问题信息、抑制威胁影响范围、追溯漏洞源头、封堵攻击行为等措施，以最快的速度恢复业务系统的可用性，降低安全威胁事件带来的影响。应急响应方案具体的优化措施，需要针对发现的安全漏洞、缺陷进行标记，并标识出优化点，以方便在调整阶段筛选查看。

4.3 代码安全托管与代码安全

从本节开始，我们将介绍构成 DevSecOps 工具链及平台的要素，介绍相关技术和工具，方便读者按需选取，以构建符合自身企业需求的 DevSecOps 平台。

4.3.1 高可用的 GitLab

GitLab 是代码管理领域一款主流的产品。下面将介绍 GitLab 的架构和在高可用方面的设计策略。

1. GitLab 简介

Git 是 Linus Torvalds 为了帮助管理 Linux 内核开发而开发的一个开源的、分布式的版本控制系统，用于敏捷高效地处理任何项目的代码管理问题。

GitHub 和 GitLab 都是基于 Web 的 Git 仓库，使用方式类似，它们都提供了分享开源项目的平台，为开发团队提供了存储、分享、发布和合作开发项目的中心化云存储的空间。GitHub 作为开源代码库，拥有超过 900 万的开发者用户，GitHub 同时提供公共仓库和私有仓库，但使用私有仓库是需要付费的。GitLab 解决了这个问题，我们可以在 GitLab 上免费创建私人的仓库。在 GitLab 上，开发团队对他们的代码仓库拥有更多的控制。相比 GitHub，GitLab 有不少特色：

（1）允许用户免费设置仓库权限；

（2）允许用户选择分享一个项目的部分代码；

（3）允许用户设置项目的获取权限，进一步提升安全性；

（4）允许用户设置获取团队整体的改进进度；

（5）允许用户通过内部开源的方式让不在权限范围内的人无法访问该资源。

2. GitLab 架构

GitLab 的应用架构包含若干关键组件，如图 4-5 所示。

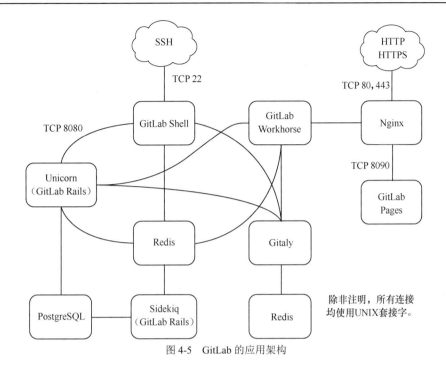

图 4-5 GitLab 的应用架构

GitLab 的组件如表 4-1 所示。

表 4-1 GitLab 的组件

组件名	功能描述
PostgreSQL	数据库，用于持久化数据存放
Redis	数据库，用于缓存信息存放
GitLab Shell	处理 SSH 方式的操作要求，一般为 Git 命令等操作
Nginx	Web 应用服务器，用于处理通过 HTTP 或者 HTTPS 的用户界面操作
GitLab Workhorse	轻量级的反向代理服务器
Unicorn	GitLab 是 RoR（Ruby on Rails）的应用，符合 Rack 标准（Ruby 网络服务器接口）的应用所使用的 HTTP 应用服务器，GitLab Rails 应用托管的应用服务器
Sidekiq	用于执行异步的后台队列任务的功能组件
GitLab Pages	GitLab 所提供的一项功能，允许用户发布从仓库发布静态的 Web 站点
Gitaly	Gitaly 集群功能可确保 Git 的高可用性，Gitaly 集群可让企业创建多个热备份，以应付突如其来的故障

3. GitLab 的可扩展性和可用性

GitLab 支持几种不同类型的集群和高可用。在生产中选择解决方案都应该基于业务需求和整体考虑，然后确认可扩展性和可用性级别。由于 Git 的分布式特性，即使 GitLab 不可用，开发人员仍然可以在本地提交代码，但某些 GitLab 功能（如问题跟踪和持续集成）不可用，会严重影响线上使用，因此高可用还是不可缺少的。

（1）**基本扩展**。将后端组件（如 PostgreSQL、MySQL、Redis）安装在数据节点做好备份，而其余的 GitLab 组件部署在 2 个或者更多分节点上，相比单个较大节点，部署多个分节点收益更高且维护简单。这种解决方案适用于大多数部署在云环境或部署小节点的情况，例如：

- 1 个 PostgreSQL 节点；
- 1 个 Redis 节点；
- 2 个或更多 GitLab 应用节点（Unicorn、Workhorse、Sidekiq）；
- 1 个 NFS/Gitaly 存储服务器。

（2）**完全扩展**。对于更大更复杂的架构，需要拆分组件以获得最大的可扩展性。这种解决方案将应用节点拆分为单独的 Sidekiq 和 Unicorn/Workhorse 节点，以提供足够的资源支持和可用性，例如：

- 2 个或更多 PostgreSQL 节点；
- 3 个或更多 Redis 节点；
- 2 个或更多 GitLab 应用节点（Unicorn、Workhorse）；
- 2 个或更多 Sidekiq 节点；
- 2 个或更多 NFS/Gitaly 存储服务器。

（3）**水平扩展**。这种解决方案适用于许多 GitLab 用户访问的使用场景，它可解决高 API 使用率、大量排队的 Sidekiq 作业的问题，如图 4-6 所示。

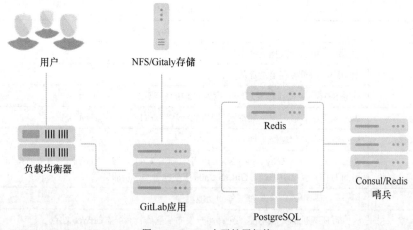

图 4-6　GitLab 水平扩展架构

（4）**纵向拆分**。这种解决方案通过组件在专用节点上分离，提供充足的资源，使各组件不会相互干扰，解决服务争用/高负载的问题，如图 4-7 所示。

针对以上两种解决方案推荐如下组件配置：

- 2 个 PostgreSQL 节点；
- 2 个 Redis 节点；

- 3 个 Consul/Redis 哨兵节点；
- 2 个或更多 GitLab 应用节点（Unicorn、Workhorse、Sidekiq、PGBouncer）；
- 1 个 NFS/Gitaly 存储服务器。

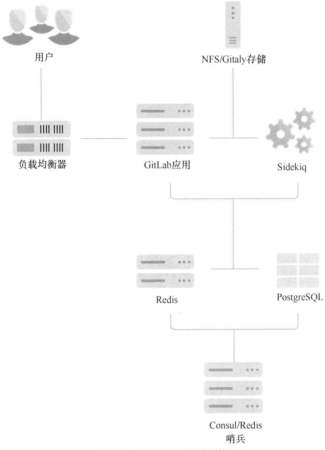

图 4-7　GitLab 纵向拆分架构

（5）**分布式架构**。这种解决方案可扩展到数十万用户和项目，是 GitLab 架构的基础。虽然分布式架构可以很好地扩展，但它增加了节点的复杂性以及配置、管理和监控的难度，不易维护，如图 4-8 所示。

组件配置示例如下：

- 2 个 PostgreSQL 节点；
- 4 个或更多 Redis 节点（2 个独立的簇，用于存储持久性数据和缓存数据）；
- 3 个 Redis 哨兵节点和 Consul 哨兵节点；
- 多个专用 Sidekiq 节点（节点分别承担 CI 管道管理、拉取镜像等职责）；
- 2 个或更多 Git 通信节点（基于普通 HTTP 连接 Git，或者通过 SSH 连接 Git）；

- 2 个或更多 API 通信节点（对/api 的所有请求）；
- 2 个或更多 Web 通信节点（所有其他 Web 请求）；
- 2 个或更多 NFS/Gitaly 存储服务器。

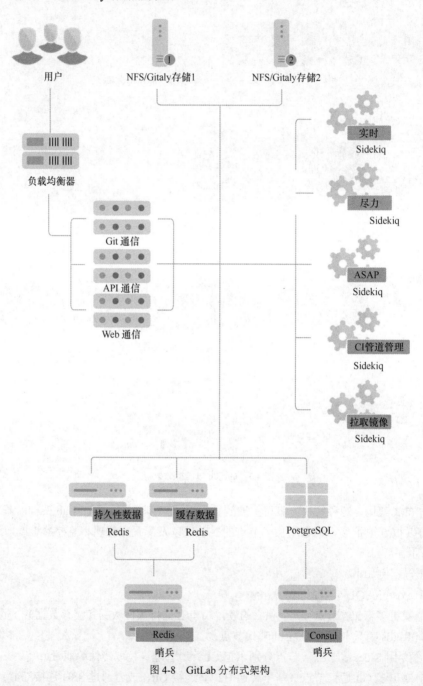

图 4-8　GitLab 分布式架构

4.3.2 代码安全托管

在代码管理领域，光有高可用的代码管理工具还不够，还需要对分支策略等进行设计，确保代码托管安全、团队协作顺畅。

1. 企业源代码管理面临的挑战

在源代码管理方面，企业面临的一些重大挑战包括需要在大型团队中统一工作流，确保分布式团队间的协作，并管理大量的项目源代码。具体挑战如下。

- 在大型团队中，企业级软件开发项目需要通过大量开发人员的协同工作才能完成。团队需要清楚地知道哪些任务已完成、哪些任务在进行中、哪些任务挂起阻塞了其他任务，并对开发任务进行优先级排序。越是大的团队，越难做到任务的可视化和排序。
- 大型企业通常有分布在各地的办公室和远程的员工，如果没有建立合适的沟通和协作流程，就很难同步每个人的工作。缺乏沟通和协作会形成信息"孤岛"，从而影响工作推进，导致软件发布延期。
- 确保企业级软件开发项目按时、按预算、按质量要求交付非常困难。

2. 源代码管理对企业软件开发的影响

良好的源代码管理能有效提升企业软件开发效能，下面我们来看源代码管理（Source Code Management，SCM）在哪些方面影响大型企业组织。

（1）协作。开发人员可以使用 SCM 的分支来开发特性和修改问题，从而独立于主分支，专注于当前任务，也不需要担心影响其他开发人员的工作。SCM 还可以帮助分布式的团队成员随时了解项目状态，哪怕其他地方（在不同的时区）的成员已经睡觉了。

（2）安全。大部分企业需要严格控制代码的权限，良好的 SCM 提供访问权限控制能力，确保只有授权的人可以看到源代码或者从代码仓库拉取源代码。除此之外，SCM 还可以限制将代码提交到主分支的人员权限。

（3）可视化。企业级软件开发项目通常有里程碑和截止日期，SCM 可以提供项目管理工具来跟踪项目的进度，跟踪某个具体迭代或里程碑的完成情况。

（4）质量。良好的 SCM 可以帮助提升代码质量，例如通过控制代码评审和测试，确保低质量的代码不能提交到主分支。

（5）交付。SCM 通过集成 CI/CD 系统，确保代码的构建、测试、发布以流水线方式进行，这种方式节省了开发人员大量的时间。

3. 源代码管理最佳实践

无缝协作是交付业务价值的必要条件，开发团队转向使用版本控制来简化协作并打破信息"孤岛"。版本控制可以帮助团队协调软件中的所有更改，有效地跟踪源代码、文件和元数据的更改，快速协作并共享反馈，从而使得变更立即可行。

（1）确定合适的分支策略。来自不同专业和教育背景的团队成员一起工作时，在工作流程上可能会出现冲突。为了避免发展混乱，领导者应确定并广泛地传达一种分支策略。确定分支策略取决于几个因素，包括团队规模、经验水平、扩展要求和行业限制。尽管团队可以选择遵循既定的工作流程，但也可以根据特定需求创建自定义的工作流程。无论选择哪种策略，都必须将策略传达给团队，并在必要时提供培训，这很重要。

当每个人在同一工作流程中和谐地工作时，覆盖代码或破坏主干分支代码的风险就较小。此外，由于每个人都熟悉开发和部署的流程，因此团队成员可以轻松地为彼此的工作做出贡献。清晰、简洁的分支策略设定了合并新代码并推进项目的节奏。这种节奏有助于团队成员安排会议并管理截止日期和工作量。下面介绍常用的 3 类分支策略。

- 集中式工作流程包括一个存储库和一个主分支。团队不使用任何其他分支来进行开发，因此覆盖变更存在高风险。尽管这种类型的工作流程中没有协作节奏，但它可以在小型团队（少于 5 个开发人员）中很好地工作，这些团队使用良好的沟通来确保两个开发人员永远不会同时处理同一代码。

- 功能分支是为每个需要添加的功能创建的一个新分支。每个需要处理功能的团队成员都将代码提交到功能分支。功能分支连接了各个团队，因此它需要更多的代码审查、推送规则、代码批准者和更广泛的测试集。GitFlow 是功能分支的基线版本。使用 GitFlow 进行开发需要一个主分支和一个单独的开发分支，以及功能、版本和修补程序的分支。开发发生在开发分支，移至发布分支，并最终合并到主分支。GitLab Flow 是此类开发的一个示例，它将驱动功能开发和问题跟踪。GitLab Flow 通过使用单独的专用分支来配置测试、预生产和生产等多种环境，以确保在所有环境下对所有内容都进行了测试。

- 任务分支是为每个任务创建一个新分支，用于驱动功能的开发和问题跟踪。任务分支的开发设定了非常快的速度，迫使团队成员将需求分解为小块价值，这些价值将通过任务分支交付。这种类型的工作流程嵌入了协作实践，如代码片段、代码审查和单元测试。此外，如果测试失败，团队成员可以共同找出问题所在。

（2）频繁进行小的变更。大部分团队习惯于在项目后期交付大型的完整的代码。但是，如果不采用更小的步骤并提供更简单的功能，团队就存在花费时间开发错误的功能或朝错误的方向发展的风险。寻找将大项目简化为小步骤，然后频繁提交以完成更大目标的方法，旨在有效地实现业务价值并满足客户需求。

频繁提交的文化确保了团队中每个人都知道队友正在做什么，因为每个人都可以看到代码库。即使尚未准备好进行审核，也应该经常将变更推送到功能分支，因为在功能分支中共享工作或合并请求会阻止队友重复工作。在完成之前共享工作还可以促进讨论和反馈，从而有助于在审查之前改进代码。将工作分解为单独的提交为开发人员和其他团队（如质量和安全）提供了上下文，这些团队将审查代码。较小的提交可以清楚地确定功能的开发方式，从而轻松地回滚到特定的时间点，或有效地还原一个代码更改而无须还原几个不相关的更改。

（3）编写描述性的提交信息。提交信息应该反映意图，而不仅仅是提交的内容。我们应该很容易看到提交中的更改，因此提交的信息中应说明为什么进行了这些更改。建立提交信息约定对确保团队之间的一致性并减少混乱和误解很重要。良好的提交信息示例是"合并模板以减少用户视图中的重复代码。""更改""改进""修复"和"重构"等字眼不会在提交信息中添加信息量。

例如，将"改进 XML 生成"写为"在 XML 生成中正确地转义特殊字符"更好。

描述性的提交信息可以提高透明度并提供对进度的洞察力，以便团队成员、客户和未来的贡献者可以了解开发过程。在进行代码审查时，提交信息可帮助团队成员跟踪迭代并确定自发布、讨论或需求变更以来进行了哪些更改。详细的提交信息还可以帮助质量和安全团队在检查代码时识别出所关注的区域并还原特定的更改。此外，开发人员编写详细的提交信息也可以防止队友重复工作。

（4）使用分支进行开发。在分支中进行开发就像在开发的当前进度下为某个分支（通常是主分支）创建快照。团队成员使用分支进行更改不会影响主分支。更改的历史记录可用于在分支中进行跟踪。代码准备就绪后，可以将其合并到主分支。

使用分支进行开发可以使组织的开发方法更有条理，并使工作作为独立的草稿而不与主分支中经过测试的稳定代码保持一致；使用分支进行开发使团队成员能够尝试并找到针对复杂问题的创新解决方案，团队成员可以发挥创造力且无须担心使主分支不稳定。此外，团队成员可以协作，以确保在将解决方案合并到主分支之前，主分支可以很好地工作。运营团队和安全团队可以在部署代码之前对代码进行检查，并确保每个人都有机会在发布产品之前讨论想法和提出任何潜在问题。

（5）进行常规的代码审查。实施常规代码审查可确保持续改进代码并防止代码不稳定。团队成员可以审查团队中任何人的代码并提出建议。代码审查工作应被分配给熟悉项目的个人，例如同一团队的成员或领域专家。进行代码审查时，团队成员应做到如下几点。

- 说明需要进行哪些更改（例如修复错误、改善用户体验、重构现有代码）。
- 如果有小的、非强制性的改进，需在前缀注释中添加"Not blocking"，以帮助代码作者理解该建议是可选的，可以立即或在其他迭代中解决。
- 提供其他实现方法，但假设代码作者已经考虑过（例如"您对在这里使用自定义验证器有什么想法？"）。
- 尝试减少迭代次数。
- 在解决问题的同时简化代码的方法。

审查代码中对问题的解决方法并提供建议可以帮助团队成员找到更好的解决方法以实现代码优化。通过互相进行代码审查，团队成员可以学习不同的编码实践、工作流技术以及解决问题的新方法，从而提高了创新能力和迭代效率。

4. 分支策略与 GitLab Flow

我们需要根据团队的规模和能力、对版本发布周期的要求等因素，来决定采用什么样的代码分支策略。GitLab Flow 是 GitLab 官方推荐的分支策略，GitLab Flow 的最大原则叫作"上游优先"（upstream first），并且只存在一个主分支（master），它是所有其他分支的"上游"，如图 4-9 所示（图 4-9 中"添加-导航"分支和 feature X 分支均为实例）。只有上游分支采用的代码变更，才能应用到其他分支。

分支默认包括临时分支（当开发完成时会被删除）和固定分支。其中临时分支包括用于新功能开发的功能分支 feature

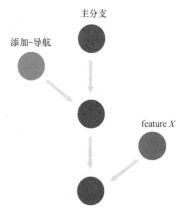

图 4-9 GitLab Flow 分支策略

（建议以 issue-feature-name 命名）和用于修复用户漏洞的修复分支 fix（建议以 issue-fix-name 命名）；固定分支包括用于发布到测试环境的开发主分支 master（其上游分支为 feature 和 fix，为受保护分支）、用于发布到预发布环境的预发布分支 pre-production（其上游分支为 master）和用于发布到生产环境的正式分支 production（其上游分支为 pre-production）。

使用流程如下。

（1）克隆项目代码到本地：git clone [项目地址]。

（2）签出分支：git checkout -b $issue-feature-name。

（3）提交并推送（push）到 GitLab 仓库：

git commit -am "My feature is ready"

git push origin $issue-feature-name

（4）运行 GitLab CI。

（5）在 GitLab 上创建一个合并请求（merge request）。

（6）项目管理者进行代码审查，将代码合并到 master。

（7）运行第二次 GitLab CI。

（8）进行产品测试。

（9）将 master 合并到 pre-production。

（10）运行第三次 GitLab CI。

（11）进行产品测试。

（12）将 pre-production 合并到 production，并且为 production 打上标签，保持 production 与线上代码一致。

接下来，我们将介绍 GitLab 工作流的 11 条规则。这些规则可以帮助我们简化、整理工作流程，它最主要的益处是能够简化开发人员提交代码的整个过程。

- 尽量使用功能分支，不要直接提交代码到 master。应该为任何功能开发工作创建一个功能分支，方便合并代码前对功能分支的内容进行独立评审。

- 测试所有的代码提交，不仅仅是 master 上的代码提交。某些开发人员运行持续集成（CI）只测试那些被合并到 master 的代码提交，这会导致看起来 master 上的构建都是正确的，但是在集成代码后可能会出现问题。

- 在所有的提交上运行所有的测试。当我们工作在一个功能分支上并且在添加新的代码提交时，如果在该分支上运行测试的时间比较长（例如多于 5 分钟），可以尝试并行地运行这些测试，而不是忽略测试或者只运行一部分测试。

- 在合并到 master 前执行代码评审，而非事后。不要在一周结束的时候才运行所有测试，应尽早且频繁地运行测试，这样可以及时发现问题以及问题代码所在位置，在 CI 失败时也可以及时进行代码评审并协作解决问题。

- 基于分支或基线进行自动化的部署。如果不想每次部署版本都基于 master 发布，则可以创建一个生产分支并且执行自动化的脚本来部署。

- 人工创建而非 CI 创建基线。不应该让 CI 更改代码仓库，应人工创建基线，让 CI 基于人工创建的基线来执行构建等操作。

- 根据标签版本发布。发布新版本时为项目生成标签，表示发布了一个新的版本。
- 绝不以重置方式提交代码变更。不应该使用重置方式（即不应用 git rebase）将项目的代码变更提交到一个公共的分支上，这将导致该项目的代码修改和相应的测试结果难以追溯。
- 每个人都应该从 master 开始，并一直以 master 为基础。这意味着不从任何分支开始签出代码，而是从 master 签出内容，然后创建功能分支和提交代码合并请求，并且下次修改还是以 master 为基础签出内容。
- 先修改 master 中的错误再发布分支。如果发现 bug，应该先修改 master，再发布另一个版本修复已发布版本中的错误。
- 提交代码时应备注信息来反映修改代码的意图。应该说明做了什么代码修改以及为什么这么做。

4.3.3 SAST

在代码安全领域，除了确保代码的安全托管与存储，我们还应该加入静态应用安全测试（SAST）工具，对代码进行安全分析和问题检测。

1. 静态应用安全测试

近年来，黑客利用软件自身存在的代码安全漏洞进行攻击是导致安全事件发生的关键因素之一，开发安全日益受到业界的重视。在传统开发运营模式中，开发与安全割裂，主要是因为安全影响开发效率。因此，通过自动化安全工具、设备，将安全融入软件生命周期，适应当前的开发运营模式是业界共识，也是实现 DevSecOps 的必要途径。

根据信通院《面向云计算的研发运营安全工具能力要求 第 2 部分：静态应用程序安全测试工具》，SAST 是通过"从内而外"分析非运行时应用的源代码、字节码、二进制码来查找编码和设计中的安全漏洞的分析测试技术，常使用抽象语法树和其他方法来分析程序执行的所有逻辑路径，找出其中的问题。

2. SAST 的检测方法

为了保证 SAST 工具能够无二义性地识别和分析目标缺陷类型，我们将目标缺陷类型的分析配置描述为 SAST 工具能够识别的"规则"。易用且可扩展性好的 SAST 工具都应该做到规则和引擎分离。以 Web 应用安全为例，规则描述结构设计的过程本质上是对 Web 应用安全风险知识进行建模的过程。OWASP Top 10 列表中的 Web 应用安全风险可分为两类：一类是和非正常数据流相关的安全风险，例如注入、敏感信息泄露、XML 外部实体、跨站脚本攻击、不安全的反序列化等；另一类是和非正常控制流或状态相关的安全风险，例如失效的身份认证、失效的访问控制、安全配置错误、使用含有已知漏洞的组件、不足的日志和监控等。我们采用两种不同的规则描述模型来支持上述两类 Web 应用安全风险：污染传播模型和状态机模型。

污染传播模型包括污染传播分析和污染传播规则。污染传播分析又被称作信息流分析（information-flow analysis），它是一种用于追踪程序中特定数据传播和依赖的数据流分析技术。污染传播分析是 Web 应用安全缺陷检测的主要方法之一，其基本思想是对不可信的源头（即 source）引入的数据进行污染标记，跟踪被标记的污染数据在程序中的传播，若污染数据在进入敏感操作（即 sink）前未经过恰当的净化操作（即 sanitizer），则表明存在潜在的安全缺陷。

污染传播规则中的配置包括 source、sanitizer、sink、安全类型等。安全类型指的是对当前目标程序属性来说认为肯定不会污染的类型，例如注入类安全风险，可以认为所有的枚举类型、布尔类型、日期类型、浮点类型等都是安全的。对于常见的 Web 注入安全风险，污染传播分析沿控制流在每个程序位置上计算当前污染变量的集合，并在污染变量间建立污染传播依赖关系。

状态机模型包括状态机分析和状态机规则。理论上来说，Web 应用安全缺陷检测所检查的缺陷类型都属于时序安全属性（temporal safety properties）。安全属性描述的是"坏的事情不会发生"一类属性，通常可以统一描述成"程序中某些动作或行为构成时序上的约束，一旦违背这种约束即被认为是一个缺陷"。有限状态机（finite state machine）是描述时序安全属性的有效工具。污点传播相关的缺陷类型本质上也属于时序安全属性，即"来自 source 的数据在进入 sink 点之前必须经过 sanitizer 操作，否则将报告一个缺陷"（但为了缺陷报告时更好地给出污染在变量间的传播路径，将采用专门的污染传播分析进行建模）。

状态机规则中的配置包括状态集合、状态间的转换集合以及各转换所需满足的条件集合等。在实际的状态机分析过程中还需要引入状态机实例的概念，程序在每个分析入口函数处会创建一个状态机实例，并沿控制流在每个程序位置上计算状态机实例的可能状态。如果某个状态机实例的当前可能状态中出现了 error 状态，则报告一个缺陷。

SAST 工具按照运行时是否依赖于编译可分为两大类 SAST 检测方法。

- 依赖于编译，要求代码互相之间的依赖关系必须完整。为了满足用户在各类环境编译器下扫描代码的需求，工具应支持业界主流的编译器，如 Clang、GCC、JavaC 等，其他常见编译器有.Net Core、ARM 等。
- 不依赖于编译，不要求扫描的代码必须通过编译，这可以实现快速扫描检测。

3. SAST 的漏洞发现能力

为了赶在攻击者之前发现并修复应用中的安全漏洞，安全人员需要利用各种安全测试技术。SAST 不需要运行被测程序，具有覆盖率高、自动化程度高、可以在开发生命周期早期使用等特点，是目前业界广泛采用的应用安全测试技术之一。但是 SAST 作为一种针对应用安全缺陷的自动化检测方法，本质上处理的是一个不可判定问题，理论上不可能同时做到没有误报也没有漏报。

大量的误报会使人对工具失去信心，而漏报会造成程序具有较高安全水平的假象，很多情况下减少误报和减少漏报是一对矛盾体。为了尽量减少不必要的误报和漏报，往往需要运用更复杂的分析技术，这会导致更高的复杂度，因此分析的精度与分析的速度也是矛盾的。

实用的 SAST 工具需要根据分析目标和应用场景在误报、漏报、效率、易用性和可扩展性之间达到一个合理的平衡。SAST 工具可覆盖业界常见的安全漏洞风险类型，具体如下。

- 支持通用弱点枚举（Common Weakness Enumeration，CWE）准则、覆盖常见类型的安全漏洞，包括注入类、会话管理（如跨站请求伪造漏洞）、敏感信息泄露、XML 外部实体注入攻击、存取控制中断、安全性错误配置、跨站脚本攻击、不安全的反序列化、日志泄露等。

- 覆盖常见类型的安全编码风险,包括内存泄漏、资源未释放、被污染的格式化字符串、被污染的内存分配、错误的内存释放方法、错误的资源关闭方法、重复加锁、双重检查锁定、忽略返回值、不恰当的函数地址使用和未使用的局部变量等。

4. SAST 工具的基本能力要求

(1)跨应用、多语言支持。"跨应用",即"跨扫描单元"。"扫描单元"是一次源代码扫描过程中的被扫对象,确定和区分被扫对象的基本管理单位,它与缺陷的关闭和合并、权限管理、扫描中间结果的记录等有关。

大部分 SAST 工具局限于处理单个扫描单元内部的污染数据传播,无法处理跨扫描单元传播的场景,随着微服务等技术应用成为主流,业务开发代码日趋碎片化,这一问题愈发严重,成为SAST 的一大挑战。跨扫描单元关注的单元间依赖关系分为两类:一类是通过引用第三方包形成的依赖关系,另一类是通过各种远程过程调用(Remote Procedure Call,RPC)服务形成的依赖关系。前一类依赖关系通常在编译时可以通过类似 Maven 这样的机制获取,后一类依赖关系通常需要通过分析具体的配置文件获取或者由用户额外提供。

最直接的跨单元扫描解决方案是将所有相关扫描单元代码进行合并扫描。但是在实际场景中,这样会使得单次扫描的代码量急剧增加而难以实现。另外,对被依赖扫描单元的重复扫描也将产生极大的资源浪费。

一种更好的跨单元扫描解决方案是:首先,在不损失精度的前提下,以扫描单元为单位建立被依赖单元的 SAST 中间结果表示,并将这些中间结果持久地保存;然后,在扫描其他单元前,先依据其依赖关系将需要的中间结果下载到本地,并应用于当前单元的扫描过程。

编程语言支持指为了满足用户对各类编程语言的扫描需求,工具应支持业界主流的编程语言,如 C、C++、Java、JavaScript、Python、PHP 等;宜支持常用编程语言,如 C#、Go、Perl、Ruby、Swift 等。

(2)支持的框架类型。为了满足用户对基于各类开发框架的代码的扫描需求,工具应支持业界主流的开发框架。按照语言类型划分,工具应支持主流开发框架,如 Java(Android SDK、Dubbo、Hibernate、iBatis、Mybatis、Spring、Struts2)、JavaScript(Angular、jQuery、React/Preact、Vue)、Python(Django、Flask)和 PHP(Symfony)。按照语言类型划分,工具宜支持常用开发框架,如C#(ASP.NET、Razor、WCF Services)、Go(Echo、Gin)和 Ruby(Ruby on Rails)。

(3)扫描分析配置能力。扫描分析配置能力指为适应用户的开发活动,SAST 工具应支持多种扫描分析配置模式,包括全量扫描、增量扫描、并发扫描和定时扫描。

(4)使用模式。使用模式指 SAST 工具为满足不同场景的需求,应支持多种使用模式,包括图形用户界面模式、接口调用模式、DevOps 插件模式和命令行调用模式。

(5)支持的代码获取方式。SAST 工具应支持多种代码获取方式,包括代码文件上传、代码仓库获取、本地代码获取。

(6)告警能力要求。SAST 工具应具备相应告警能力,具体包括支持自动化高危漏洞告警通知,并使用多种告警方式,如邮件、短信等;支持根据告警级别设置不同告警方式;支持用户自定义设置告警机制。

（7）支持缺陷的快速定位。SAST 工具应支持缺陷的快速定位，帮助开发人员快速定位，具体包括支持查看缺陷所属的风险类型、所属项目和负责人员；支持查看缺陷所属模块，并精确到代码位置；支持查看缺陷数据所关联的代码上下文的详细信息。

（8）支持漏洞的修复指导。SAST 工具应支持提供漏洞修复指导，具体包括支持跟踪漏洞的数据流和修复状态；支持查看集中式问题分类和详细历史记录修复状态；提供代码示例；支持风险回溯；支持修改漏洞描述和修复建议。

5. SAST 与 DevOps 流程的整合

SAST 的主要应用场景在开发阶段而不是开发完成之后，因此它能够在早期就检测出源代码中的安全漏洞，从而大大降低修复安全问题的成本。成熟的大型软件开发组织通常将其融入 DevOps 流程中。这更加要求 SAST 工具能够在漏报、误报和效率之间达到合理的平衡，避免不必要的干扰影响正常开发流程。下面介绍 SAST 与 DevOps 流程中每个关键节点的整合方法。

- 嵌入代码管理系统。SAST 工具应支持嵌入业界主流的代码管理系统，与代码管理系统协同自动化工作，主流的代码管理系统有 Git、SVN 和 TFS，常见的代码管理系统有 Mercurial、Perforce 和 CVS。
- 嵌入 IDE。SAST 工具应支持嵌入业界主流的 IDE，如 Eclipse、IntelliJ IDEA、Visual Studio、Android Studio。
- 嵌入 CI/CD 流程。SAST 工具应支持嵌入 CI/CD 流程，如 Jenkins 等。
- 嵌入缺陷跟踪系统。SAST 工具应支持嵌入业界主流的缺陷跟踪系统，如 Jira、Bugzilla。
- 核心分析引擎功能接口化。SAST 工具应支持核心分析引擎功能接口化，包括开放功能接口的 API，供第三方调用，并提供完备的 API 文档。
- 与分析平台集成。SAST 工具应支持与分析平台的集成，包括提供接口，将分析结果数据或插件集成到其他平台展示和管理；支持将其他分析引擎或平台的结果集成到当前工具的分析管理平台。

4.4 开源治理

在软件的开发过程中，开源软件成为主流选择，我国开源产业建设也将进入高速发展期，2020年，我国首个开源基金会——开放原子开源基金会成立，这是我国开源产业发展的标志性事件。同时，开源软件的使用带来了一系列风险。根据信通院《开源生态白皮书（2020 年）》显示，目前我国仅有少数企业将开源治理纳入管理流程，55.1%受访企业表示对引入的开源项目没有统一的管理，23.6%企业对引入的开源项目有统一的管理流程和管理团队，13.4%企业对引入的开源项目有白名单或黑名单机制。开源治理是推动开源生态良性发展的必要手段，企业应尽早将开源治理纳入管理流程。

4.4.1 SCA 工具选型

借助 SCA 工具，开发团队能从许可证合规和安全漏洞的角度跟踪和分析引入项目里的开源代码。SCA 工具可以发现开源代码不同程度的细节和功能，例如直接和间接依赖、许可证有效性，以及任何已知的安全漏洞及潜在的攻击。我们根据 Linux 开源基金会发布的《企业开源软件合规性》，提炼了一系列对比指标，用以评价各种 SCA 工具。

1. 知识库

SCA 工具依赖知识库来存储和查询开源项目相关信息，知识库的评价指标通常包括以下几方面。

（1）知识库的大小，通常用开源项目的数量和跟踪文件的数量来衡量。知识库存储了开源软件相关的信息，知识库越大，扫描时就能识别更多的开源代码。

（2）列出跟踪的主要库（如 npm 等）。

（3）跟踪哪些编程语言生态系统。

（4）支持什么语言（基于扩展和库类型）。理想情况下，扫描器应该和语言无关。然而，基本没有厂商提供这种支持，因此需要澄清支持什么语言。

（5）能否区分包之间的检测级别。例如 Maven 和"Java"支持，我们能发现 jar 依赖，但实际上不扫描.java 源文件的版权/许可证信息。

（6）知识库更新频率。更新频率高的更受欢迎，这和开源软件的发展一致。合规服务和工具供应商会定期更新他们的数据库，有的供应商每年更新 3 到 4 次，有的则频率更高（直到每天）。理想情况下，知识库越新，识别新发布的开源代码的机会就越大。

（7）一个客户的需求多久能被添加到知识库中，对客户需求响应是否有服务水平协议（SLA），以及流程是什么。

2. 检测能力

SCA 工具的检测能力通常从以下方面进行评价。

（1）是否支持检测整体组件。

（2）是否支持纠正/配置分析器。软件很复杂，有不同的构建步骤，需要一个方法去配置工具，适配实际情况。

（3）是否支持不同类型的检测方法。不同的检测方法各有优缺点，SCA 工具应该归纳出每种帮助检测的扫描器是如何工作的。

（4）是否支持扫描和分析部分片段。从几行代码到部分代码文件。

（5）是否支持纠正和验证结果，以及按严重级别对结果排序。

（6）是否支持自动识别具有正确来源和许可证的代码，不需要合规人员来判断是否匹配正确。许多源代码扫描引擎，特别是支持片段扫描的引擎，可能生成相当数量的误报，需要调查和人工解决，这将导致大量人力消耗。当评估 SCA 工具时，我们推荐优先考虑能自动识别源代码片段的 SCA 工具，以最小化需要人工检查的误报。

（7）是否支持多种类型的分析。例如，包检测可精确检测文件类型，用来发现单个源文件、二进制文件和多媒体文件。

（8）是否支持通过源代码扫描判断代码属于哪个开源软件包。

（9）是否支持通过二进制扫描判断二进制属于哪个开源软件包。

（10）是否支持通过片段扫描判断代码片段拷贝于哪个开源软件包。

（11）是否支持通过依赖扫描，即通过包管理器判断代码包含哪个依赖。

（12）是否支持通过许可证扫描审查代码的开源软件许可证。

（13）是否支持多种语言，即判断如果支持某种语言，那么是否支持片段分析、是否仅限于包水平、是否精确匹配文件。

（14）是否支持使用安全扫描器判断代码是否有漏洞。

（15）是否支持其他漏洞检测技术，包括搜索术语、电子邮件/URL 检测、Web 服务检测等。

3. 易用性

SCA 工具的易用性通常从以下几方面进行评价。

（1）易用性。如果所有相关人员都访问和使用扫描工具（而不是仅限合规人员），就可以在合规问题出现之前和开发人员使用构建工具集成新代码之前，避免合规问题，因此需要一个大家都容易使用的工具，最小化学习成本。

（2）设计和用户界面是否直观。

（3）本地客户端或浏览器插件是否可用。

（4）移动端是否可用。

4. 操作能力

SCA 工具的操作能力通常从以下几方面进行评价。

（1）源代码扫描速度。源代码扫描速度慢是目前市场上许多产品的痛点。当把 CI 流程和扫描器集成时，扫描速度快特别有用。需要注意的地方有两个：一个是文件被跳过时的速度问题；另一个是是否真正执行了版权/许可证检测，或仅仅扫描库/包管理文件，如 pom.xml 文件。

（2）使用工具进行和收购活动相关的扫描时，在使用模式上是否设有许可证锁定。一些厂商通过许可证协议，只允许扫描和当前项目有关的代码，并对这之外的使用场景加以限制。我们需要确认是否能充分使用该工具，例如对公司正在考虑的任何并购交易的项目代码都能使用。

（3）是否与编程语言无关。一些工具非常适配某种编程语言，但不支持其他的编程语言。我们通常希望任何扫描和识别引擎都与编程语言无关，然而大多数工具并非如此，几乎没有与语言无关的。

（4）在整个组织中，是否重复使用扫描清理（scan clarification）的功能。

（5）是否与构建系统（CI/CD）无关。

5. 集成能力

SCA 工具的集成能力通常从以下几方面进行评价。

（1）是否提供了容易集成的 API 和命令行接口（CLI）。使用扫描工具的方式应不仅限于用户界面。理想情况下，企业希望 SCA 工具和当前的开发、构建等流程集成。如果扫描工具支持 API 和 CLI 接口调用，则可以方便地与其他工具平台交互和集成。

（2）是否支持用户界面（UI）集成功能。

（3）是否将组织的合规策略集成到工具内，当与声明的策略和规则有关时，是否具有规则标记码（flag code）。

6. 安全漏洞数据库

SCA 工具的安全漏洞数据库通常从以下几方面进行评价。

（1）漏洞数据库的规模，即所有项目中跟踪的漏洞数量。漏洞数据库包含已知漏洞信息，能支持工具检测源代码中的相关安全问题。请注意"源代码"一词，没有特别指定是开源组件或第三方组件。也就是说，如果复制的代码包含已知安全漏洞，当扫描组件时，扫描工具应该能标记这个漏洞。

（2）漏洞数据库的更新频率。服务提供商定期更新他们的数据库，更新周期越短，越能更好地发现漏洞。

（3）漏洞信息源的数量。多个信息源能够充实开源组件中安全漏洞的数据库。当评估提供这个服务的合规工具时，建议调查漏洞信息源和探索实际的漏洞更新机制，使用各种信息源直接或间接地收集安全漏洞的信息，并在此基础上提出修复这些漏洞的建议。

（4）工具提供商是否为验证漏洞报警而附加其他研究成果，例如附加漏洞验证步骤等。

（5）精确度（漏洞被正确识别的概率）。有 4 个级别的精确率，级别越高，漏洞越容易被识别和使用：

- 存在漏洞的软件被正确地映射到一个实际使用的软件依赖；
- 软件依赖用在关键环境中（运行时）；
- 运行在关键环境中的软件调用了包含漏洞的依赖软件；
- 漏洞可被实际利用。

（6）召回率（recall），即发现了多少潜在的真实漏洞并正确匹配。实际上，我们不可能知道哪种方案具有最高的召回率，只能尽量多地对比不同的解决方案，估计什么方案具有最高的召回率。

（7）上下文相关的漏洞排序功能。常见漏洞严重性排名，如 CVSS3（Common Vulnerability Scoring System，通用漏洞评估系统），由于私有软件的环境，可能不准确。用户在使用 SCA 工具时应该能够关联漏洞的严重性来对漏洞进行排序，以便更准确地解决安全威胁。

7. 高级漏洞发现方法

对 SCA 工具的评价还应包括是否支持高级漏洞发现方法。例如，当有漏洞的代码被复制到一个新的组件时也能识别出该漏洞（这要求工具支持源代码片段识别）。

8. 相关成本

SCA 工具的相关成本需要考虑以下各项参数。

（1）基础设施成本：基础设施成本和选择自己安装或通过云使用有关，涉及需要购买、安装和维护的服务器，包括升级基础设施的费用，也取决于雇用规模、专门的系统管理员的成本。

（2）运维成本：运维成本和管理工具提供的结果有关，涉及检查和解释结果，我们需要采取合适的行动（例如采用自动识别误报的工具）来降低人工确认上千个误报的人力成本。

（3）每年许可证成本：使用工具的每年软件许可费用（每用户计算或不限使用），例如访问 SDK（用于将扫描引擎和内部工具集成）的成本，以及任何想要引入功能、实现定制化的成本。

（4）将现有引擎/IT 工具和基础设施集成的初始成本：集成的容易程度决定了集成的成本，另外，成本也与集成的工具数量和流程数量有关。

（5）导出项目和其他信息的成本：可能是转移到一个新系统，或者是离开旧厂商但保留相关数据和知识，以便重用这些数据和知识，节省后续使用新系统或新厂商工具的成本。

（6）绑定成本：在退出原方案并采用其他方案时，需要考虑的成本因素。当围绕特定工具打造整个合规环境时，我们常常忽视或不够重视绑定成本。如果需要选择一个新工具，建议在这个方面考虑周全。

（7）符合特定需要的工程定制成本。

9．部署模型的支持

SCA 工具的部署模型支持方式通常从以下几方面进行评价。

（1）支持各种部署模型在本地、云或混合部署。

（2）支持部署模型对代码和项目相关信息的保护手段。例如，源代码和二进制文件内容，部分文件内容或字符串、哈希值、编录清单、策略信息以及合规状态等信息的存储、传输、转换行为都要对用户透明，并且明确说明是否加密、存储在哪里。

10．报告能力

SCA 工具的报告能力通常从以下几方面进行评价。

（1）生成要求的合规输出信息，即仅输出实际扫描结果还是附加从知识库拉取的许可证信息。

（2）告知用户子组件和子文件是什么，输出信息中是否包括实际版权或许可证。

（3）告知用户开源代码片段的输出信息。

（4）支持各种报告功能，输出各种格式的报告，如表格形式，包括提供详细的报告样本。

（5）支持开放标准格式，如软件包数据交换（Software Package Data eXchange，SPDX）、静态分析结果交换格式（Static Analysis Results Interchange Format，SARIF）、CVE、CVSS 等。

4.4.2　SCA 工具应用

下面我们以国内主流的 SCA 工具 FossCheck 为例介绍 SCA 工具在开源治理领域的应用。FossCheck 的主要功能之一就是形成软件的物料清单。

（1）软件物料清单主要用于对项目进行成分分析，帮助用户了解项目的构成情况，明确项目语言分布情况。软件物料清单主要包括软件工程中的基础信息，如项目文件种类、文件数量、代码行数、文件容量等。软件物料清单提供了文本和可视化两种表现形式，帮助我们直观方便地了解项目信息、分析数据，为后续多层次检测分析打下基础。

（2）开源代码检测主要用于检测项目中开源代码的引入方式，帮助用户了解项目开源代码引入情况。开源代码引入存在不做任何修改的原始引入、部分修改的混淆引入，也存在进行大量修改的二次开发引入。针对开源代码引入，SCA 工具需要支持文件级、代码级的开源成分识别和风险分析能力。FossCheck 支持源代码文件的文件级、代码级检测，其结果可定位开源成分信息；支持查看开源成分同源信息，可溯源具体开源项目，展示开源文件名称、所属开源项目、版本等；支持查看同源文件的开源文件信息，为开源检测提供数据，判断代码开源成分，以计算项目开源率。

（3）开源组件检测主要检测项目中开源组件的引入方式，帮助用户了解项目开源组件引入情况。针对开源组件的引入方式，FossCheck 支持组件级分析，支持 Maven、Composer、npm、PyPI、Cocoapods 等 10 余种主流包管理器，以确定项目中引入的组件的信息并提供开源组件名称、类型、版本、语言等信息，溯源开源组件来源信息。同时，FossCheck 可检测出项目中引入的组件的依赖信息。FossCheck 组件依赖检测分为直接依赖与间接依赖两层检测，用户可以更好地了解项目组成情况和安全风险。

（4）开源二进制检测主要检测项目中开源二进制的引入方式，帮助用户了解项目开源二进制引入情况。针对开源二进制的引入方式，FossCheck 能够检测项目中存在的二进制文件信息。其中，开源二进制检测主要分析项目中二进制文件开源情况；二进制文件信息检测支持多种二进制文件格式，支持检测定位开源二进制成分，支持查看开源二进制文件名称、版本、仓库地址等信息。

（5）开源项目溯源主要针对项目中同源匹配出的开源项目进行溯源，帮助用户了解项目中开源项目的情况及来源信息。FossCheck 开源项目溯源基于代码克隆检测和棱镜七彩开源知识库，开源项目溯源检测通过特征匹配检测、动态库调用检测溯源开源项目引用的具体情况。开源代码、组件、二进制同源检测与开源知识库匹配后，FossCheck 会输出开源成分溯源信息，溯源项目中开源成分引用开源项目的情况，定位到版本，提供开源项目的项目描述、语言、仓库地址等信息。根据同源匹配的开源成分，FossCheck 会以开源成分代码行数与项目总代码行数进行项目开源率计算，供项目管理、商业决策参考使用。

（6）多语言开源率分析主要分析项目中使用的不同开发语言，用于帮助用户确定源代码中语言分布、开源率和开源分布情况。FossCheck 支持解析 315 种编程语言，支持 C、C++、Java 等不少于 10 种语言查看源代码克隆率，并提供可视化信息筛选展示。

（7）开源项目评价主要用于对项目中引入的开源项目进行评分，帮助用户了解开源项目质量状况。FossCheck 支持开源项目评价。开源项目质量评价关注开源项目本身，基于社区活跃度、代码活跃度、流行趋势、影响力等指标对项目进行量化评分，方便用户直观了解项目热度和生命力，为开源项目选型提供参考。

（8）软件供应链安全分析主要用于分析开源软件供应环节的安全性，帮助用户了解项目引入的开源成分存在的供应中断风险。FossCheck 支持软件供应链安全分析。软件供应链信息包括开源项目所在托管平台的基本信息、管理层信息、出口管制信息、特殊事件等，提供开源软件开发环节、管理环节、使用环节的风险分析；提供开源项目/组织信息，确认是否具有出口管制等政策限制、受不可控原因影响的程度，防止因不可控原因造成供应中断。

（9）开源代码漏洞检测主要用于检测项目中的已知开源代码漏洞，帮助用户了解项目开源代码安全漏洞情况及治理方法。FossCheck 检测代码引入漏洞可以定位至项目级、文件级，文件级漏洞针对单个文件，能够输出文件级漏洞的文件路径；项目级漏洞通过全面的开源成分检测，准确地识别出项目中开源项目的引用情况,结合开源项目中已知的安全漏洞风险,分析项目中的安全漏洞风险情况,并定位到具体的开源项目版本。FossCheck 提供漏洞信息展示,包括漏洞基础信息、概念证明(Proof Of Concept,POC)、补丁、修复建议、缺陷代码块等详细信息。

(10)开源组件漏洞检测主要用于检测项目中的已知开源组件漏洞,帮助用户了解项目开源组件安全漏洞情况及治理方法。针对开源组件引入的漏洞,FossCheck 将检测项目的直接依赖与间接依赖两个层次,提取出项目中各种类型的组件使用情况,分析相关组件的安全风险,并定位到具体的版本,对发现的安全风险提供漏洞基础信息、POC、补丁、缺陷代码块等信息展示以及修复建议。

(11)开源二进制漏洞检测主要用于检测项目中的已知开源二进制漏洞,帮助用户了解项目开源二进制安全漏洞情况及治理方法。针对二进制引入漏洞,FossCheck 可精确地定位二进制文件中的安全漏洞,提供漏洞基础信息、POC、补丁、缺陷代码块和漏洞的修复建议。

(12)开源代码许可证分析主要用于分析项目中的开源代码许可证,帮助用户了解项目开源代码许可证情况及治理方法。FossCheck 的代码检测支持精细化许可证定位(项目级许可证与文件级许可证);支持确定代码成分中许可证的使用情况,分析合规性风险;支持许可证信息展示,包括名称、类型、认证、风险等;支持查看许可证原文,支持许可证"需要""无须""允许""禁止"分类条款解读。

(13)开源组件许可证分析主要用于分析项目中的开源组件许可证,帮助用户了解项目开源组件许可证情况及治理方法。FossCheck 的组件许可证分析将开源组件许可证分为直接依赖组件许可证和间接依赖组件许可证;支持对组件成分中许可证使用情况做全面的合规性风险分析,并就分析结果展示许可证信息,包括名称、类型、认证、风险等;支持查看许可证原文,并提供条款解读。

(14)开源二进制许可证分析主要用于分析项目中的开源二进制许可证,帮助用户了解项目开源二进制许可证情况及治理方法。FossCheck 支持检测项目引入的二进制许可证,确定二进制成分中许可证的使用情况及合规性风险,并展示许可证信息及解读。

(15)许可证兼容性分析主要用于分析项目中的开源许可证兼容性,帮助用户了解项目开源许可证共存情况及治理方法。开源许可证由不同条款组成,大部分条款可以共存,其中需要重点关注的有专利条款、传染性条款等,在这些条款有特殊要求的许可证容易与其他许可证产生兼容性问题。许可证兼容性分析基于项目开源许可证检测,分析项目中不同许可证之间条款是否冲突,使用该许可证的部分能否在整个项目中共存。FossCheck 就兼容性问题整理出项目中"不兼容"及"间接兼容"的许可证情况描述,确定软件工程中许可证兼容风险,并就许可证的冲突情况提供解决方案。

(16)特殊代码行为检测主要用于检测项目中的特殊代码行为,帮助用户了解项目中特殊代码情况及治理方法。FossCheck 依托强大的代码特殊行为规则库,支持代码特殊行为检测,从恶意代码、加密算法、敏感行为 3 个维度进行检测,防范开源代码被植入非必要风险。

- 针对恶意代码,包括对木马病毒、APT 攻击、黑客工具、漏洞及其他恶意程序的检测。
- 针对加密算法,可以检测对称加密算法、非对称加密算法、哈希加密算法三大类等 20

余种加密算法，并定位到代码片段，方便用户判定其所用的加密算法等级是否符合项目需求。

- 针对敏感行为，可以检测摄像头操作、键盘鼠标操作、文件敏感操作，以及外部链接访问和敏感端口开放等相关操作。

（17）开源资产威胁情报监控主要用于监控和报警开源资产风险，帮助用户及时了解和处理开源风险。FossCheck 的源代码安全检测平台基于 DevSecOps 的开发安全理念，主要在开发环节和测试环节，通过对选型的组件进行跟踪，基于已知开源成分清单的安全漏洞情报信息，建立智能运维数据库，追踪组件的最新漏洞和版本，及时发现最新安全风险，提供安全漏洞信息和警告推送，并多种信息渠道通知用户安全漏洞，实现开源资产威胁情报监控。

4.4.3 开源治理体系与平台建设

近年来，开源从特定产品形态逐步发展为广泛的协作模式。开源的重要性和价值已经得到了充分的理解与认同。以金融行业为例，2021 年 RedHat 对金融行业开源状况进行了调研统计，发布了"The State of Enterprise Open Source in The Financial Services Industry"。这份报告中的数据显示已经有 98% 的金融服务企业正在使用开源组件。

金融机构在享受开源引入带来的成本降低、技术迭代速度加快等便利的同时，也面临着安全风险、运维风险、知识产权风险以及金融行业特殊监管要求的风险。

根据信通院 2021 年发布的《金融行业开源生态深度研究报告》，我国金融机构逐步开展开源风险治理工作，超七成金融机构建立开源治理流程；39.47% 的金融机构设立专门的技术委员会来对开源软件进行管理；近半数金融机构使用开源治理工具管控开源组件和其他依赖；42.11% 的金融机构利用工具扫描分析开源组件的安全问题来进行开源组件管控；13.16% 的金融机构利用工具评估开源组件的安全分数来进行开源组件的管控。

1. 开源治理体系

我国金融行业想要打造全产业链共享的开源生态，跨过"开源风险鸿沟"，需针对"开源使用"与"对外开源"建立成熟的开源治理体系。

对传统行业来说，开源软件具有一定的门槛，因为开源创新拥有自己的方法论，不遵循传统的业务开发流程，它们最大的区别是开源软件开发是协作的，而传统的软件和业务实践是专有的和封闭的。对许多企业来说，在开源时，整体开发流程与业务模式上的改变并不容易。那么在这种情况下通过创建一个企业级的开源管理办公室，可以将开源与企业的长期业务战略直接联系起来。开源管理办公室可以被设计成企业开源使用和对外开源的中心。通过了解企业的开源生态系统，开源管理办公室可以最大化企业的投资回报率，并降低使用、贡献和发布开源软件的风险，确保企业内部开源生态系统的健康发展将保障企业整体业务的创新与可持续性增长。

同时，为了解决企业内部开源治理的痛点问题，信通院制定《开源软件治理能力成熟度》标准，规范企业在组织机制、管理制度、风险管理等方面应遵循的流程及规范。开源软件治理能力成熟度标准框架如图 4-10 所示。

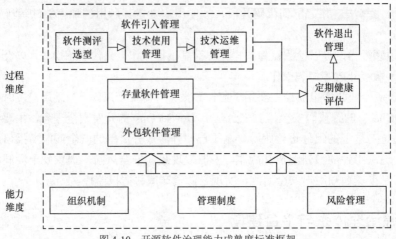

图 4-10　开源软件治理能力成熟度标准框架

2. 开源治理支撑平台

为了有效保障金融机构开源治理工作高效运行，应整合代码库、制品库、SCA 等工具建设一个开源治理支撑平台，整合日常开源治理管理工作，提升管理人员管理效率和开源软件管理质量，为整个开源治理工作高效运行提供技术保障。

为实现开源软件全流程、一体化管理，开源治理支撑平台应该包括开源治理流程化管理、社区信息抓取、漏洞跟踪、开源软件制品库等多项功能。

- 开源治理流程化管理。通过平台对开源软件的引入、使用、漏洞追踪、退出或更新等操作进行线上管理，形成开源软件管理闭环，提高管理效率。
- 社区信息抓取。通过平台展示开源软件在社区内的相关数据，如问题解决速度、社区参与度、社区活跃度等，形成可视化界面，帮助金融机构对开源软件的发展趋势和成熟度进行分析。
- 漏洞跟踪。通过平台建立开源治理团队与项目组之间的沟通渠道，在发现安全漏洞时，及时将信息反馈给相关负责人进行登记及处置。
- 开源软件制品库。通过平台建立开源软件制品库，从技术上对开源软件来源进行控制，保证开源软件可控可溯。同时，该制品库直接服务于软件开发，以提高开发人员效率。

4.5　API 安全防护

API 高内聚、低耦合的特性，可以降低开发协作的沟通成本，实现快速迭代更新。根据 Akamai 的数据，当前在公有云的流量中，83%的流量是 API 请求。API 虽然便利但带来了安全风险，针对 API 的攻击之所以成为主流，是因为 API 与传统的 Web 网站相比，攻击面没有减少，而与此同时，新增 API 往往代表新业务上线，新业务的可攻击点的数量与在开发阶段对安全的重视程度为反比。攻击者可以非常方便地对缺乏授权管理的 API 进行攻击调试，因此，在 DevSecOps 的实施过程中，应该重点加强 API 的安全防护能力。

4.5.1　API 安全防护措施

OWASP 提出的 API 风险包括失效的对象级别授权、失效的用户身份认证、过度的数据暴露等类型，我们可以通过以下措施开展 API 安全防护工作。

- 使用令牌技术。通过令牌建立 API 的可信身份，用户使用具有可信身份的令牌才能够实现对服务和数据资源等的访问和控制。
- 使用加密和签名技术。例如，在 REST API 中使用 TLS 等方式对数据进行加密，防止数据在传输过程中被篡改。使用签名技术可以保证只有拥有数据访问权限的用户才能对数据进行解密和修改。
- 主动识别 API 中的漏洞。实时监测 API 被攻击和漏洞被利用的情况来确保在网络环境下 API 服务的安全性。
- 使用 API 安全网关。API 安全网关是 API 安全防护的关键技术，可以用来控制和管理 API 的使用情况，也可以对使用 API 的用户进行身份认证，因此在保护数据和实现 API 安全上具备一定的优势。
- 限制 API 的访问频率。由于业务的不同，API 被调用的情况也会不同，通过监测和分析 API 被访问和调用的频率来确保 API 未被攻击以及数据未被泄露。通常被攻击的 API 往往会出现被调用次数突然增多或者调用频率与正常情况差异较大等情况，因此通过限制 API 被访问的频率、限制流量等方式可以防止 API 被攻击。

4.5.2　API 安全工具

API 的安全防护依赖于 API 的安全开发和管理。API 的安全开发需要开发人员具备 API 安全开发的意识和知识，并遵循安全开发规范对 API 进行开发和部署。我们可以通过管理平台对 API 进行安全防护，例如使用基础的用户名密码的方式进行身份认证，或者通过 API 密钥（即令牌字符串）进行安全防护，或者基于 OAuth 框架进行用户身份信息的验证以及基本信息的校验。

目前，市场上已经存在一些 API 安全防护的产品，例如 RedHat 提供的 3scale API 管理，能够持续地对 API 进行管理和防护，执行 API 管理策略和 API 流量控制，并支持多身份认证。亚马逊提供的 API 网关可以解析到期的时间戳令牌，检查客户端身份是否有效，以及使用公钥来确认签名等。悟空 API 网关也可以实现用户对网关系统的要求并具备一定的定制化能力。谷歌收购的 Apigee 能够给用户提供一个跨云的 API 管理平台，它可以主动探测 API 流量，结合上下文进行分析和告警，并提供实时上下文监控、快速诊断的能力以及补救的方案。

Astra

针对 REST API 的渗透测试非常复杂，因为不仅现有的 API 在不断更新，而且新的 API 在不断增加。对广大安全人员和开发人员来说，Astra 这款工具可以帮助他们完成大量工作，并在开发阶段的早期检测和修复安全漏洞。Astra 可以自动检测并测试登录/注销功能（认证 API），我们可以轻松将其集成到 CI/CD 管道。Astra 可自动检测 API 安全漏洞，如 SQL 注入、跨站脚本攻击、信息泄露、不安全的身份认证和会话管理、跨站请求伪造、频率限制、跨域资源共享错误配置（包括跨域资源共享绕过技术）等。

4.6　制品库管理

制品库是 DevSecOps 流水线中的重要枢纽，是连接持续集成与持续交付的关键组件。

4.6.1　制品与制品库

制品是指由源代码编译打包生成的二进制文件，不同的开发语言对应着不同格式的二进制文件，这些二进制文件通常可以直接运行在服务器上。制品库用来统一管理不同格式的制品。除了基本的存储功能，制品库还应提供版本控制、访问控制、安全扫描、依赖分析等重要功能，是企业处理软件开发过程中产生的所有包类型的标准化方式。企业缺乏制品库管理会导致如下问题和风险：

- 缺乏对第三方依赖包下载和准入的管控，管理混乱；
- 缺乏对第三方依赖包的安全风险管理；
- 缺乏一键部署能力，依赖于手动复制进行跨网段的包交付；
- 交付包使用文件传输协议（File Transfer Protocol，FTP）上传服务器存储管理或者使用 SVN（Subversion，一个版本管理工具）进行管理，管理粒度较粗；
- 缺乏制品库集群管理，存在单点的风险；
- 缺乏统一的制品库管理，存在重复建设的问题，维护成本高。

4.6.2　制品库管理需要解决的问题

引入制品库管理需要解决 DevSecOps 流程中的如下问题。

（1）安全风险。据调查，大部分企业自研代码量只占所有源代码的 0.1%，第三方依赖却占 99.9%。已知 30% 的 Docker 镜像、14% 的 npm 包、59% 的 Maven 中央库都包含已知漏洞，而且漏洞平均修复周期约为 2 年。由此可见，制品的管理（包括版本管理、风险管理等）对于控制软件整体安全风险尤为重要。

（2）组件准入。以 Maven 为例，开发人员只需在 pom.xml 文件中配置一个新依赖就可直接从 Maven 中央库中拉取一个不知名的第三方依赖包，整个开发团队的组件引用情况难以得知，因此难以评估整体风险。根据 Snyk 发布的信息安全状态报告显示，开源组件的引用存在极高的风险，具体如下。

- 据调查，Maven 中央库的漏洞数量增长了 27%，npm 的则增长了 47%。随着我们工程的依赖增多，我们引入漏洞的风险也是增加的。
- npm、Maven 和 Ruby 中的大多数依赖项都是间接依赖项，间接依赖项中的漏洞占总体漏洞的 78%。漏洞藏得越深，人工发现依赖的漏洞就越困难，而漏洞发现后的修复工作也需要更长时间。

制品库通过在进入仓库前对开源组件进行安全扫描和风险评估，设置准入门槛，可以防止团队在不知情的情况下引入高风险的开源组件。

（3）版本溯源。制品库控制着部署包的自动分发部署，可以避免人工疏忽产生的版本问题。另外，基于制品库的自动化分发部署，让分发部署变成一种自助式服务。制品库通过自动记录版本发布过程中流水线的执行步骤和涉及的包，可以在发版失败时进行追溯。

4.6.3 制品库管理要求

制品库管理要求如下。

- 统一管理全语言软件制品仓库。制品库需支持一站式管理企业内部存在的多种语言私有服务，如 Maven、npm、Docker 镜像中心以及 C++ 等语言包仓库。通过一个全语言的制品库管理平台来支持企业内部所有的构建产出物管理和第三方开源软件的管理，支持与 CI/CD 流程对接，实现统一的发布流程。同时制品库应具备高可用能力和容灾备份能力。
- 软件交付流程信息可视化。软件交付流水线各个阶段需要记录关键环节的数据，并持久化到数据库，基于数据进行软件交付流程和质量的可视化展示，让开发人员、测试人员、运维人员有统一的信息流看板，以暴露开发流水线的问题，推动持续反馈、改进，并为开发人员和运维人员提供定位线上故障的数据支撑。
- 软件构建信息记录。制品库需支持记录软件包构建基础信息，如构建用户、构建时长等，以及构建所依赖的组件信息和环境信息，提高软件构建的可追溯性。根据依赖信息，支持反向依赖分析，快速定位组件变更的影响范围，提供风险评估能力。
- 包含高可用容器镜像中心、仓库管理系统。建设高可用容器镜像仓库，以支持容器云平台的应用高并发拉取镜像、灰度发布、滚动升级和动态迁移等高级特性，满足容器应用交付的高并发构建、测试、发布和运维等需求，提供稳定高效的基础设施。

4.7 原生安全防护

根据信通院《"云"原生安全白皮书》，随着云计算的发展，承载计算的不再只是云主机和云数据库，容器、无服务器成为越来越多用户的选择，安全防护不能仅关注主机层面的威胁。原生主机安全从云工作负载视角出发，对主机层面、容器层面及其上承载的数据库等工作负载进行全面的安全防护。

4.7.1 原生主机安全

原生主机安全通过资产管理、漏洞管理、基线检查、病毒检测、入侵检测、威胁响应与处置等，实现云上工作负载的安全防护，主要具备如下原生特征。

- 轻量部署，便捷稳定。以轻量 Agent 与云端防护中心结合的方式实现主机安全，Agent 负责将主机内安全数据上报云端防护中心，同时响应云端防护中心下达的指令，绝大部分的计算与防护功能在云端进行。Agent 采用稳定性高的数据采集与监控技术，对服务器的资源消耗低，不影响用户业务的正常运营。同时，它以安装包、命令行、批量安装等多种方式，让用户更加便捷地在云主机或非云主机上部署。

- 以工作负载为核心。原生主机安全从云工作负载视角出发，对主机层面、容器层面及其上承载的数据库等工作负载进行全面的安全防护。
- 自动化获取信息，智能化主动防御。与主机进行联动，一方面自动化获取主机内各类资产的信息；另一方面支持自动查杀病毒木马，主动防御入侵行为，自主完成漏洞基线修复，构建安全闭环和可感知能力。
- 海量数据关联分析。利用采集到的主机内各类数据，如进程、文件、系统、域名系统（Domain Name System，DNS）等的行为日志，结合云平台全网威胁情报数据，基于人工智能算法，实现多维度、高效的关联分析，提升威胁检测率与准确率。

1. 原生主机安全管理平台设计

原生主机安全管理平台架构如图 4-11 所示。

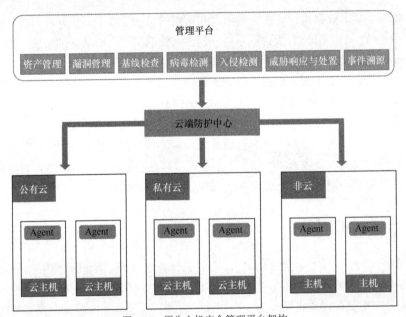

图 4-11　原生主机安全管理平台架构

原生主机安全管理平台的主要功能如下。

- 资产管理能够对主机及主机内资产进行清点和管理，包括端口、账号、进程、软件、容器镜像等。
- 漏洞管理能够对主机内操作系统、软件、Web 应用的漏洞进行识别和预警，包括 Linux、Windows 操作系统的漏洞，容器镜像的漏洞，Apache、MySQL 等软件的漏洞，等等。
- 基线检查能够对主机内风险配置进行识别，包括弱口令、密码策略、影子账户等账号安全检测，注册表配置、数据库配置等配置检测。
- 病毒检测能够对主机内的恶意文件进行扫描，包括 Webshell 后门、勒索病毒、挖矿程序等。
- 入侵检测能够对主机遭受的入侵行为进行实时预警，包括异地登录、暴力破解、非法时间登录、非法 IP 地址登录等异常登录行为，提权、反弹、命令执行、关键文件变更、网页篡改等主机内异常行为。

- 威胁响应与处置能够对主机内存在的威胁提供响应与处置手段，包括漏洞一键修复、系统加固建议、入侵行为自动拦截、恶意文件自动隔离和查杀等。
- 事件溯源能够对安全事件进行详细记录，为用户追溯事件提供依据。

2. 典型应用场景

原生主机安全产品可以有效保障云上主机及主机内资产的安全。原生主机安全的典型应用场景如下。

- 在业务资产组件清点场景下，业务增长快速、主机及内部组件繁多的企业可以基于原生主机安全，实现云上主机和组件的快速识别和管理，构建企业资产组件全景图。
- 在安全漏洞应急响应场景下，没有专业安全团队，或安全团队人员不足的企业，可以基于原生主机安全，实现云上主机和组件的快速漏洞检测和修复，第一时间获取最新漏洞信息，提升漏洞应急响应效率。
- 在互联网业务入侵行为检测场景下，配置公网 IP 地址、部署互联网业务的云主机时刻面临攻击者的渗透和自动化攻击，企业可以基于原生主机安全，对暴力破解、本地提权、高危命令等入侵行为进行检测和处置。

4.7.2 原生容器安全

原生容器安全通过安全策略、镜像检测、合规基线检测、运行时检测、容器网络、安全容器等，实现云上容器的安全防护，主要具备如下原生特征。

- 轻量 Agent，快捷部署。用户根据业务的需求选择需要防护的集群节点，以轻量 Agent 与云端容器安全服务管理平台结合的方式实现原生容器安全，低能耗，不影响其他容器的运行。Agent 负责接收管理平台下发的防护策略，实现用户节点的容器安全防护，并将告警数据上报到防护中心。
- 统一策略管理。平台统一管理用户容器的安全策略，用户可以自定义规则并一键下发，并且平台统一管理用户集群中所有节点上的容器和镜像防护状态。
- 丰富的漏洞库和规则库。平台包含丰富的漏洞库并及时更新，可有效发现镜像漏洞。平台内置常见的检测逃逸，帮助用户有效发现木马、提权等恶意攻击行为，并告警通知用户。

1. 原生容器安全服务管理平台设计

原生容器安全服务管理平台架构如图 4-12 所示。

原生容器安全服务管理平台的功能如下。

- 安全策略能够对容器的镜像、运行时、网络等设置安全策略，通过告警或者阻断的方式发现并修复风险。
- 镜像检测能够对镜像仓库的镜像进行检测，识别镜像中的漏洞并告警，包括操作系统漏洞、应用（Nginx、Redis 等）漏洞、恶意木马程序、不安全的配置等。

- 合规检测能够对容器服务的合规配置、容器启动运行时的合规配置等进行检测，如 Docker Daemon、Audit 规则配置文件权限，并输出检测报告。其能够检测容器是否满足业界合规标准，如 NIST SP 800-190、GDPR 等。

- 运行时检测能够在容器运行过程中，发现容器内异常行为并实时告警，包括恶意木马/病毒程序运行、恶意文件访问、恶意系统 API 调用等行为，如 Dirty COW 漏洞、敏感目录访问、恶意系统调用 mount 等。

- 容器网络能够自动发现网络拓扑并可视化展现，能够对容器间的东西向或南北向的访问策略进行控制，能对容器间做 7 层 OSI 模型结构的访问检测和告警。

- 安全容器能够为容器提供安全的运行环境，在容器被恶意入侵时，防止入侵扩散和逃逸到主机，如 Kata Containers 和 gVisor。

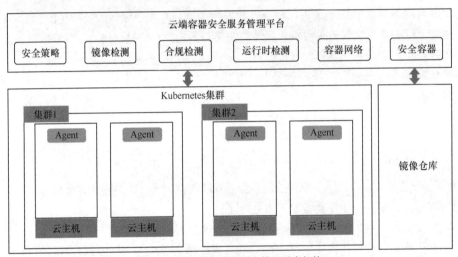

图 4-12　原生容器安全服务管理平台架构

2. 典型应用场景

原生容器安全产品可以有效保障云上容器资产的安全，原生容器安全的典型应用场景如下。

- CI/CD。在 DevSecOps 中将容器集成到 CI/CD 的原生工具中，可以使开发人员能提前反馈其代码的安全状态。

- 镜像部署。在 Docker Hub 下载的镜像也会存在漏洞，使用开源镜像加剧了镜像漏洞的问题，通过镜像检测可以发现镜像漏洞问题并快速修复，确保投入生产环境的镜像是安全的。

- 容器运行。容器在运行过程中，行为无法预测，通过运行时监控发现和防御木马、应用漏洞等风险，可以实现容器上的漏洞快速检测和修复，提升漏洞应急响应效率。

4.7.3　原生应急响应和取证

原生应急响应和取证是指在云原生的环境下，采取各种方式实现应急响应主动和被动的流程、溯源取证的自动化。原生应急响应和取证采用端上应急检测数据，结合安全运营中心、全网蜜罐、威胁情报等数据进行智能化数据分析,主要具备如下原生特征。

- 易于部署。用户可以通过统一控制台(即部署原生应急响应和取证管理平台的主机)一键开启应急响应和取证功能。
- 易于扩展。用户通过提供云主机列表和授权密钥,可同时对多台云主机进行溯源取证。
- 与云平台紧密结合。充分结合云平台特点,通过云平台动态分配资源,自动化搭建环境和设置配置,采取自动快照、数据镜像、加载快照、挂载镜像的方式突破网络限制、系统损坏等极端场景。结合安全运营中心、全网蜜罐、威胁情报数据提前感知威胁,并和后期智能化分析系统联动,突破无日志溯源取证场景。
- 自动化响应与取证。能够通过自动检测攻击事件,触发响应动作,对入侵痕迹进行分析,输出可能的入侵途径和处置方案,并根据分析结果输出格式化的证据链。
- 数据安全可靠。溯源操作由用户账号发起授权,系统运行环境和资源均在用户的私有网络内,证据数据和分析结果也均保留在用户的私有网络空间。

1. 原生应急响应和取证管理平台设计

原生应急响应和取证管理平台架构如图4-13所示。

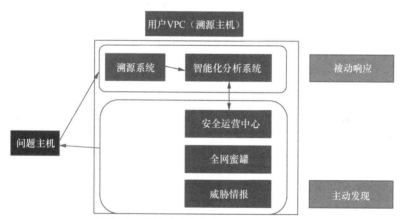

图 4-13　原生应急响应和取证管理平台架构

原生应急响应和取证管理平台功能如下。

- 溯源分析。通过对日志、数据进行分析,调查入侵行为,完成安全事件的溯源取证。
- 智能化分析。基于安全运营中心、全网蜜罐、威胁情报等数据,进行自动化智能分析。
- 溯源报告与证据。根据分析和溯源结果,提供溯源报告,生成格式化证据链。

2. 典型应用场景

原生应急响应和取证的典型应用场景如下。

- 在查找入侵原因、完成电子取证的场景下,企业通过原生应急响应和取证对网络攻击、恶意程序、数据篡改与泄露等入侵事件进行分析,掌握入侵手法和路径,实现电子证据的生成和留存。

- 在降低应急时长、快速恢复业务的场景下，企业通过原生应急响应和取证自动化、智能化地进行海量数据分析，能够同时对大量被入侵主机进行响应和溯源，减少人工投入，并通过标准化的应急响应流程提升响应效率，降低应急时长，帮助用户快速恢复业务。

4.8　DAST

DAST 是一种黑盒测试技术，具有应用广泛、使用简单的特点。市面上基于 DAST 原理的产品有很多，如 AWVS、AppScan 等。DAST 的技术原理如图 4-14 所示，具体操作如下。

（1）通过爬虫发现整个 Web 应用结构，爬虫会发现被测 Web 应用有多少个目录、有多少个页面、页面中有哪些参数。

（2）根据爬虫的分析结果，对发现的页面和参数发送根据规则生成的 HTTP 请求进行攻击尝试。

（3）通过分析 HTTP 响应的数据包验证是否存在安全漏洞。

图 4-14　DAST 的技术原理

DAST 主要测试 Web 应用的功能点，测试人员无须具备编程能力，无须了解应用的内部逻辑结构，无须区分测试对象的编程语言，采用攻击特征库（规则库）来做漏洞发现与验证，能发现大部分的高风险问题，是业界测试 Web 应用安全使用得非常普遍的一种安全测试方案。DAST 除了可以扫描发现 Web 应用本身的漏洞，还可以扫描发现第三方开源组件、第三方框架的漏洞。

从技术原理我们可以看出，DAST 一方面需要爬虫尽可能地爬取 Web 应用的结构，另一方面需要对被测的 Web 应用发送漏洞攻击包。现在很多的应用含有 AJAX（Asynchronous JavaScript and XML，异步的 JavaScript 和 XML）页面、CSRF 令牌页面、验证码页面、API 孤链、POST 表单请求，或者设置了防重放攻击策略，这些页面无法被网络爬虫发现，因此 DAST 无法对这些页面进行安全测试。DAST 存在对业务分支覆盖不全的问题，例如爬取一个表单，需要提交内容，服务器端对内容做判断，内容是手机号码则进入业务分支 1，内容不是手机号码则进入业务分支 2，爬虫不可能知道这里要填手机号码，所以业务分支 1 永远不会被检测到。

另外，DAST 必须发送漏洞攻击包来进行安全测试，这就需要有安全专家不断更新漏洞扫描插件，而且这种测试方式会对业务测试造成一定的影响，安全测试的脏数据会污染业务数据。DAST 的测试对象为 HTTP/HTTPS 的 Web 应用，对于 iOS/Android 上的 App 无能为力。DAST 发现漏洞后可以定位漏洞的 URL，但无法定位漏洞的具体代码行数和产生漏洞的原因，我们需要比较长的时间来进行漏洞定位和原因分析。这使得 DAST 在 DevOps 环境下使用起来需要注意应用阶段和响应速度的问题。

OWASP ZAP

OWASP ZAP（Zed Attack Proxy，Zed 攻击代理）是广受欢迎的攻击代理服务器之一，也是典型的 DAST 工具。在开发和测试应用的过程中，ZAP 可以自动发现 Web 应用中的安全漏洞。在执行渗透测试的过程中，它也能帮助具备丰富渗透测试经验的人员进行人工安全测试。

ZAP 以架设代理的形式来实现渗透测试，类似于 Fiddler 抓包机制。ZAP 将自己置于用户浏览器和服务器中间，充当一个中间人的角色，浏览器所有与服务器的交互都要经过 ZAP，这样 ZAP 就可以获得这些交互的信息，并且可以对它们进行分析、扫描，甚至可以修改协议包之后再发送。ZAP 支持快速测试模式，在快速攻击过程中，ZAP 使用爬虫抓取被测站点的所有页面，在页面抓取的过程中被动扫描所有获得的页面数据，抓取完毕后用主动扫描的方式分析页面、功能和参数。

快速测试完成以后，就可以利用 ZAP 提供的测试结果进行分析。在快速测试过程中，ZAP 会产出被测站点地图及页面资源、所有请求和反馈记录、安全风险项目列表。我们可以选择输出 HTML、XML 等多种格式的安全测试报告。ZAP 可以基于 JSON、脚本、表单等方式进行鉴权，来扫描一些必须登录才能扫描的网站。ZAP 可以通过导入证书访问不受信任的 HTTPS 网站，可以设置网络代理来实现不同网络的访问，还可以设置 CSRF 令牌来添加一些防止 CSRF 的网站阻止访问。

ZAP 的主要功能有本地代理、主动扫描、被动扫描、模糊测试和暴力破解。虽然 ZAP 拥有很多的功能，但是它最强大的功能还是主动扫描，可以自动对目标网站发起渗透测试，可以检测的缺陷包括路径遍历、文件包含、跨站脚本攻击、SQL 注入等。

4.9 IAST

IAST 结合了 SAST 和 DAST 技术，旨在通过 SAST 和 DAST 技术的交互，提高应用安全测试的准确性，确认漏洞是否真实存在，并确定漏洞在应用代码中的准确位置。IAST 通过插桩技术，基于请求及运行时上下文综合分析，高效、准确地识别安全漏洞，确定安全漏洞所在的代码位置。

4.9.1 IAST 的检测方式

根据信通院《交互式应用程序安全测试工具能力要求》标准，IAST 的检测方式分为被动式检测分析和主动式检测分析。

- 被动式检测分析。在目标应用运行的过程中实时跟踪监控，记录程序运行的变量和寄存器里的值，并进行污点分析。
- 主动式检测分析。扫描端发送有效载荷（payload），插桩 Agent 在关键函数获取上下文信息并综合分析，然后通过扫描端的配合进行漏洞利用、漏洞复现。

为了满足用户对协议和业务场景的需求，IAST 应覆盖业界主流的协议和业务场景，包括 HTTP/HTTPS、Web 应用/App 服务器应用场景、微服务分布式应用场景等。

4.9.2　IAST 的漏洞发现能力

根据信通院《交互式应用程序安全测试工具能力要求》，IAST 的检测应覆盖常见类型的安全漏洞风险：失效身份认证和会话管理，敏感信息泄露，XML 外部实体注入攻击，失效的访问控制，安全配置错误，跨站脚本攻击，不安全的反序列化，任意文件上传、读取及目录遍历，跨站请求伪造（CSRF），未经验证的转发和重定向，服务器端请求伪造，使用弱加密算法及弱随机数，使用硬编码凭证，以及越权（水平越权、垂直越权）。

4.9.3　IAST 工具的基本能力要求

参考信通院《交互式应用程序安全测试工具能力要求》，我们提炼出 IAST 工具的基本能力要求如下。

- 性能要求指 IAST 工具的使用应不影响用户正常业务的运行，为此 IAST 工具应支持设置插桩探针的性能阈值红线，当超过此阈值时，触发熔断机制，原有检测策略瞬时暂停，系统性能消耗恢复至未插桩检测前的状态，防止影响实际业务。
- 编程语言支持指为了满足用户对各类编程语言的检测需求，IAST 工具应支持业界主流的编程语言，如 C#、Java、Node.js、PHP、Python；宜支持常用编程语言，如 Go。
- 中间件、库及开发框架类型支持指为了满足用户对各类常用中间件、库及开发框架代码的检测需求，IAST 工具应支持业界主流的中间件、库及开发框架，如 C#（.Net Core、.Net Framework、IIS）、Java（Dubbo、Spring、Struts2、Struts、Hibernate、Gson、Jackson、FASTJSON、SOFA、HSF、XStream、Tomcat、JBoss、WildFly、Weblogic、WebSphere、Jetty、Resin）、PHP（Apache Module、PHP-FPM）、Python（Django、Flask、Falcon、Pylons）；宜支持常用中间件及开发框架，如 Go（Beego、Gin）。
- 检测分析配置能力要求指为了满足用户对检测各项指标设置的需求，IAST 工具应支持对检测配置进行设置，具体配置包括漏洞类型，漏洞级别，请求、参数和函数的黑白名单，针对主动式检测分析应支持设置请求、参数和函数的检测超时时间。
- 使用模式指为了满足用户对不同场景的需求，IAST 工具应支持多种使用模式，包括图形用户界面模式、接口调用模式和 DevOps 插件模式。
- 告警能力要求指 IAST 工具应具备相应告警能力，具体如自动化进行高危漏洞告警通知；应使用多种告警方式，包括邮件、短信等，并支持根据告警级别设置不同告警方式和用户自定义设置告警机制。
- 网络环境调试要求指 IAST 工具（针对主动式工具，被动式可选）应具备相应网络环境调试能力，具体包括自定义 HOST/DNS、上下游代理配置及网络测试（如 ping、curl）等。
- 支持缺陷快速定位指 IAST 工具应能够提供请求、代码行数、函数调用栈等应用运行时信息协助开发人员快速定位漏洞点，具体包括支持查看缺陷所属的风险类型、所属项目及负责人员、缺陷所属模块（精确到代码位置），以及缺陷数据所关联的代码上下文的详细信息。

- 支持任务的集中管理与展示指 IAST 工具应支持检测任务的集中管理与可视化展示，具体包括任务创建总数、任务风险总数、风险修复总数、项目安全等级、任务状态统计、所属人及所属项目、被测应用的 URL 请求的检测覆盖率等。
- 支持缺陷数据的多维度统计及展示指 IAST 工具应支持缺陷数据的多维度统计及展示，具体包括按照安全级别进行数据统计和展示，按照项目进行数据统计和展示，按照缺陷类型进行数据统计和展示，按照多维度搜索规则进行缺陷检索、统计和展示。
- 支持结果的对比分析指 IAST 工具应支持针对同一检测目标不同批次的检测结果的对比分析，以及针对测试结果进行综合回归测试，借助图表或数据展示多次检测的结果对比分析，针对主动式工具支持对全部请求（包括出错请求）进行回归测试，支持所有漏洞的回归测试。
- 提供缺陷的修复指导指 IAST 工具应支持提供漏洞修复指导信息的能力，具体包括漏洞的数据流跟踪、修复状态，并且支持查看集中式问题分类和详细的修复状态历史记录，提供代码示例，支持请求重发和修改漏洞描述及修复建议。

4.9.4　IAST 与 DevSecOps 流程的整合

IAST 工具作为 DevSecOps 工具链中重要的一环，需要与 DevSecOps 流程紧密结合，才能充分发挥其价值，具体整合方式如下。

- 集成 CI/CD 系统。IAST 工具应支持嵌入 CI/CD 流程，如 Jenkins、Travis CI、GitLab CI。
- 集成缺陷跟踪系统。IAST 工具应支持集成用户现有的缺陷跟踪系统，如 Jira、Bugzilla，并提供 API 或以插件化方式结合的能力。
- 核心分析引擎功能接口化。IAST 工具应支持核心分析引擎功能接口化，包括开放功能 API 供第三方调用，以及提供完备的 API 文档。
- 与分析平台的集成。IAST 工具应支持与分析平台的集成，包括提供 API、将分析结果数据或插件集成到其他平台展示和管理，以及将其他分析引擎或平台的结果集成到当前工具的分析管理平台。

4.9.5　IAST 与 SCA 的集成

IAST 和 SCA 是应用安全测试中的两种功能强大且相对较新的技术。IAST 解决方案旨在帮助组织使用动态测试（即运行时测试）技术来识别和管理与在运行 Web 应用时发现的漏洞相关的安全风险。SCA 是一种用于识别代码库中的开源组件的自动化过程。SCA 将识别出的组件映射到已知的公开安全漏洞并确定应用中是否存在有该漏洞的组件版本。SCA 还可以帮助确定组件的生命周期是否可能带来维护问题。虽然 SCA 无法提供严格的安全性，但可以促进与这些开源组件相关的法律合规性。

IAST 从应用内部访问代码、运行时控制和数据流信息、内存和栈跟踪信息、网络请求和响应信息，以及库、框架和其他组件信息（通过与 SCA 集成）。通过对这些信息进行分析，开发人员可以精确定位已识别漏洞的来源，并根据定位快速修复该漏洞。

有效的 IAST 工具需要了解被测试应用的开源代码组成。想要了解开源代码中的漏洞是否会在应用中被利用，则需要了解应用中是否存在易受攻击的开源组件、如何操作才能够利用该漏洞以及应用如何使用该组件。IAST 和 SCA 的组合可以有效地识别此类安全风险，并指导开发人员进行修复，帮助开发团队构建更安全的应用，在提高开发速度的同时降低安全风险，提高应用质量。

4.10　RASP

Gartner 在 2014 年提出 RASP 的概念，将防护引擎嵌入应用内部，在不依赖外部防护设备和请求特征的情况下，准确地识别代码注入、反序列化等应用异常，弥补了传统安全设备防护滞后的问题。

Gartner 在 2014 年应用安全报告里将 RASP 列为应用安全领域的关键趋势，原文引用如下。

"Applications should not be delegating most of their runtime protection to the external devices.Applications should be capable of self-protection（i.e.，have protection features built into the application runtime environment）"（应用不应该将运行时保护的大部分工作委托给外部设备，而应该具备自我保护的能力，例如在应用运行时环境中内建保护功能）

为什么应用需要进行自我保护呢？举个例子，当应用受到 Struts2 漏洞攻击时，WAF、入侵检测系统这样的外部防护设备只知道这个请求包含攻击特征，应该拦截，而应用发现自己运行的是一段 OGNL（Object Graph Navigation Language，对象导航图语言）代码，莫名其妙地执行了一个系统命令。如果碰到新型漏洞，应用则更加需要进行自我保护。新型漏洞通常意味着新的请求格式、新的请求参数，WAF、入侵检测系统这样的外部防护设备需要及时增添规则才能进行防护，而采用 RASP 的应用则可以根据自身行为进行保护，不依赖于规则。

RASP 通过评估输入是否改变应用的行为来识别运行时应用层的恶意活动，并对恶意活动加以阻止。WAF 是基于预测恶意活动的静态通用规则工作的，而 RASP 是根据应用的动态行为来判断流量是否恶意。

RASP 有两种工作模式：监控和保护。在监控模式下，RASP 只报告攻击行为，即在仪表板中实时记录问题或向 DevOps 工程师发送告警以开展进一步调查分析工作。在保护模式下，除了报告攻击，RASP 还通过终止应用或打开的会话来控制应用的执行并阻止攻击行为。

在生产中使用仪表盘为开发人员和运维人员提供另一个反馈循环，这为相对快速地识别和修复易受攻击的代码提供了另一种选择。相比之下，在传统的瀑布模型中，安全团队负责监控生产中的应用。发现问题后，安全运营中心团队会花费长达数天的时间试图找到负责开发应用或服务的开发团队，以便对其进行修复和重新部署，在此期间，应用或服务可能处于离线状态。RASP 克服了这一弱点，使 DevOps 团队能够识别潜在威胁，修复它们，并在价值流的约束范围内部署更安全的版本。

RASP 还可以用于生产前测试环境，在该环境中 RASP 可以基于各种不同的恶意输入来评估应用的行为。这种类型的测试可以在部署生产前识别漏洞。

因为 RASP 工具是代理的，所以它们易于部署，不需要更改应用或服务。从 DevOps 的角度来看，RASP 的好处在于，它通过持续监控实时系统，融入了开发的快节奏。由于能够识别运行中的应用的存在安全漏洞的组件，开发人员可以利用 RASP 在软件生命周期的早期阶段开展漏洞检测和定位工作。

4.10.1　RASP 技术原理

RASP 是一种新型的应用防护技术，它部署在 Tomcat 等应用服务器上，作为 Java 的 Agent 出现并运行在 JVM（Java Virtual Machine，Java 虚拟机）之上。在应用服务器启动时，RASP 引擎借助 JVM 自身提供的插桩技术，通过替换字节码的方式挂钩关键类方法。RASP 的技术原理与应用性能管理（Application Performance Management，APM）类似，但是挂钩的函数要少很多，通常只会挂钩 SQL 查询、文件读写、反序列化对象、命令执行等关键操作。

RASP 技术和现有方案主要区别如下。

- RASP 几乎没有误报的情况。边界安全防护设备基于请求特征检测攻击，通常无法得知攻击是否成功。安全扫描器的踩点等扫描行为一般会产生大量报警。RASP 运行在应用内部，攻击不成功则不会触发检测逻辑，所以 RASP 的报警针对每一个成功的攻击行为。
- RASP 可以发现更多攻击行为。以 SQL 注入为例，边界安全防护设备只能看到请求信息。RASP 不仅能看到请求信息，还能看到完整的 SQL 语句，并进行关联。如果 SQL 注入让服务器产生了语法错误或者其他异常，RASP 引擎也能识别和处理。
- RASP 可以对抗和防范未知漏洞。发生攻击时，边界安全防护设备无法掌握应用的下一步执行流程。RASP 可以识别异常的程序逻辑，例如反序列化漏洞导致的命令执行，因此可以对抗和防范未知漏洞。

4.10.2　OpenRASP

下面以开源的 OpenRASP 为例，介绍 RASP 工具一般具备的能力。

1. Web2.0 攻击检测

OpenRASP 定义了 25 种攻击手法的对应检测方法，覆盖 OWASP TOP 10 2021 的常见漏洞类型如下：

- A01:2021-Broken Access Control，失效的访问控制；
- A02:2021-Cryptographic Failures，加密失败；
- A03:2021-Injection，注入；
- A04:2021-Insecure Design，不安全的设计；
- A05:2021-Security Misconfiguration，安全配置错误；
- A06:2021-Vulnerable and Outdated Components，易受攻击和过时的组件；
- A07:2021-Identification and Authentication Failures，认证和授权失败；
- A08:2021-Software and Data Integrity Failures，软件和数据完整性故障；

- A09:2021-Security Logging and Monitoring Faileds，安全日志记录和监控失败；
- A10:2021-Server-Side Request Forgery，服务器端请求伪造。

2．服务器安全基线检查

OpenRASP 能在应用服务器启动时进行安全配置规范检查，建立安全基线，从而减少应用服务器被入侵的风险。目前支持的策略如下：

- 3001，关键 cookie 是否开启 httpOnly；
- 3002，进程启动账号检查；
- 3003，后台密钥强度检查；
- 3004，不安全的默认应用检查；
- 3005，目录列表检查；
- 3006，数据库连接账号审计；
- 3007，JBoss HTMLAdaptor 认证检查；
- 4001，PHP allow_url_include 配置审计；
- 4002，PHP expose_php 配置审计；
- 4003，PHP display_errors 配置审计；
- 4004，PHP yaml.decode_php 配置审计。

3．应用加固

当应用收到请求时，会通过输出响应头的方式，实现对应用的加固。目前支持的配置如表 4-2 所示。

表 4-2　应用加固目前支持的配置

内容	响应头	可选配置
点击劫持防护	X-Frame-Options	不开启/deny/sameorigin
MIME 嗅探防护	X-Content-Type-Options	不开启/nosniff
XSS Auditor 防护	X-XSS-Protection	不开启/1 和 mode=block
文件自动运行防护	X-Download-Options	不开启/noopen

4.10.3　RASP 与 DevSecOps 流程的整合

在 UAT 环境中，IAST 使用被动式实时分析。IAST 和 RASP 的原理十分相似，但 IAST 和 RASP 有一个比较大的区别，IAST 可以在 UAT 环境中自由监测漏洞，它有主动式和被动式两种模式。

在灰度环境中，融入 RASP 的 Agent。在发布版本的灰度环境当中，可以使用 RASP 进行性能消耗和业务性能监控，同时对 RASP 的性能提出一定要求。例如，限制 CPU 使用率必须低于 5%，超过 5%之后进行自杀机制。

在生产环境中，通常 RASP 只开启针对核心危险操作对应的函数的过滤，例如反序列化类、LDAP 等注入工具、常见的 SQL 注入漏洞、禁止远程加载点开式文件等，使 RASP 的防护调到最优，将 RASP 对性能消耗或影响降到可接受的程度。

4.11　BAS

根据《2021 年网络安全产业分析报告》，入侵与攻击模拟（BAS）与数据分类分级、管理检测和响应、API 防护安全、安全访问边缘、云原生安全、车联网安全一起被列为未来网络安全产业的热点方向。BAS 是一种站在攻击者视角评估系统的可靠性、演示可能的攻击方法、识别现有安全问题并给出解决方案的安全测试技术。

4.11.1　人工渗透测试的限制

漏洞扫描是判断组织安全态势的过程之一。列出网络漏洞的长清单，有助于减少企业的网络暴露。然而，漏洞扫描工具很少提供攻击或风险情境，这导致安全人员对漏洞排序并采取修复步骤非常具有挑战性。

渗透测试是另一个广泛采纳的安全测试，通过在网络中尽可能地发现和利用漏洞来判断漏洞的风险和影响水平。整个渗透测试流程涵盖了特定的集中于应用级别的测试和实现合规目的的常规测试。渗透测试步骤的有效性依赖于安全人员的专业水平。出于这个原因，企业常常雇用高水平的外部专家，举行一场"夺旗"演习。然而，即使渗透测试外包，内部安全团队也很难同时开展其他安全活动，因为在演习和修复阶段，内部团队成员必须全程陪伴渗透测试人员。大多数组织的安全团队都面临人员短缺，每个人都承担着多项职责的问题，计划渗透测试演习依赖于内部分析人员的时间安排，这导致演习频率为一年一次或两次。如果渗透测试演习一年计划两次，通常会是一次大范围的和一次小范围的。而且人工渗透测试只能提供大型组织 IT 基础设施在某个时刻的快照，在快速变化的 IT 环境中，演习无法有效地发现重要漏洞。

由于变量太多，为控制成本，在渗透测试时，企业常常把基础设施按优先级分类。单次渗透测试演习的成本，根据范围不同，常常在 1 万美元到 10 万美元之间。除成本之外，渗透测试演习的主要顾虑是可能破坏生产环境。渗透测试具有攻击性，因为它采用和真正攻击类似的技术。人工渗透测试演习可能破坏系统、导致关键业务系统下线和意外暴露敏感信息。也就是说，渗透测试一旦出错，将变成业务破坏者。下线脆弱的基础设施，可能出现几小时的宕机时间，这除了会产生重建受影响的系统的费用，还会导致严重的服务中断，减少收入。例如，在某组织中进行人工渗透测试时出现一次服务中断，导致物流服务中断 2.5 小时，仅系统本身的损失就达到 10 万欧元每小时，一些更小的系统同样受到影响，这也增加了整体费用。

演习时，渗透测试人员收集多少数据取决于演习范围，而整理、分析和展示数据的工作，则需要 2～7 天才能完成。此外，如前文所述，一次渗透测试演习只能覆盖组织 IT 基础设施的一部分。因此，安全团队只能得到庞大 IT 基础设施中子系统的片段快照。快照生成后，每个网络仍然会持续发展，整体的安全态势也是如此。安全团队根据演习后的报告，需要花费最多 6 个月的时间来检查和修复发现的问题，等安全团队完成修复，整个 IT 环境已经完全不同了。

4.11.2　云渗透测试

大多数企业都遵循类似的安全防护模式：只要攻击者调整攻击技术，防御者就必须重新考虑安全策略。如今，随着云环境攻击面不断扩大，企业不得不扛起自身云基础设施安全的压力。很多企业依靠渗透测试来找出存在于自身系统中的安全漏洞，但这一过程并不是一成不变的。面对传统的数据中心，渗透测试人员主要关心的是获取网络设备访问权限，透过 TCP/IP 网络突破防御边界，最终触及数据库等企业宝贵资产。

渗透测试在云环境的发展有点滞后了。一是系统攻击面发生了变化。由于将重点放在数据中心技术而非云策略上，渗透测试人员往往错过了很多云漏洞。二是合规框架未囊括安全漏洞，DevOps 团队和安全团队也没识别出安全漏洞。三是安全缺陷往往只有放在整个环境中才会显露出来，所以不了解全局就有可能漏掉这些缺陷。

以 Uber 数据泄露事件为例。这起发生在 2016 年的网络安全事件导致全球约 5700 万用户和美国约 60 万名司机的个人信息泄露，其原因据称是攻击者盗取凭证，获取了 Uber 在 GitHub 上的私有代码，并从中挖掘出了硬编码到代码中的 AWS S3 存储桶登录凭证，然后攻击者就利用这些凭证登录 Uber 的 AWS 账户并下载用户数据文件了。

对攻击者而言，利用目标在使用的多个云服务来跨越边界并不是罕见的攻击手法。攻击者不利用网络和操作系统漏洞，是因为他们不靠此类漏洞就能入侵云环境。攻击者突破云环境通常是利用架构性问题或流程问题，而不是存在漏洞的软件库。虽然这些问题（架构或流程问题）在云端确实存在，但相比数据中心环境还不那么常见。云环境中的很多渗透测试都是依赖四处收集信息并拼凑内容来形成攻击并导致数据泄露的。

在传统攻击模式中，攻击者选好目标后再查找或制造漏洞来形成数据泄露，但云环境中的数据泄露大多不是这个方式。即便是重大攻击也往往会采用全新的模式：攻击者利用自动化技术查找漏洞（通常是云资源 API 错误配置），然后选择要突破的目标。

无论是 AWS S3 存储桶还是自己的存储方式，一旦推上云端并做好配置，都有可能被攻击者探测有无错误配置和漏洞，并在数分钟之内被找到云资源。

4.11.3　紫队

以银行客户为例，不管是针对大型国际机构还是本地社区分支，攻击者不断采用新方法去绕过银行的防御。他们不仅使用暴力攻击，还常常使用合法工具，模仿真实用户行为，很难被检测到。

虽然金融行业不是遭受攻击最多的行业，但每次被攻击产生的损失远远大于其他行业。攻击者对信用卡号码和安全号码比对用户名和密码更加渴望。银行努力保护它们的客户和重要资产，使用工具帮助它们的安全人员更好地弥补自身防御能力与攻击者攻击能力之间的差距。事实上，银行是早期的最新安全防御技术和工具的采用者，非常关心把最先进的技术和工具放到合适的地方。

如果银行位于网络安全的前线，部署所有最新的安全控制、策略和流程，那么它们为什么仍然容易受到攻击？答案很简单：它们没有从攻击者的角度来看待自己的网络和资产。

为什么银行落后于罪犯？ 虽然银行花费大量精力处理简单的钓鱼和僵尸网络攻击，但它们已经变成 APT 威胁的头号目标。相比从银行账户中骗取几百美元，有组织的网络犯罪集团有更大的目标，他们有时间和工具去攻破保护最严密的银行。在 SWIFT 案例中，根据警方报告，攻击者"在一个客户的内网，花费几个月，使用软件记录计算机键盘输入和截屏，偷取用户的凭证，监控银行的操作，为最终的攻击做准备"。他们不要求得到快速的回报，他们有耐心和毅力，直到最有效的一击。

解决方案：以攻击者的角度检视安全。 为了回击，银行需要像攻击者那样思考。一些银行使用渗透测试、红蓝对抗来评估网络的安全。然而，使用这种类型的测试，因为成本和人力问题，红队和蓝队经常彼此分离，所以不能用于判定银行在真实环境中的防御水平。这也导致银行安全能力停滞不前，因为两个团队无法响应和适应对方的工作。

一个方案是把红队和蓝队的功能结合到单一自动化"紫队"中。紫队是指在网络实战攻防演习中，以组织方角色，开展演习的整体组织协调工作，负责演习组织、过程监控、技术指导、应急保障、演习总结、技术措施与策略优化建议等工作。紫队组织红队对实际环境实施攻击，组织蓝队实施防守，目的是通过演习检验组织的安全威胁应对能力、攻击事件检测发现能力、事件分析研判能力和事件响应处置能力，提升被检验组织的安全实战能力。自动化紫队就是使用自动化的方式来组织攻防演练。

自动化紫队是在整个网络内，从入侵点到关键资产，模拟、验证和修复最新的威胁。它涵盖了渗透测试的最佳实践和主动防御，避免了高成本和人力错误的缺点，还能够检测到已知的安全漏洞和攻击者可能利用的 IT 问题。例如尚未更新的软件（包含安全漏洞）、存储在共享磁盘的未加密的密钥等。一旦发现攻击手段，则介入防御措施，分析攻击数据，根据策略优先考虑修复动作。现在大多数银行使用某种自动化，但不是在 BAS 方面。BAS 是一个相对新的工具种类，旨在帮助组织在没有风险的环境中，通过自动化的攻防演练来验证网络安全性。

入侵网络的新机会不断出现，网络犯罪产生的损失持续走高，银行必须花费更多的精力去缓解风险，减少网络威胁。建立自动化威胁狩猎团队持续测试安全是一个有效的方法，它可以挖掘安全弱点，扭转针对金融行业进行有组织犯罪的形势。

4.11.4 自动化 BAS

自动化 BAS 工具经过验证是人工渗透测试演习的有效替代方案。自动化 BAS 工具通过持续对企业 IT 基础设施实施渗透测试来帮助企业改善安全状况，它类似真正的攻击者，但避免了对关键业务系统的破坏。从长远来看，自动化 BAS 工具在未来信息安全市场，具有极大的潜力。自动化 BAS 工具能自动发现组织网络防御中的漏洞，类似于连续、自动的渗透测试，有的工具还能建议并优先考虑修复动作，以最大程度地为安全人员争取时间并最大程度地降低网络风险。相比传统的漏洞管理工具，自动化 BAS 工具能更好地适应云的动态特性。

在实际应用过程中，自动化 BAS 工具不仅能识别威胁并列出可能的损害，还能提供基于优先级的缓解指南。自动化 BAS 工具帮助企业跟上网络攻击者的入侵方法变化，持续发展企业网络安全。自动化 BAS 工具随时监控系统，但不会把系统下线，它们可以识别以前无法发现的漏洞，绘制关键资产的多个攻击路径，不需要中断重要生产环境的运行。自动化 BAS 工具的持续扫描可以让安全团队实时把握组织的安全"脉搏"。一个高级的自动化 BAS 工具应该具备绘制暴露的终端、服务器或系统的功能，让安全团队能够很容易地理解任何终端和业务系统的所有漏洞攻击路径。这让安全团队能做到只要漏洞出现就修复，从而让系统保持一个高水平的安全。

自动化 BAS 工具要求最少的人力参与。我们可以将一个基于云的代理安装在终端上以发现漏洞，并持续实时地向安全团队更新漏洞信息。高级自动化 BAS 工具可以通过仪表盘推荐后续修复动作，并和安全信息与事件管理（Security Information Event Management，SIEM）或安全编排自动化与响应（Security Orchestration Automation and Response，SOAR）集成到一起。

无论网络的规模和复杂性如何，自动化 BAS 工具都可以帮助企业扩展安全态势评估。除了最初的工具，企业不需要在外部的安全评估上花费额外的费用。在整个网络基础设施中，自动化 BAS 工具能够持续执行安全风险评估，完成和每年需要几百万美元人工渗透测试同样的任务。

4.11.5　有效的 BAS

BAS 允许组织测试其防御攻击时的生存能力。在确定了最关键的资产后，这些模拟允许真实环境工具 7×24 小时安全运行。一旦发现安全问题，BAS 将进行威胁排序，推荐修复动作，保证有风险的环境及时得到保护。

有效 BAS 的 7 个关键特征如下。

- 全自动化 APT 模拟。人工 APT 测试在威胁发展如此快的情况下是无效的，大多数网络的动态机制导致人工方法有很多基本缺陷。
- 安全问题优先修复。BAS 给用户提供即时反馈，包括哪个安全问题是最迫切且需要立即修复的。
- 实时可视化。BAS 可以绘制出网络入侵路径，给用户提供"看见"攻击的能力。
- 架构灵活。在本地或在云上，高级 BAS 都能满足需求。
- 实现有效隔离攻击。优先保证生产环境中网络的安全性，在 BAS 安全运行时不会造成影响。
- 实施和使用简单。正确的 BAS 将会最小化与人工错误有关的风险，让测试更有效率。
- 比单独的安全验证更有现实意义。除了简单的测试控制，BAS 实现了真正的攻击路径和横向移动的可视化。

4.11.6　XM Cyber

XM Cyber 提供第一个全自动 BAS 平台，该平台可以持续暴露攻击手段，覆盖范围从入侵点到组织的关键资产。XM Cyber 的 BAS 平台是一个独特的、基于云的自动化 BAS 平台，能模仿对终端的网络攻击来发现安全漏洞，并且不会影响企业 IT 系统的安全性、准确性或业务连续性，它包括两个引擎，红队引擎持续模拟复杂网络攻击技术，发现企业 IT 基础设施中的弱点；蓝队引擎分析红队引擎发现的攻击手段，帮助企业排序修复步骤。针对客户定义的目标资产，红队引擎执行大量的攻击场景，并在系统上持续运行，给客户提供修复排序报告。

平台有多个预定义攻击场景，例如客户数据、网络优势、IT/OT 集成、财务服务器保护、企业知识产权。仪表盘把网络中每个终端展示为网络地图上的一个图标。模拟开始后会很快发现一些终端存在可利用的漏洞，随着模拟的进行，使用不同的攻击技术，尝试多种攻击路径，将会发现更多有漏洞的终端。然后以每个漏洞为支点，使用每条路径，尝试到达定义的关键资产。

XM Cyber 的 BAS 平台模拟真实的攻击者，在网络中侦察，最后进入安全区域。在模拟的最后，企业能够查看被入侵的关键资产数量，跟踪每个攻击手段和成功入侵的路径，决定是否部署一个或更多的检查点，以保护安全区域。

蓝队引擎在建议修复动作优先级时，考虑资产的重要性和影响的严重性。例如，一台被入侵的服务器也许有一个比较小的漏洞（例如 CVE 漏洞库中风险级别比较低的漏洞）。然而，通过拿到服务器上的授权凭证，攻击者也许能在整个网络中横向移动，并到达关键资产。在这种场景下，安全团队能够最大化他们修复措施的效率，这对资源受限的组织非常重要。这种整体分析的能力要求 BAS 平台从攻击者角度对企业网络有全面了解。XM Cyber 的 BAS 平台在充分理解客户网络的前提下，能提供可操作的、具体的修复建议，快速提升客户网络的安全性。

4.12 以安全为中心的流量分析

网络攻击的不断增加，要求网络流量分析（Network Traffic Analysis，NTA）除了监控延迟、服务可用性等，还要关注安全方面，特别是在面对加密流量分析、检测易受攻击的协议和密码、可视化可能造成严重问题的 IoT 设备（如标记阅读器）、实时识别威胁和可疑事件等新的挑战时。

4.12.1 网络安全监控需求

网络安全监控的需求如下：
- 分布式监控平台（网络边缘流量监控和集中分析）；
- 深度网络流量剖析，同时检测加密流量，这种需求越来越流行；
- 解读流量监控数据，从原始信号中发现问题并创建警报，触发可能的操作来解决问题；
- 以开放的格式向多个消费者/用户导出监控信息。

4.12.2 DPI

深度包检测（Deep Packet Inspection，DPI）是对数据包负载进行实时分析的一类技术的总称，它的其中一种应用是对流量进行分类。

在互联网发展的早期，每一种协议或者应用都和一个端口关联。例如，HTTP 对应 80 端口。但是，端口和协议的关联并不是强制性的，只是大家达成的共识。后来，许多新出现的协议都没有再和一个固定的端口关联，有的协议为了绕过防火墙的管控，会直接使用 HTTP 来传输。在对网络进行监控和管理时，识别当前流量中有哪些应用和协议，以采取进一步动作——记录日志或者阻断连接——变成了一件非常困难的事情。为了识别流量的类型，DPI 应运而生，它有 3 种基本的实现思路。

- 基于特征的方式主要是使用模式匹配来识别协议中的关键字，例如通过 GET/POST 关键字来识别 HTTP。
- 基于语义的方式主要是通过尝试不同的协议规范来解码数据包，从而判断它属于哪一种协议。协议又可以分为不同层级，因为有些协议是借助其他协议来传输的。例如，许多 P2P 通常会使用 HTTP。
- 基于统计的方式主要是针对加密数据，它能被观测到的信息只有数据包数、大小以及建立加密连接的过程和其中的参数，可以通过统计这些数据判断协议类型。

OpenDPI 是使用 C 语言开发的开源 DPI 库，它由以下两个部分组成。

- 核心部分负责处理数据包，例如解析 IP 层、TCP/UDP 层，然后提取出 IP 地址、端口等基本信息。
- 插件部分每个插件对应一个解码器，负责解析对应的协议。

OpenDPI 存在以下问题。

- 每一次检测协议时，即使可以通过端口来猜测协议类型，OpenDPI 仍会尝试使用所有的解码器来解码。
- 代码并不是可重用的，因此在多线程的程序中使用会有些困难。OpenDPI 不支持从分析流量中提取元数据信息，也不支持运行时配置。

4.12.3　基于 nDPI 的流量处理

nDPI 是基于 OpenDPI 修改，主要有两个比较大的改动。

- 可通过端口来猜测真实的协议。假设大部分协议仍然是和端口有关系的，那么只有当使用和端口关联的协议解码器解码失败时，才会像 OpenDPI 那样尝试所有其他的解码器，直到解码成功。
- 可配置。通过配置文件声明端口和协议以及关键字和协议之间的关系，在解码时优先使用端口或者关键字对应的解码器。

下面对 nDPI 的流量处理技术进行阐述。

1. nDPI 的协议识别流程

（1）nDPI 解码数据包的网络层、传输层部分；

（2）如果有已注册的和数据包协议、端口相对应的解码器，则先尝试使用这个解码器；

（3）如果没有匹配，会尝试使用已注册的和数据包协议（如 UDP）相关的所有解码器。当一个解码器失败时，有两种情况，是真的失败了还是需要更多的数据包。当数据包到来时，后一种情况会继续尝试解码；

（4）只有某一个解码器匹配了，协议识别才会结束。

2. nDPI 的协议识别原理

通常来说，nDPI 只要分析了前 8 个数据包，就能够识别出协议类型。从设计上来看，如果不能依靠端口猜测出真实的协议类型，性能开销将会是比较大的。因为这时 nDPI 会像 OpenDPI 那样尝试每一个解码器，依据的也仅仅是这些解码器注册的顺序。

3. nProbe 基于 nDPI 的流统计方法

在 nDPI 的基础上，nProbe 可以进行流统计，包括：

- 对应用层的协议包流量进行解码检测，例如查询谷歌地图所返回的数据包；
- 分析加密的流量，以检测隐藏的有效载荷内容的问题；
- 从选定的协议（如 DNS、HTTP、TLS 等）中提取元数据，并与已知的算法进行匹配，以检测特定的威胁（如恶意软件利用域名生成算法感染主机）。

4. nDPI 能识别的流量风险

nDPI 能识别的流量风险有跨站脚本攻击、SQL 注入、任意代码注入/执行、二进制/.exe 应用传输非标准端口上的已知协议（如在 HTTP 中）、TLS 自签名证书、TLS 版本过时、TLS 弱密码、TLS 证书过期、TLS 证书不匹配、HTTP 可疑用户代理、HTTP 连接的数字 IP 主机、HTTP 可疑 URL、HTTP 可疑协议报头、TLS 连接未携带 HTTPS（如 TLS 上的 VPN）、可疑的域名连接、畸形数据包、SSH/SMB（Server Message Block，服务器信息块）过时的协议/应用版本、TLS 可疑的 ESNI（Encrypted Server Name Indication，加密服务器名称指示）使用、使用不安全的协议。

5. 基于 nProbe 的数据采集器 ntopng 的流量合并与关联分析

nProbe 是一个面向流的探针，用于监控边缘的流量，而 ntopng 是一个数据采集器，用于关联来自分布式探针的信号。ntopng 可以在主机、网络接口等层面进行内部流（intra-flow）关联，以发现更高层次的威胁；可以为检测到的问题提供可操作性见解；可以将基于网络的报告导出到外部系统。

4.12.4 应用场景

围绕安全的流量分析技术可以应用在广泛的安全分析场景中，例如：

- 在噪声流量中搜索"老鼠"流的场景下，低带宽的周期性连接可能会掩盖某些周期性任务，导致僵尸网络命令的执行和未经授权的监控行为；
- 在工业 IoT/SCADA 监控场景下，nDPI 支持一些流行 IoT/SCADA 协议，包括 modbus、DNP3 和 IEC 60870，其中 IEC 60870 可以用来检测遥测地址未知、丢失和恢复连接、丢失来自远程系统的数据等问题。

4.12.5 云原生安全网格平台

CSMA（Cyber Security Mesh Architecture，网络安全网格架构）是 Gartner 提出来的一套网络

安全网格架构。提出 CSMA 的背景是，网络变得更加复杂和分散，导致安全问题蔓延，管理变得复杂，可见性被割裂，组织有效应对威胁的能力被限制，这让组织发现并及时应对威胁变得愈发困难。据调查，平均每个企业在自己的网络上部署了多达 45 个安全解决方案，使得任何形式的集中管理都几乎无法实现，而检测和响应网络安全事件需要其中的 19 个工具协作，这导致每次设备升级时都需要不断维护和重新配置。

攻击者在不断利用这种复杂和分散的环境自然产生的"孤岛"、复杂性和可见性差距。所以 Gartner 的 CSMA 被列入 2022 年网络安全重要趋势。

1. 网络安全网格平台

企业不只需要一个能控制其分散的基础设施和部署的统一架构，更需要一个能够安全、直接地部署新技术和服务的系统，需要一个全面覆盖、深度集成和动态协同的"网络安全网格平台"，提供集中管理和可见性，支持技术和服务在一个庞大的解决方案生态系统中协同运行，以自动适应网络中的动态变化。

Gartner 认为，到 2024 年，采用 CSMA 将安全工具整合为一个协同生态系统的组织，可以平均降低 90%在财务上遭受安全事件的影响。

2. 基于流量探针实现 CSMA

目前业界已经出现一些用于实现 CSMA 的技术，基于流量探针的方式是其中一种比较理想的方法，其闭环逻辑如图 4-15 所示。

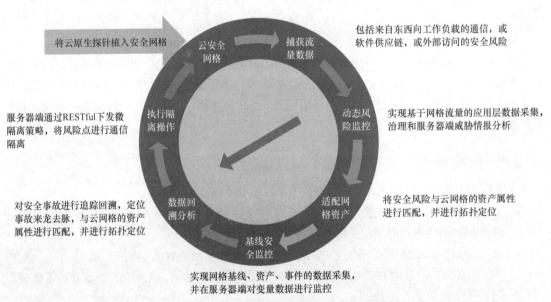

图 4-15   基于流量探针实现 CSMA 的闭环逻辑

云原生安全网格平台（Cloud-native Security Mesh Platform，CSMP）是 CSMA 的产品化体现，如图 4-16 所示，它包括前端探针 CSMP Probe 和后端平台 CSMP SOC 两个组件。

- 前端探针 CSMP Probe 共有两种：UniProbe 应用数据治理探针和 UniScan 基线与事件采集探针（可选）。
- 后端平台 CSMP SOC，具备完整的威胁情报分析能力，并兼具资产适配、探针管理和微隔离策略下发的功能。

图 4-16　CSMP 架构

基于流量探针实现的 CSMP 具有如下优势和特点。

- 数据治理能力。以非导流和旁路的方法，无盲点地实现了应用层（HTTP/URL/DNS/SQL）上下报文（XML/JSON/HTML）的解析能力；结合服务器端的威胁情报，完美地实现了对工作负载的动态风险检测。
- 完整的闭环监控逻辑。从网格一侧的应用层数据采集和治理、基线采集，到服务器端的异常预警、情报化分析、事故数据回溯和微隔离响应，一个平台完成了对安全风险的全生命周期监控。
- 云原生安全。探针采用 C 语言编写，使用用户态进程，并实现链接库重构、封装，确保与操作系统和业务的完全解耦；支持 K8s 自动化部署；支持对公有云虚拟机/Pod、私有云 HostOS/Pod、SDN 节点的部署。
- 兼具成熟度与先进性。在保证探针先进性的同时，服务器端采用高成熟度的态势感知完善和优化平台，确保了平台整体的稳定性和可靠性，有效避免了重复"造轮子"。

4.13　混沌工程

混沌工程通常在生产环境中引入随机故障，以了解应用如何处理碰到的不利条件。目前 Netflix 等公司已经在混沌工程方面取得很多实践经验，混沌工程让开发团队理解常见的故障类型，并在代码中构建优雅的故障恢复机制。

4.13.1　生产环境中的问题

云原生运维过程中出现的生产故障包括邻近的故障转移、查询崩溃、重试风暴、资源耗尽、资源限制、启动时间过长、依赖失效等。云原生运维过程中的难题如下：

- 引入微服务架构后网络问题故障点增多；
- 云服务出现问题造成服务停止等对业务产生影响；
- 故障定位耗时长，故障 MTTR 变长；
- 服务架构复杂，出现级联故障及故障蔓延情况；
- 可视化监控与运维体系不健全；
- 云服务灾备过程中发生停顿等情况对业务产生影响。

目前应急演练和高可用测试存在的问题如下：

- 演练过程靠人工执行，耗时较长；
- 演练过程无法直观感受、无法保存和审计；
- 演练需要大量人员参与，业务、数据库、中间件、系统运维等人员均需在场；
- 演练无防护机制，演练出现"误伤"将导致额外开销。

为了应对云原生运维过程中碰到的各种难题，以及弥补目前的应急演练和高可用测试的不足，我们有必要引入混沌工程来提升系统容错性，建立系统抵御生产环境中发生不可预知问题的信心，具体做法如下：

- 开展容灾架构验证工作，包括主备切换、负载均衡、流量调度等；
- 验证预案的有效性，验证故障发现和故障恢复的有效性；
- 验证监控告警的有效性和整理无效告警；
- 验证故障复现和改进方案，闭环曾经发生的故障和整改后的效果；
- 故障检测、预测和定位，训练自愈模型；
- 开展故障突袭和联合演练，锤炼团队面对故障的应急能力，提升 DevOps 能力；
- 验证云原生部署和编排的合理性。

4.13.2 实施混沌工程的原则

实施混沌工程的原则如下。

- 建立一个围绕稳定状态行为的假设。我们应关注可测量输出，而不是系统内部属性；应根据短时间内的度量结果判断系统的稳定状态；应验证系统是否工作，而不是如何工作。
- 多样化真实世界的事件。混沌变量反映了现实世界中的事件，它通过潜在影响或预估频率排定事件的优先级，任何能够破坏稳态的事件都是混沌实验中的一个潜在变量。
- 在生产环境中进行混沌实验。系统的行为会根据环境和流量模式的不同而不同，为了保证系统执行方式的真实性与当前部署系统的相关性，强烈推荐直接采用生产环境流量进行混沌实验。
- 持续自动化运行实验。人工执行混沌实验是劳动密集型的，是不可持续的，所以我们要把实验自动化并持续运行。混沌工程要在系统中构建自动化的编排和分析能力。
- 最小化爆炸半径。在生产中进行实验可能会造成不必要的客户投诉，但混沌工程师的责任和义务是考虑这个问题并确保对业务的影响最小化。

4.13.3 混沌工程测试平台能力

混沌工程提供了一种端到端稳定性测试理念与工具框架，通过主动引入故障来充分验证系统的脆弱性，以提前发现和解决问题，防患于未然。混沌工程的实验目标是实现韧性设计，而韧性设计恰恰是云原生应用的特性，混沌工程不是云原生特有，但是云原生时代的必需。2012 年以来，Netflix 陆续开源了 Chaos Monkey 系列工具框架，促进了混沌工程领域的蓬勃发展。而国内企业上云同样要引入混沌工程，以提前发现和解决问题，从而在设计与实现上规避风险，提高系统弹性与韧性，持续交付高质量应用。

根据信通院发布的《混沌工程实践指南（2021 年）》，混沌工程测试平台在结构上有较高的一致性，主要由用户界面、任务调度模块、扰动注入介质、监控告警系统、测试模型库 5 部分组成。

- 用户界面。用户界面提供各类混沌工程实验任务的编排和配置服务，借助演练流程编排面板，用户可以便捷地管理各类混沌工程实验任务；混沌工程实验开始实施后，用户可通过任务进度条、服务器指标展示图等实时查看实验进度和系统指标情况；混沌工程实验执行结束后，用户界面中会展示相关指标，生成混沌工程实验报告。
- 任务调度模块。任务调度模块负责用户界面和扰动注入介质之间的交互，核心功能是实现混沌工程实验任务的批量下发和调度，该模块可以批量下发各类混沌工程实验任务。
- 扰动注入介质。扰动注入介质负责接收任务调度模块下发的扰动注入任务，实现相应的扰动注入事件，并反馈扰动注入任务的执行状态。
- 监控告警系统。监控告警系统负责记录和管理系统产生的所有数据，生成告警和相关统计并反馈到用户界面。
- 测试模型库。测试模型库包含混沌工程师根据平时混沌工程实验总结得到的测试模型，基于测试模型库，用户可以根据演练场景自动关联对应的扰动注入事件，并为用户提供一键生成混沌工程实验流程的功能。

4.13.4 混沌工程工具

混沌工程工具的种类繁多，其适用的环境各有不同，如云平台环境、传统操作系统或特定应用等，扰动注入的种类也各有侧重。86%的混沌工程工具都是以开源项目的形式开发并发布的。常见混沌工程工具相关信息如表 4-3 所示。

表 4-3 常见混沌工程工具相关信息

工具名称	最新版本	主要构建语言	涉及场景	特定依赖
orchestrator	3.1.1	Go	MySQL 集群故障	无
chaostoolkit	1.2.0	Python	可集成多个 IaaS 或 PaaS 平台，可使用多个扰动注入工具定制，可与多个监控平台合作观测和记录指标信息	通过插件形式支持各种云和容器平台等基础设施，如 AWS、Azure、K8s、Cloud Foundry 等
PowerfulSeal	2.0	Python	终止 K8s 或 Pod，终止容器，终止虚拟机	依赖 SSH

续表

工具名称	最新版本	主要构建语言	涉及场景	特定依赖
toxiproxy	2.1.4	Go	网络代理故障，网络故障	无
Pumba	0.6.4	Go	停止和删除容器，暂停容器内进程，网络延迟，网络丢包，网络带宽限流	依赖 Docker
Chaos Mesh	2.0	Go	实验框架，实现系统资源、网络、应用等层面的多种故障注入	依赖 K8s 集群
Chaos Blade	0.4.0	Go	实验框架，实现系统资源、网络、应用等层面的多种故障注入	无

4.14　网络安全演练

随着网络空间安全环境的不断恶化，近年来各级监管部门及企业自身均加强了对网络安全的实战要求。对于企业，安全演练既是一次对其网络安全建设的考核，也是一个发现自身安全建设短板的机会。在借助混沌工程及相关工具进行网络安全演练的时候，通常会碰到如下问题。

- 攻击手段层出不穷，边界防线易于突破。近年来，攻击者的攻击手段不断升级，导致尽管网络边界安全防护手段有所加强，攻击者仍然可以进入内网，而目前多数用户的数据中心内部未进行较细的安全域划分，缺乏充分的访问控制手段，攻击者一旦进入内网，即可自由地横向移动和渗透，很难被发现和阻止。
- 低级别资产到高级别资产的横向移动。从内网的各类安全事件来看，由于未将重要资产和次要资产进行合理划分，因此内部安全存在两大"短板"：一是攻击者入侵各地分支机构网络后往往可以直接攻击总部，二是一台被入侵的边缘设备或系统可作为跳板攻击同区域其他主机甚至攻击核心业务系统。
- 内部攻击面过大。内部服务器存在较多无用端口开放的情况，内部较大的安全域划分和网段式的访问控制策略，均导致了内部攻击面过大。

为了应对上述问题，我们可以采用微隔离技术。

- 演练前：部署微隔离相关平台后，利用 3~4 周时间自动学习业务流量，然后根据业务实际的访问情况，生成业务流白名单，建立业务流基线，并配置安全策略；导出每个工作负载端口的开放及使用情况，建立端口台账，关闭无用端口。
- 演练中：根据资产重要程度或业务信息，细分内网服务器（虚拟机）的安全域；在网络层直接关闭或阻断高危端口、异常来源 IP 地址等，防止攻击者进入网络后，在数据中心内部横向移动；对于偏离基线的连接进行告警。
- 演练后：根据防守结果，结合业务流量拓扑，找出攻击者攻击路径，调整安全策略。

4.15 全链路压力测试

微服务架构的诞生，克服了单体应用的复杂性和不灵活性，但也带来了服务治理的难度。不论是运行在传统的虚拟机上还是主流的云原生模式下，任何一个服务和实例的性能都将对整体稳定性造成影响。因此，传统的性能测试方法、技术和工具难以解决测试环境搭建难、全链路覆盖度低和问题定位成本高的问题，更无法支撑快速迭代下的持续性能测试交付需求。

4.15.1 性能测试的新挑战

在云原生场景下，性能测试面临新的挑战，我们需要实现性能测试常态化，构建性能基线，并通过服务的方式与 DevOps 流水线实现无缝对接，在面向单接口进行性能测试的同时，还要进行链路性能测试。

实现性能测试服务化所依赖的几个关键步骤如下。

- 生成测试数据。我们需要通过流量录制的方式来生成大量测试数据，从而最大程度地模拟实际用户并发的场景。
- 准备测试环境。我们需要限制在应用或者接口范围内的性能测试，通过服务虚拟化技术来实现被测服务和依赖服务的隔离，长链路的性能测试则需要通过服务依赖关系来建立整套被测环境。
- 调度测试资源。在模拟大流量和多并发的场景时，我们需要较多的机器资源，合理调度机器资源能够在满足需求的同时将成本控制到最低。
- 隔离测试数据。在生产环境进行性能测试时，我们需要通过数据染色和构建影子库等方式来实现测试数据与实际业务数据的隔离，以避免对系统造成影响。

性能测试服务化能够极大地提升业务稳定性，快速地排查性能问题，通过结果分析给出性能优化建议，实现合理的容量评估。

4.15.2 全链路压力测试技术

传统压力测试难以真实模拟出生产环境的软硬件条件，如果建设完全仿真的压力测试环境，所付出的资源成本将是巨大的。在真实的业务高峰下，每个系统的压力都比较大，系统之间相互依赖，其整体性能表现也会变得更加复杂，因此传统压力测试存在一定的局限性。全链路压力测试技术直接利用生产的软硬件资源，通过模拟全链路真实的业务场景流量，得到仿真度极高的容量评估结果。同时，全链路压力测试技术借助全链路风险防控涉及的流量调度与风险隔离等技术，避免了对生产数据的污染，并一定程度上控制了由压力测试导致的故障。

- 流量调度。全链路流量调度技术是指通过全国或全球多地域模拟机器向生产系统施加压力，在压力测试过程中对生产系统健康度进行实时监控，以快速识别压力测试对生产业务带来的风险，并立即做出流量调节或熔断决策。多地域流量模拟的目的在于增加压力测试流量来源的仿真度，但无法保证流量的真实性。目前行业内采用流量录制技术实现流量的真实性，通常应用于只读类业务场景。

- 风险隔离。如果将压力测试工具模拟或录制回放的流量放入生产环境中，与真实业务流量同环境运行，必然会造成相互干扰等影响。因此需要对压力测试流量与真实业务流量的身份进行标记，通过流量身份识别实现全链路上的数据、日志、消息等的安全隔离。

4.15.3 监控分析技术

OpenTelemetry 是监控/可观测性领域实现异构监控统一标准化的主流开源项目，它是谷歌的 OpenCensus 和 CNCF 中 OpenTracing 的融合，由 CNCF 管理。OpenTelemetry 提供可观测性领域的标准化方案，解决观测数据的模型、采集、处理、导出等的标准化问题，提供与第三方供应商无关的服务。OpenTelemetry 由一组 API、库以及基于代理和采集器的采集机制组成，这些组件用于生成、采集和描述有关分布式系统的遥测。对于每种支持的语言，它提供了一组 API、库和数据规范，开发人员可以使用他们认为合适的任何组件。OpenTelemetry 结合同为 CNCF 项目的 Prometheus、Jaeger 和 Fluentd，融合 Trace（链路）、Merics（指标）和 Log（日志）三大领域的技术，可实现问题或故障源的快速定位。

4.15.4 开源全链路压力测试平台 Takin

Takin 是基于 Java 的开源全链路压力测试系统，它可以在无业务代码侵入的情况下，嵌入各个应用程序节点，实现在生产环境中的全链路性能测试，适用于复杂的微服务架构系统。Takin 具备以下 4 个特点。

- 无业务代码侵入：在接入环境、采集数据和实现业务逻辑控制时，不需要修改任何业务代码。
- 隔离数据：可以在不污染生产环境数据和日志的情况下实施性能测试，可以在生产环境中对写类型接口直接进行性能测试。
- 治理链路：能够帮助业务和微服务架构分析业务链路，以技术方式获得功能视角的链路信息。
- 定位性能瓶颈：性能测试结果可以直接展现整个链路中存在性能瓶颈的微服务架构节点。

Takin 开源内容主要包括 3 个部分：探针、控制中台和大数据模块。在 Java 应用中植入探针，它能收集性能数据、控制测试流量的流向，将数据上报给大数据模块。大数据模块会进行一些实时计算并对数据进行存储。控制中台则负责这些业务流程的管理和展现。3 个部分各司其职，为业务提供无业务代码侵入的、常态化的生产环境全链路压力测试服务。

4.16 DevSecOps 平台建设方法

DevSecOps 所涉及的各个工具链，应与企业的 DevOps 平台进行整合。DevOps 本身就包含了多种多样的工具，如果再加上安全工具，无疑会增加工作复杂性，使得开发、运营和安全人员无从下手，进而导致 DevSecOps 无法真正落地。因此，完善的 DevSecOps 方案不是提供单个工具，而是提供统一平台，打通所需的各种安全工具或产品，并在其中内置最佳实践。

完善的 DevSecOps 平台，有助于降低 DevSecOps 入门成本，以高效的方式解决软件开发流程中的安全问题。

4.16.1 "一站式"能力建设

DevOps 理念是打通软件工程中各个由独立的团队和不同的软件工具共同实现的工作流，该理念在对企业文化、管理方式等"软实力"提出新要求的同时，也不断催促着市场打磨出能够提供相应的生产力和创造力的软件开发工具。集成度高、生态完整的工具链将成为这一领域未来大趋势，例如微软不断丰富其自有的一体化开发平台，并通过收购相关企业的方式来扩大其生态影响力，Jira 也不断完善其 DevOps 生态，提升为开发人员提供"一站式"服务的能力。

集成能力是 DevSecOps 平台的关键能力之一。安全工具要能融入 DevOps 生态环境，才有机会形成 DevSecOps。不同的企业使用不同的 DevOps 生态环境，尤其对于一些大型企业，其开发环境会更为复杂。安全工具如果不能集成到客户所需的环境下，那么就无法真正融入 DevOps 开发流程，使用也就无从谈起，即传统的开发安全工具和平台也需要向 DevSecOps 转型。

4.16.2 "云平台＋开源工具"的 DevSecOps 构建

企业构建 DevSecOps 平台的主要途径有 4 类。

- 公有云。公有云厂商提供的 DevOps 平台产品化程度高，部署快速便捷，企业如果采用公有云平台上的 DevOps 产品能够更加充分地利用云平台上其他资源，以搭建 DevSecOps 框架。目前，大量的企业选择从公有云厂商采购其提供的 DevOps 平台，而对代码安全性、保密性和定制化要求较高的企业则更倾向于以私有化建设的模式向私有云厂商购买DevOps咨询和平台搭建服务。

- 私有云。私有云厂商提供的 DevOps 平台能够更好地满足企业的定制化需求和安全需求，可以打造符合企业特殊需求的定制化产品生态。

- 二次开发。借助丰富的开源工具生态，企业能够二次开发，在获取一定程度的定制化的同时，以较低成本构建 DevSecOps 平台体系。主流国际开源社区（如 Apache）均有大量涉及 DevOps 的项目。具备相关专家人才和技术积累的企业也可能选择将主流的版本控制、构建等工具集成到 DevOps 流水线，以较低的成本满足企业基本的开发运营需求。主流开源安全工具经过多年市场验证，广受认可，一般可以以插件的形式接入 IT 厂商提供的 DevOps 平台，这让开发人员能继续使用长期以来习惯的工作环境，是目前国内主流的 DevSecOps 构建方法。

- 自研。自研工具难度较大，但如果仅开发 DevSecOps 流程管理等少量工具对大多数企业 IT 团队并非难事。对 DevOps 流程上各环节所用的安全工具进行独立的开发，再集成为一体化的 DevSecOps 平台，是少数国际 IT 巨头企业的选择。

4.16.3 构建 "黄金管道"

2018 年的 RSA 大会上出现了一个热词 "Golden Pipeline"(黄金管道),特指一套通过稳定的、可预期的、安全的方式自动化地进行应用持续集成/部署的软件流水线,如图 4-17 所示。相比复杂的双环模型,"黄金管道"为 DevSecOps 提供了一种便于理解和落地的实现方式,它包括了五大关键安全活动:RASP、"金门"、应用安全测试、SCA 和漏洞悬赏。

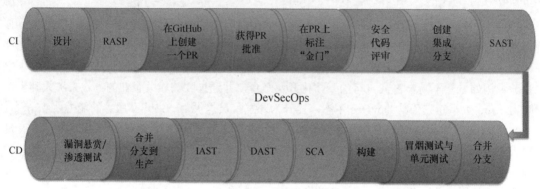

图 4-17 黄金管道

与传统 SDL 不同的是,除了持续部署后期的安全检测,其他阶段的安全工作通常由开发团队负责实现完全自动化。Golden Pipeline 整体流程的控制,可以通过类似 Jenkins 的持续集成平台完成非常精细的调度管理,如组合逻辑、时序等,从而实现高效稳定的持续运行。

下面简要介绍 Golden Pipeline 的关键安全活动。

* RASP。从代码设计开始,企业就应当引入 RASP 或者类似的安全设计。与传统 WAF 不同的是,由于了解应用程序上下文,RASP 可以完全掌握应用程序的输入输出,因此它可以根据具体的数据流定制合适的保护机制,从而非常精确地实时攻击识别和拦截。
* "金门"。将代码 PR(Pull Request,拉取请求)到云端(如 GitHub),由经验丰富的人员进行代码评判,反馈讨论之后,如果结果为通过,代码将通过 "Golden-Gate"进入真正的 Golden Pipeline。
* 应用安全测试。应用安全测试包括 SAST、DAST 和 IAST。通常在完成安全代码复查后,开发人员可以通过 Git 形成版本树。而对于预发布的版本,将会通过 CI 平台自动进行静态代码安全扫描流程(即 SAST)。
* SCA。CI 阶段结束,测试人员将进行常规的冒烟测试和单元测试。由于开源代码库已关联,可以在这个阶段通过任务调度自动引入第三方代码库扫描(即 SCA),并自动与权威漏洞库进行关联(绝大多数 SCA 平台都使用 NVD)。多数情况下,企业会选择在确认修复完成之后自动进行上线前的 DAST 和 IAST,以便充分发现应用和业务交互时存在的威胁。
* 漏洞悬赏。在最终发布之后,还需要采用渗透测试以及漏洞悬赏的方式检测遗漏的危险问题。漏洞悬赏作为 CD 阶段的最后一道防线,类似于国内近些年比较火爆的众测模式,白

帽子可以通过注册漏洞悬赏并进行实名认证的方式加入白帽子计划，单个漏洞奖金为数百到数万美元不等。

4.16.4　人工智能与 DevSecOps

人工智能和 DevOps 理念的结合可以分为两个部分。在运营侧，目前人工智能与运营工作的融合被称为"AIOps"，其核心是突破现有的以固定脚本规则来对系统运行状况进行监控的传统模式，将机器学习算法引入运维规则的设置，从而为不同企业、不同软件的运行智能地生成更有针对性的运维规则，提高问题识别的精准度、有效性，提高运维服务的质量并降低其成本。而在开发侧，人工智能的主要角色是通过大数据推导智能算法，提供更加优化的部署、交付和测试方案，进一步减少人工参与的场景，提高准确性和效率性，国外已有公司（如 Lambda Test）将人工智能算法融入测试过程，以提高测试效率、加速软件开发进程。

在 DevSecOps 平台的建设过程中，可在如下场景中考虑引入人工智能技术。

- 开发流程精简化。通过人工智能模型训练实现交付方案的简化，而不仅仅是将现有方案自动化。
- 部署发布自动化。虽然自动化一直以来都是 DevOps 的目标之一，但目前开发领域仍有很多人工流程，将开发结合人工智能能进一步提高自动化水平、提高开发效率。
- 运维规则智能化。现行运维流程基于固定的脚本规则，AIOps 致力于采用机器学习等算法动态优化运维规则，提高运维效率和准确性。
- 问题解决高效化。采用人工智能技术能更高效地进行问题识别和预防，为用户提供更好的运维效果和体验。

4.17　基于 GitLab 集成工具链实现 DevSecOps

GitLab 实现了一个自托管的 Git 项目仓库，我们可通过 GitLab 的 Web 界面访问公开的或者私人的项目。它拥有与 GitHub 类似的功能，包括浏览代码、管理缺陷和注释以及管理团队对仓库的访问，它提供了一个文件历史库，易于浏览提交过的版本。

极狐 GitLab 是一个一应俱全的一站式 DevOps 平台，它提供了与独立应用完全一致的使用体验，从根本上改变开发、运营和安全团队的协同工作方式。极狐 GitLab 专注于解决中国用户的需求，是 GitLab DevOps 平台的中国发行版。

4.17.1　GitLab 集成工具链实现安全的 DevOps

下面我们介绍如何基于 GitLab 的工具链实现安全的 DevOps，将安全最佳实践集成到 DevOps 工作流中，实现自动化的安全工作流，通过 GitLab 持续集成来执行各类安全测试，自动生成各类安全报告，并实现对安全报告的闭环管理。

极狐 GitLab 包含七大主要安全功能：容器镜像扫描、SAST、DAST、敏感信息检测、许可证合规、依赖项扫描和 API 模糊测试。安全能力覆盖软件开发全过程（从编码到上线运维），涵盖代码从静态（编码）到动态（运行上线）转变过程的安全保障，实现安全持续左移和安全持续自动化。

- 容器镜像扫描能够对应用环境中的容器镜像进行静态扫描，同时还能将报告嵌入合并请求中展示，或在安全的仪表盘中单独展示。
- SAST 对代码进行"白盒"扫描分析，找出已知的安全漏洞，并出具内容详细的漏洞报告。SAST 属于静态测试，往往应用在软件生命周期的开发或者构建阶段，越早发现安全问题，修复安全问题所需要的成本就越低。
- DAST 属于"黑盒"技术，它可以模拟攻击者的行为，来对软件进行模拟攻击，以发现潜在的安全漏洞。极狐 GitLab 能够进行被动和主动扫描，支持用 HTTP 凭据来测试密码保护部分，并最终出具漏洞报告。DAST 往往应用在测试阶段。
- 敏感信息检测可扫描代码仓库内容，找出那些不应该提交的敏感信息（例如无意提交的令牌、API 密钥等），它同样会出具检测报告。敏感信息检测能够防止被提交的敏感信息遭到泄露，降低系统被攻击的风险。
- 许可证合规能够扫描项目依赖项中包含的相关许可证，展示扫描信息，并对标记为拒绝或者新增的许可证进行标识。许可证是开源的法律武器，许可证合规能够让企业或个人避免陷入开源的法务纠纷。
- 依赖项扫描可以分析依赖项中的已知安全漏洞，并出具漏洞报告，以确保应用中依赖项的安全。
- API 模糊测试中，扫描工具可以向 API 发送随机输入来触发例外或崩溃，做进一步的"探索性"测试，以防范其他手段或者工具可能遗漏的漏洞。此功能和其他手段一起使用，将尽可能地发现应有的安全漏洞，大大降低漏洞漏检的概率。

下面我们介绍其中几个工具的集成及使用方法。

1. 容器镜像扫描

镜像扫描是比较容易做的，也是很容易集成到 CI/CD 管道里面的。镜像扫描常用的开源扫描工具有 Trivy、Anchore、Clair。扫描的步骤没有太大差别：提取镜像特征→和漏洞数据库（CVE、NVD 等）中的数据进行比对→出具漏洞报告。堆砌工具可能会导致维护成本增加，而极狐 GitLab 提供的开箱即用的镜像扫描功能只需简单配置即可使用，而且可以轻松集成到极狐 GitLab CI/CD 中。

GitLab 默认是集成了上述的 Trivy 和 Grype。我们简单了解一下这两款工具。

（1）Trivy 是一款用于扫描容器镜像、文件系统、Git 仓库和配置的工具。它的使用非常方便，以 macOS 为例，先使用如下命令进行安装：

```
$brew install aquasecurity/trivy/trivy
```

然后，查看版本来确定是否安装成功：

```
$trivy --version
Version: 0.19.2
```

最后，直接使用 trivy image-name 即可进行镜像扫描。

（2）Grype 是一款用于扫描容器镜像和文件系统的工具。它的使用方法也很简单，以 macOS 为例，先使用如下命令进行安装：

```
$brew tap anchore/grype
$brew install grype
```

然后，查看版本来确定是否安装成功：

```
$grype version
Application:          grype
Version:              0.17.0
BuildDate:            2021-08-25T21: 39: 11Z
GitCommit:            c6529822fabd537af8a1439fc6d1179a3632bf33
GitTreeState:         clean
Platform:             darwin/amd64
GoVersion:            go1.16.7
Compiler:             gc
Supported DB Schema: 3
```

最后，直接使用 grype image-name 即可进行镜像扫描。

2. SAST

众所周知，应用安全测试的自动化和集成对于构建真正的 DevSecOps 流程至关重要，其中自动化安全测试是容易实现的部分：调用安全扫描工具的 REST API 或管道内的命令行接口，就可以进行自动扫描。

理想状态是这种自动化安全扫描工具能够直接将扫描结果集成到 CI/CD 管道，以便进行安全的评估，无须离开原有的 CI/CD 管道，另行访问结果。

极狐 GitLab 通过集成一系列 SAST 工具来实现如下功能：

- 分析源代码找出已知安全漏洞；
- 自动对比源分支和目标分支的漏洞报告；
- 部署前就报告漏洞；
- 漏洞嵌入合并请求并展示。

根据语言和框架，可集成的工具如表 4-4 所示。

表 4-4　可集成的工具

语言/框架	扫描工具
Python（pip）	Bandit
Kubernetes Manifest	Kubesec
Helm Charts	Kubesec
Apex（Salesforce）	PMD
C/C++	Flawfinder
Elixir（Phoenix）	Sobelow
Go	Gosec

续表

语言/框架	扫描工具
Groovy、Java、Scala（Ant、Gradle、Maven 和 SBT）	SpotBugs 和 Find Security Bugs 插件
JavaScript、TypeScript	ESLint 安全插件
Node.js	NodeJsScan
PHP	phpcs-security-audit
.NET Core、.NET Framework	Security Code Scan
React	ESLint React 插件
Ruby on Rails	Brakeman

3. 敏感信息检测

在应用开发过程中，一个很常见的问题就是：开发人员为了本地调试方便，会硬编码一些信息，如连接数据库的用户名、密码、连接第三方 App 的令牌、证书等，如果在提交代码的时候没有及时删除硬编码的信息，则非常容易造成敏感信息泄露，带来被拖库、撞库等的风险。

因此，敏感信息管理是 DevSecOps 中一个非常重要的话题。虽然，敏感信息管理需要软件开发中的每一个人来负责，每一个人都要有安全意识，但是人总有疏忽犯错的时候，所以好的方式之一就是将敏感信息的检测集成到 CI/CD 管道，做到持续监测，而且能在开发人员提交代码的时候就进行，真正做到安全左移。

敏感信息检测的思路一般是：读取文件内容→根据定义规则进行内容匹配→出具检测报告。极狐 GitLab 的敏感信息检测是通过特定的分析器（analyzer）来完成的，而分析器的核心组件是开源的 Gitleaks。

Gitleaks 是一款开源的 SAST 工具，可以用于对硬编码的密码、API 密钥、令牌等敏感信息做检测。Gitleaks 具有安装容易、使用方便的特点。Gitleaks 的安装有多种方式，本文以 macOS 为例来演示，使用下面的命令即可在 macOS 上安装 Gitleaks：

```
$brew install gitleaks
```

我们可以使用 gitleaks -h 或者 gitleaks --version 来检查是否安装成功：

```
$gitleaks --version
7.6.1
```

Gitleaks 可以直接扫描本地文件，也可以直接扫描远端仓库。下面我们使用 Gitleaks 来扫描本地文件，先新建一个包含敏感信息的文件：

```
$cat > secret.txt <<  EOF
password="12232"
token="ADB#@DC"
EOF
```

然后，添加一个 gitleaks.toml 文件，写入匹配规则：

```
$cat > config.toml << EOF
title ="gitleaks config"
```

```
[[rules]]
description ="Password Type"
regex ='''[0-9]'''
tags = ["gitlab", "security"]
EOF
```

Gitleaks 的匹配规则是用 TOML 配置文件格式来定义的，详情可查看 Gitleaks 工具附带的规则描述文档。利用上述匹配规则，Gitleaks 能够对全部是数字的信息进行匹配，并且将其标记为敏感信息，我们可以用如下命令进行扫描检测：

```
$gitleaks --config-path=config.toml --path=secret.txt --no-git -v --report=report.json
```

命令的参数说明如下：

- --config-path 用于指定写入匹配规则的配置文件，一般是××.toml；
- --path 用于指定要扫描检测的文件或者目录；
- --no-git 用于将扫描目录视为普通目录去扫描检测，否则会去查找 .git 目录，找不到就提示失败；
- --report 用于指定输出报告的路径。

我们可以看到如下的扫描结果：

```
{
    "line":  "password=\"12232\"",
    "lineNumber": 1,
    "offender":  "1",
    "offenderEntropy":  -1,
    "commit":  "",
    "repo":  "",
    "repoURL":  "",
    "leakURL":  "",
    "rule":  "Password Type",
    "commitMessage":  "",
    "author":  "",
    "email":  "",
    "file":  ".",
    "date":  "0001-01-01T00: 00: 00Z",
    "tags":  "gitlab, security"
}
INFO[0000] scan time: 224 microseconds
WARN[0000] leaks found: 1
```

结果显示，扫描出一处匹配（leaks found:1），扫描时长（scan time: 224 microseconds，即非常快）。而这一处泄露就是第一行 password=\"12232\"，这和最开始设置匹配规则时候的设想是一样的。同时我们会在当前目录下看到一个 report.json 文件：

```
$ls -ltr report.json
-rw-r--r-- 1 xiaomage  wheel  328 Oct 26 14: 24 report.json
```

report.json 文件中记录的内容和上述标准输出的内容是一致的。需要注意的是，如果检测出敏感信息，则扫描命令的退出结果为非 0 值：

```
$gitleaks --config-path=config.toml --path=secret.txt --no-git -v --report=report.json
$echo$?
1
```

如果想要指定执行命令的退出结果，则可以使用参数 --leaks-exit-code 设置：

```
$gitleaks --config-path=config.toml --path=secret.txt --no-git -v --report=report.json
--leaks-exit-code=0
$echo$?
0
```

4．依赖项扫描

依赖项扫描（dependency scanning）是极狐 GitLab 的 DevSecOps 平台的重要功能之一。极狐 GitLab 的 DevSecOps 平台可以对多种语言（Ruby、PHP、Java、Python、C#等）进行依赖扫描，其核心原理是以 Gemnasium 为分析器，对特定语言的特定文件（如 Java Maven 项目的 pom.xml 文件）进行扫描，然后和漏洞数据库对比，进而发现存在漏洞的依赖项，最后出具详细的漏洞报告。最重要的是这种安全扫描可以和合并请求、CI/CD 无缝集成，从而打造端到端的 DevSecOps 交付。

2021 年 12 月，Apache Log4j 2 漏洞闹得甚嚣尘上。Apache Log4j 2 是一个基于 Java 的日志组件，被广泛应用于与 Java 相关的软件中。由于 Java 在编程语言中的市场份额非常高，因此此次漏洞带来的影响非常大。此次漏洞的 ID 为 CVE-2021-44228。

下面以 Java Maven 项目为例演示使用极狐 GitLab 的 DevSecOps 平台的依赖项扫描功能来发现 log4j 的依赖项及安全问题。Java Maven 项目的目录结构如下：

```
$tree
.
├──pom.xml
├──README.md
└──src
    └──main
        └──java
            └──com
                └──example
                    └──hello
                        └──Hello.java
```

在 pom.xml 文件中，关于 log4j 的依赖描述如下：

```xml
<dependencies>
    <dependency>
        <groupId>org.apache.logging.log4j</groupId>
        <artifactId>log4j-api</artifactId>
        <version>2.11.0</version>
        </dependency>
    <dependency>
        <groupId>org.apache.logging.log4j</groupId>
```

```
        <artifactId>log4j-core</artifactId>
        <version>2.11.0</version>
    </dependency>
</dependencies>
```

Hello.java 的内容（包含 Apache Log4j 2 漏洞组件的引用）如下：

```
package com.example.hello;

import org.apache.logging.log4j.Logger;
import org.apache.logging.log4j.LogManager;

public class Hello{
 privatestatic Logger log = LogManager.getLogger (Hello.class.getClass ());

 public static void main (String [] args) {
   log.error ("this is ERROR message!!");
   log.info ("this is INFO message!!");
   log.debug ("this is DEBUG message!!");
 }
}
```

接着将 Hello.java 代码放到一个目录下，使用如下命令启动一个分析器环境：

```
$docker run --rm-it-v$PWD: /code/\
registry.g××1×b.com/gitlab-org/security-products/analyzers/gemnasium-maven: 2 sh
```

容器里面安装了分析器，我们可以使用 --help 来查看用法：

```
$ ./analyzer --help
Using java version'adoptopenjdk-11.0.7+10.1'
[INFO] [gemnasium-maven] [2021-12-15T02: 47: 19Z]▶GitLab gemnasium-maven analyzer v2.24.2
NAME:
  analyzer-GitLab gemnasium-maven analyzer v2.24.2
USAGE:
  analyzer-binary [global options] command [command options] [arguments...]
VERSION:
  2.24.2
AUTHOR:
  GitLab
COMMANDS:
  find, f  Find compatible files in a directory
  run, r   Run the analyzer on detected project and generate a compatible artifact
  help, h  Shows a list of commands or help for one command
GLOBAL OPTIONS:
 --help,  -h     show help (default: false)
 --version,  -v  print the version (default: false)
```

使用 ./analyzer run --target-dir$CODE_PATH 即可完成依赖扫描，如：

```
./analyzer run--target-dir/code/
Using java version'adoptopenjdk-11.0.7+10.1'
[INFO] [gemnasium-maven] [2021-12-15T04: 34: 40Z]▶GitLab gemnasium-maven analyzer v2.24.2
```

```
    [INFO] [gemnasium-maven] [2021-12-15T04: 34: 40Z]▶Detected supported dependency files
in'.'.Dependency files detected in this directory will be processed.Dependency files
in other directories will be skipped.
    [INFO] [gemnasium-maven] [2021-12-15T04: 34: 46Z]▶Using commit edc7d7c91a65271359d784d
984dac2a83213576d of vulnerability database
```

在扫描路径（默认为分析器所在目录）下，我们可以看到一个名为 gl-dependency-scanning-report.json 的扫描报告文件：

```
$ls -ltr gl-dependency-scanning-report.json
-rw-r--r--1 root root 6271 Dec 1502: 48 gl-dependency-scanning-report.json
```

打开报告 gl-dependency-scanning-report.json，我们可以看到，已经扫描出此次的 Apache Log4j 2 漏洞，ID 为 CVE-2021-44228，并且给出了 CVE 和 NVD 的链接、修复措施等其他详细内容。

4.17.2　GitLab 集成工具链实现 GitOps 模式

GitOps 是一个运营框架，它吸纳了 DevOps 的很多最佳实践，如版本控制、协作、合规和 CI/CD 等，并将它们用于基础架构自动化。

1. GitOps 起源

GitOps 的概念由 Weaveworks 的联合创始人 Alexis 在 2017 年 8 月发表的一篇博客 "GitOps-Operations by Pull Request" 中提出，博客介绍了 Weaveworks 的工程师如何以 Git 作为事实的唯一真实来源，部署、管理和监控基于 K8s 的 SaaS 应用。

随后，Weaveworks 在其网站上发表了一系列介绍 GitOps 应用案例和最佳实践的文章，对 GitOps 进行推广。同时，市场上也出现了一批拥抱 GitOps 模式的工具和产品，如 Jenkins X、Argo CD、Flux 等。KubeCon Europe 2019 中关于 GitOps 的讨论 "GitOps and Best Practices for Cloud Native CI/CD"，让 GitOps 进入更多人的视野。

2. 什么是 GitOps

GitOps 是一种快速、安全的方法，可供开发人员或运营人员维护和更新运行在 K8s 或其他声明式编排框架中的复杂应用。GitOps 的 4 项原则如下。

- 以声明的方式描述整个系统。借助 K8s、Terraform 等工具，我们只需要声明系统想要达到的目标状态，工具就会驱动系统向目标状态逼近。声明意味着系统状态由一组事实而不是一组指令保证。我们将声明信息存储在 Git 中，系统状态便具备了唯一的事实来源。这样，我们可以轻松地部署和回滚应用。
- 系统的目标状态通过 Git 进行版本控制。通过将系统的目标状态存储在具有版本控制功能的 Git 中，并作为唯一的事实来源，我们能够从中派生和驱动一切。通过 PR 发起对目标状态的变更申请，由于每一次变更对应一个 git commit 命令，因此系统的状态变化情况变得清晰、变更行为可审计，回滚也变得容易，只需要使用 git revert 命令就可以把目标状态恢复到前一个状态。
- 将目标状态的变更批准自动应用到系统。将声明的状态保存在 Git 中，下一步就是将该状态的任何变更自动地应用于系统,这样可以极大地提升产品交付速度。更重要的是,GitOps 采用拉模式更新系统状态,将做什么和怎么做分开,这样能够更加有效地划分系统的安全边界。

- 驱动收敛和上报偏离。GitOps 包含一个操作的反馈和控制循环,它将持续地比较系统的实际状态和 Git 中存储的目标状态,如果在预期时间内状态仍未收敛,便会触发告警并上报差异。同时,该循环让系统具备自愈能力,自愈不仅意味着节点或 Pod 失败,这些将由 K8s 处理,从更广泛的角度,它还能修正一些非预期的操作造成的系统状态偏离。

3. GitOps 流水线

GitOps 基于拉模式构建交付流水线。此时,开发人员发布一个新功能的流程如下:

(1)通过 PR 向主分支提交包含新功能的代码;

(2)代码审核通过后将被合并至主分支;

(3)合并行为将触发持续集成系统进行构建和一系列的测试,并将新生成的镜像推送至镜像仓库;

(4)GitOps 检测到有新的镜像,会提取最新的镜像标记,然后同步到 Git 配置仓库的清单中;

(5)GitOps 检测到集群状态过期,会从配置仓库中拉取更新后的清单,并将包含新功能的镜像部署到集群中。

通过为不同的集群创建各自的子目录或分支,GitOps 可以轻松地将拉模式拓展到多集群环境。GitOps 流水线解决了常见的 CI/CD 推模式流水线中存在的一些问题。

- 部署在集群内部的 GitOps 模块负责更新集群,这样就避免了集群 API 和密钥的跨边界暴露。更重要的是,流水线中每个逻辑单元的写操作都被限定在了安全边界以内,职责划分清晰。
- 由于每一次变更都对应着一条 git commit 命令,因此回滚操作可以很容易地把目标状态恢复到前一个状态。
- 由于在 Git 的配置仓库中保留了集群的目标状态,如果集群完全崩溃,可以基于仓库中的清单快速重建集群。

GitOps 的主要优势如下。

- 提高生产力。采用集成了反馈控制循环的持续部署流水线可以大大提升新功能的发布速度。
- 提升开发人员体验。开发人员可以使用熟悉的 Git 工具去发布新功能,而无须了解复杂的部署交付流程。新入职的员工可以在几天内快速上手,从而提高工作效率。
- 行为可审计。使用 Git 工作流管理集群,天然能够获得所有变更的审计日志,以满足合规性需求,提升系统的安全性与稳定性。
- 可靠性更高。借助 Git 的还原(revert)和分叉(fork)功能,可以实现稳定且可重现的回滚。由于整个系统的描述都存放在 Git 中,我们有了唯一的真实来源,这能大大缩短集群完全崩溃后的恢复时间。
- 一致性和标准化。由于 GitOps 为基础设施、应用和 K8s 插件的部署变更提供了统一的模型，因此我们可以在整个组织中实现一致的端到端工作流。不仅仅是 CI/CD 流水线由 PR 驱动，运维任务也可以通过 Git 完全重现。

- 安全性更强。得益于 Git 内置的安全特性，保障了存放在 Git 中的集群目标状态声明的安全性。

实现 GitOps 模式的一些关键工具包括 IaC 和配置即代码（Configuration as Code）（如 Terraform、CloudFormation、ROS、K8s、Chef、Ansible）、版本控制工具（如 GitLab、Bitbucket）、敏感信息管理（如 Sealed Secrets、SOPS、Vault）、状态比较工具（如 Kubediff）、交付流水线（如 Jenkins X、Argo CD、Flux、Spinnaker）。

GitOps 对 DevOps 理念进行了扩展，它吸收了 DevOps 文化中协作、实验、快速反馈、持续改进等思想，并以 Git 作为事实的来源和连接的桥梁，旨在简化云原生时代基础设施和应用的部署与管理方式，实现更快、更频繁、更稳定的产品交付。

第 5 章

实践案例

本章主要介绍 DevSecOps 相关的实践案例，供读者借鉴参考，以便使用到实际工作中。

5.1　某企业持续集成项目

持续集成是 DevOps 和 DevSecOps 的重要环节。持续集成的实践可以帮助企业解决代码管理、质量管理、交付频率和交付速度等方面的问题。

5.1.1　项目背景

该企业在多年的 IT 系统建设过程中，积累了上百套大大小小的软件，经常维护修改和新增业务需求的软件大约 20 套，目前在开发阶段碰到的主要问题如下。

- 代码分散管理，管理模式不统一，出现线上故障后无法快速定位版本和对应的代码。
- 开发过程中质量不透明，代码编写不够规范，代码复杂度缺乏控制，往往到上线前才发现大量功能不完善等问题。
- 软件部署过程依赖人工执行，这种方式烦琐、易出错且无法回滚。

为了解决上述问题，需要引入业界成熟的持续集成最佳实践，帮助该企业开发团队提高代码管理、版本质量管理、部署管理等方面的能力。

5.1.2　解决方案

针对该企业开发阶段的各类问题，我们制定了相应的解决方案。

1. 持续集成简介

持续集成是一种软件开发实践，即开发团队成员经常集成他们的工作，每个成员每天至少集成一次，这就意味着每天可能会发生多次集成。每次集成都通过自动化的构建（包括编译、发布和自动化测试）来验证，以尽早地发现集成错误。

持续集成可带来以下价值。

- 减少风险。一天中进行多次集成并做相应的测试，有利于检查缺陷，了解软件的健康状况，减少假定。
- 减少重复过程。这节省了时间、费用，降低了工作量，浪费时间的重复劳动可能在项目活动的任何一个环节发生，包括代码编译、数据库集成、测试、审查、部署及反馈，自动化的持续集成可以将这些重复的动作都变成自动化的，无须太多人工干预，让我们把更多的时间投入更有价值的事情上。

- 可在任何时间、任何地点生成可部署的软件。对客户来说，可以部署的软件是最实际的资产。利用持续集成，我们可以经常对源代码进行一些小改动，并将这些改动和其他的代码进行集成。当软件出现问题时，项目成员马上会被通知到，问题会在第一时间被修复。如果不采用持续集成，这些问题有可能在交付前集成测试时才被发现，这会导致软件发布延迟，而急于修复这些缺陷又有可能引入新的缺陷，最终导致项目失败。
- 增强项目的可见性。通常，项目成员通过手动收集项目信息，这既增加负担又很耗时。持续集成可以带来两种积极效果，一种是有效决策，持续集成系统为项目构建状态和品质指标提供了及时的信息，有些持续集成系统可以报告功能完成度和缺陷率；另一种是注意到趋势，由于经常集成，我们可以看到一些趋势，如构建成功或失败、总体品质及其他项目信息。
- 建立开发团队对软件的信心。持续集成可以建立开发团队对软件的信心，因为他们清楚每一次构建的结果，知道对软件的改动造成了哪些影响及结果怎样。

2. 应用持续集成解决该企业的开发项目问题

代码集中管理。开发人员通过 PC 终端命令行或 IDE，签入源代码到源代码管理服务器 SVN，从 SVN 签出源代码到本地开发环境。各项目源代码按照规范进行代码分支管理，项目代码的依赖包由依赖包管理服务器 Nexus 集中管理。项目经理需要完成源代码的权限管控、分支管理、代码签入/签出行为规范检查、依赖包存取规范管理、代码基线变更记录和审计报告。

代码质量管理。项目经理与开发团队一起针对各项目定义代码扫描规则及代码质量标准。通过代码签入时同步触发、代码上传触发、从 SVN 定时获取代码并触发等多种方式驱动代码质量检测平台 Sonar 进行代码自动化分析。Sonar 获取到源代码后，整合驱动各类开源或商业工具（支持 Java、C#等编程语言）进行代码质量分析，并向各项目组反馈和展示代码质量的关键指标，例如代码编程规范吻合程度、代码缺陷率、代码复杂度、代码冗余度，以及代码统计分析功能（包括代码行、文件数、注释量等）。

代码版本自动部署。开发人员签入代码，按版本设置标签，由 Jenkins 执行代码签出（依据版本标签）、编译构建和打包，建立版本源代码与版本构建出来的二进制包之间的关联关系。由 Jenkins 构建版本并调用部署脚本自动部署到各类测试环境，包括功能测试环境、性能测试环境等，建立构建版本与部署环境之间的关联。经过测试，将满足要求的版本部署到生产环境，由 Jenkins 重用测试环境的自动化部署脚本实施生产环境的部署，建立测试版本与生产部署版本之间的关联。

3. 持续集成基础技术框架

按照目前业界比较流行的、成熟的做法，我们采用 Jenkins+Sonar 作为持续集成基础技术框架。

持续集成基础技术框架如图 5-1 所示，包括 5 个核心环节：持续编译、持续代码检查、持续测试、持续部署、持续反馈。在持续集成基础技术框架下我们可以整合各类开源、商业工具，并应用到 5 个核心环节中，例如整合 Sonar 对代码质量进行管理、整合 Selenium 进行自动化测试、整合自动化部署脚本进行自动发布管理等。

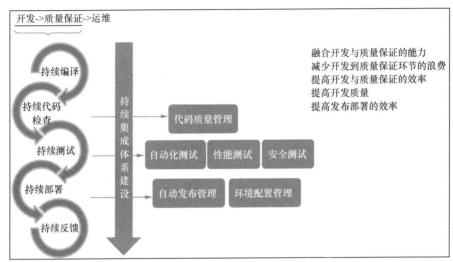

图 5-1　持续集成基础技术框架

根据该企业项目的特点，建议分阶段实施持续集成框架，第一阶段制定基本构建流程，加强代码质量管理和版本管控，增强自动化部署能力，具体场景包括代码集中管理、统一编译构建打包，代码质量自动检查分析和代码版本自动部署。

持续集成工具 Jenkins 是一个可扩展的持续集成引擎，它主要用于持续、自动地构建/测试软件和监控一些定时执行的任务。目前业界广泛使用 Jenkins 实现持续集成中的过程串联，即从编译构建到调用代码扫描分析工具、测试工具和部署工具，实现持续集成的关键步骤。

代码质量分析工具 Sonar 是一个用于代码质量管理的开源平台，它可以通过插件形式从 7 个维度检测代码质量，可以支持 Java、C#、C/C++、PL/SQL、COBOL、JavaScript、Groovy 等 20 多种编程语言的代码质量管理。Sonar 可以检测代码中的以下 7 个问题。

- 糟糕的复杂度分布。文件、类、方法等复杂度过高会导致代码难以修改，甚至开发人员都难以理解它们。而且如果没有自动化的单元测试，程序中的任何组件发生改变都将导致全面的回归测试。
- 代码重复。如果源代码中包含大量复制粘贴的代码，则代码质量是低下的，Sonar 可以展示源代码中重复严重的地方。
- 缺乏单元测试。Sonar 可以很方便地统计并展示单元测试覆盖率。
- 没有代码标准。Sonar 可以通过 PMD、CheckStyle、Findbugs 等代码规则检测工具来规范代码编写。
- 没有足够的注释或注释过多。没有注释会使代码可读性变差，特别是当项目出现人员变动时。而过多的注释会使开发人员将精力过多地花费在阅读注释上，亦违背编写注释的初衷。

- 潜在的错误。Sonar 可以通过 PMD、CheckStyle、Findbugs 等代码规则检测工具检测出潜在的错误。
- 糟糕的设计。Sonar 可以找出代码中的循环，展示包与包、类与类之间的依赖关系，并检测耦合。

综上，持续集成基础技术框架依托 Jenkins+Sonar、整合 SVN、编译构建脚本、自动部署脚本，实现代码从签入到构建、测试、部署的全过程自动化管理。SVN 源代码管理规范包括代码版本管理、代码分支管理、代码签入/签出管理和依赖包管理，借助 SVN+Jenkins 配套落实。代码质量管理规范从代码的可维护性、性能、可移植性、可用性、可靠性等方面分别对代码编程规范进行了规则定义，并且从 CheckStyle、PMD、Findbugs 等工具附带的规则包中筛选出相应的规则，各项目组需要遵照这些规范进行编程开发，并结合持续集成基础技术框架配套落实。

部署规范包括部署目录结构规范、配置文件规范、服务启停规范、回滚规范、部署脚本编写规范等内容。各项目组根据部署规范模板制定软件的部署自动化脚本，结合 Jenkins 持续集成框架，整合脚本实现部署环节的自动化。

4. 方案优势

本方案从该企业 IT 系统开发成熟度出发，选择业界相对成熟的持续集成最佳实践作为实施参考，结合该企业具体项目特点（规模不大、变更频繁、开发过程不够透明等），选择轻量级开源工具作为基础技术框架，配合轻量级规范流程实施落地，具有低成本、可实施性强、框架可扩展性强等优点。

5.2 某电网公司 DevSecOps 体系建设

下面介绍某电网公司在引入 DevSecOps 体系建设过程中的一些实践。

5.2.1 背景

当前，公司项目管理流程冗长，从需求提出、规划立项、计划下达到开发实现一般需要一到两年时间，对于复杂业务，周期可能更长。随着公司云平台、中台建设的不断深入，面向新形势的业务系统需求成倍增长。传统项目管理模式不适应新型建设要求的问题越来越突出，公司急需探索研究以敏捷迭代为核心目标的新项目管理模式。

为了缩短从开发到生产部署的周期，将质量与安全点控制集成到各环节并实现数据打通（向后跟踪和向前追溯），在高频部署的同时保障生产环境的可靠性、稳定性和安全性，实现全过程自动化、数字化和可视化，以适应业务系统快速迭代需求，公司开展 DevSecOps 体系顶层设计工作，以指导 DevSecOps 流程规范设计和工具链设计工作。

5.2.2 体系设计方法

DevOps 能力成熟度模型总体架构如图 1-2 所示，具体可参考 1.5.1 节。公司 DevSecOps 体系主要参考该模型在敏捷开发管理和持续交付方面的能力设计，以构建公司 DevSecOps 能力蓝图。

Gartner 提出的 DevSecOps 工具链模型如图 4-4 所示，该模型涵盖从开发阶段的计划、创建，到验证、准生产、发布，以及运营阶段的配置、检测、响应、预报、调整的全生命周期，并且在每一个环节都考虑相应的安全管控手段，具体可参考 4.2 节。公司 DevSecOps 体系参考和借鉴了 Gartner 提出的 DevSecOps 工具链模型的阶段划分和各阶段安全设计，用于指导公司 DevSecOps 工具链设计。

信息技术服务开发运维技术要求架构如图 1-4 所示。公司 DevSecOps 体系主要参考其在 DevOps 平台和工具链上的设计要求，用于指导公司工具选型与 DevSecOps 平台集成设计。

5.2.3 需求分析

目前，公司信息系统的生命周期包括需求设计、开发、出厂测试、三方测试、部署、运维、更新迭代、下线等阶段。系统的大版本更新通常需要消耗一个新系统的开发部署周期，运维人员通常不参与开发、测试、部署过程，只在系统部署完成后开始接手系统运维工作。系统的小版本迭代则经过开发团队测试后，直接由运维团队经过本地测试、检修后发布部署。

信息系统建设的推进，将对信息系统敏捷服务、快速迭代和安全稳定运行提出更高要求，我们面临以下 5 个问题。

- 安全管控不全面。这一问题产生的原因可能是开发阶段重进度、功能，轻安全，导致出现类似 SQL 注入等常见安全漏洞。而到运营阶段，安全加固成本较高，安全测试只能通过定期安全扫描或者根据风险预警单排查来实现。
- 系统测试不到位。这一问题产生的原因可能是出厂测试环境与生产环境差异大；三方测试时间周期长，测试环境与生产环境差异大；运维团队现场测试环境条件、测试手段和能力不足。
- 运维前置不充分。这一问题产生的原因可能是运维人员通常在运营阶段开始才介入，这会容易出现现场资源准备不足的问题，运维人员也不能及时发现各种可提前规避的运行问题，从而影响系统实施部署的周期、可靠性和安全性。
- 流程管理不高效。这一问题产生的原因可能是系统整个生命周期长、流转效率低、自动化程度不足、项目设计评审周期较长，从而降低系统版本更新的速度，难以满足小版本频繁更新的需求。
- 技术架构不统一。这一问题产生的原因可能是当前在运行的系统有不少存在程序体量大、技术架构不能满足敏捷迭代和快速发布需求等问题，导致其与新建业务系统的技术架构路线不统一、开展 DevOps 难度比较大。

5.2.4 总体设计目标

借鉴业界实践经验，为了建立适应公司特点的 DevSecOps 体系，规范开发标准，构建覆盖全流程的自动化工具链，总体设计目标如下。

- 业务方面。打通业务、开发、测试、运维团队壁垒，精确传递各环节信息；规范开发标准，前置安全运维标准，让运维人员参加业务需求和设计；建立持续集成、持续交付和持续部署的管理机制，实现快速交付产品原型，不断测试反馈和快速迭代，最终实现满足业务需求的模式。
- 技术方面。实现从需求发起到上线运维全链路可视化能力；实现全生命周期的自动化工具集成，提供自动化测试、自动化部署的能力；减小开发测试环境、生产测试环境和生产环境的差异度。
- 安全方面。全过程执行安全控制（如认证、鉴权、攻击阻断和加密）和合规要求，将多个安全点集成到 DevOps 工作流中。从需求设计、开发至部署全过程建立自动化安全扫描和安全测试；建立运行时漏洞扫描与补丁修复、版本更新、安全监控与分析机制。

5.2.5 核心设计内容

针对 DevSecOps 体系建设提出的总体设计目标，我们从规划设计、持续集成、持续交付、持续部署和运营监控各方面提出了核心的设计内容。

1. 规划设计

规划设计包含从需求发起、审核到形成设计的过程。通过采用统一的应用构建平台、基础平台标准化工艺、平台组件及中台集成标准，将安全控制和合规要求、建转运（从建设阶段转入运营阶段）红蓝线要求纳入需求设计，提升基础平台和应用的标准化程度，降低开发测试环境等测试环境和生产环境的差异，提高开发质量。

2. 持续集成

持续集成包含编译构建、代码检查、测试等过程，安全贯穿了整个持续集成过程。通过统一的持续集成平台，利用自动化的流水线支持开发过程中不同阶段的任务，从而尽快地发现集成过程中的错误和安全问题，提高开发管控质量，缩短开发周期，降低开发成本，提高交付频率，具体如下。

- 编译构建包括代码的下载、编译、打包以及发布到版本库等一系列过程，整个过程自动化完成。部分安全组件在这个过程集成。
- 代码检查包括对源代码的检查和对编译生成的程序包的检查。代码检查主要检查代码规范和质量问题，发现违背代码编写规范的、不明确和不安全的部分，以提早发现缺陷，降低返工成本。
- 自动化测试包括单元测试、UI 自动化测试、API 自动化测试、性能测试等，涵盖缺陷管理、自动化测试执行、用例管理、执行监控、日志与测试报告等内容，可以提高测试用例的自动重复执行的能力。

3. 持续交付

持续交付在持续集成的基础上，持续将集成后的最新版本部署到测试环境中，通过不断地自动化测试，确保业务系统符合功能、性能和安全的要求，具备快速、安全地部署到生产环境中的条件，包含配置管理、发布与部署、测试等方面内容，具体如下。

- 配置管理。配置管理包含版本控制和变更管理两个维度。版本控制是通过记录历史信息，快速重现和访问任意一个修订版本。变更管理指可追溯变更的详细信息记录。
- 发布与部署。发布与部署就是包从制品库发布到测试环境的过程，包含发布与部署模式、部署流水线两个方面。
- 测试。测试环境中的测试包含功能测试、性能测试、安全测试等，用于测试软件的业务需求、非功能性需求和安全性，尽可能地排除软件中的缺陷及安全隐患，从而提高软件的质量。整个测试过程应实现自动化。

4. 持续部署

持续部署将持续交付通过后的最新版本部署到生产环境中，并开展验证，确保生产环境业务安全稳定且具备回滚能力。与持续交付相似，持续部署包含配置管理、发布与部署、自动化验证等内容，具体如下。

- 配置管理。与持续交付一致。
- 发布与部署。与持续交付一致。
- 自动化验证。生产环境中的验证包含功能验证、安全验证等，用于验证软件的业务需求、非功能性需求和安全性。整个验证过程应实现自动化，通过建立监控体系跟踪和分析部署过程，实现发现问题后自动降级回滚。

5. 运营监控

运营监控包含 DevSecOps 全链路安全质量流程监控和信息系统运维过程。我们需要直观地看到业务需求在 DevSecOps 流程上的进展情况和 DevSecOps 流程的运转质量，同时通过调度监控、隐患排查、计划检修、故障抢修、安全扫描、漏洞修补、客户服务等信息在运营过程中总结分析问题并反馈问题和需求。

5.2.6 专题设计

除了上述几个方面的核心设计内容，我们还针对能力蓝图、工具链、流程规范、岗位职责等专题进行了设计。

1. 能力蓝图设计

公司 DevSecOps 能力蓝图如图 5-2 所示。DevSecOps 能力蓝图中，核心能力可分为两个大的方向。

（1）DevSecOps 持续交付流水线能力方向。该方向主要是以典型的 DevOps 持续交付流水线为基础，并对其流水线各环节进行功能的定义和切分。DevSecOps 持续交付流水线与典型的

DevOps 持续交付流水线相比有两个不同之处。

- 增加了安全部分，突出安全在整个流水线的重要地位，符合公司 DevSecOps 体系的建设目标。
- 自动化测试和安全测试方面将集成测试中台与安全中台的思路。测试和安全是整个开发过程中的两个重要的方面，其功能范畴不仅仅在自动化部分。例如测试方面，除了各种类型的自动化测试，还有仿真环境管理、性能测试、测试环境管理等，测试中台就是一个完善的针对测试方面各个环节都能提供测试服务的平台。而对于 DevOps 持续交付流水线，关注更多的在于自动化测试部分。因此可以通过持续交付流水线与测试中台集成的方式，将自动化测试能力进行整合，这样在整体方案上会更加统一，功能也更加强大。

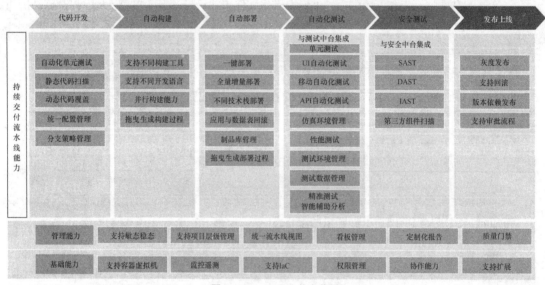

图 5-2 DevSecOps 能力蓝图①

（2）管理能力与基础能力方向。该方向的能力主要是贯穿整条持续交付流水线各个环节的管理和基础支撑能力。无论是开发、构建、部署还是自动化测试，都需要统一的流水线视图，都需要有每个环节的结果报告，都需要各角色人员的高度协作。这些能力不是某个环节专有的，而是一种共性的能力，把这些能力抽取出来可以形成 DevSecOps 的通用能力。通用能力包含两个部分：一部分是管理能力，如支持敏态稳态、支持项目层级管理等；另一部分是基础能力，聚焦在底层的通用能力，如支持容器虚拟机、监控遥测等。

2. 工具链设计

公司 DevSecOps 工具链的设计应从 DevSecOps 技术栈（如图 5-3 所示，包括业界常用的开源或商业工具）的挑选开始，寻找在每个环节需要使用的工具并根据项目和系统的要求进行筛选。DevSecOps 工具链应满足 DevSecOps 能力蓝图中规划的各项能力要求。

---

① 在发布上线前，构建、部署、测试是迭代交替进行的。

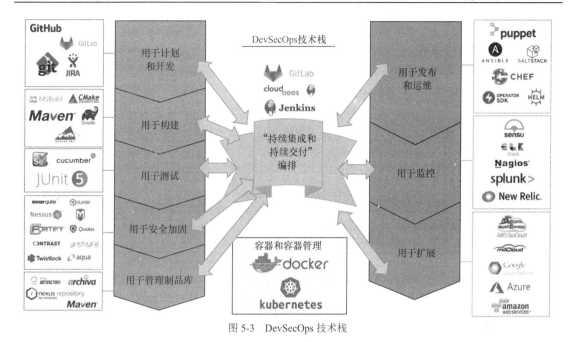

图 5-3 DevSecOps 技术栈

3. 流程规范设计

DevSecOps 软件工厂模型如图 5-4 所示。软件生产过程需要遵循 DevSecOps 流程规范，在相关流程制度的指导下，使用配套工具链以流水线的方式完成软件的生产和发布工作。DevSecOps 流程规范设计需要从软件生命周期的各个阶段考虑各项活动要求、输入输出要求以及相应的工具依赖，如 IDE、代码库、本地制品库、发布制品库等。

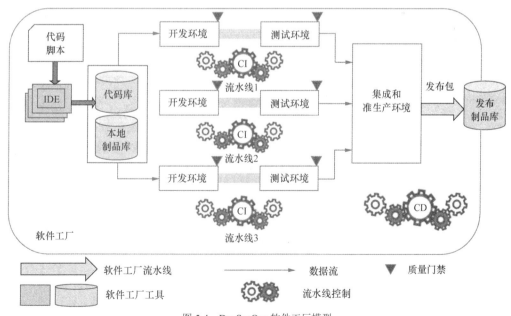

图 5-4 DevSecOps 软件工厂模型

下面从软件工厂流水线的通常顺序，即计划、开发、构建、测试、发布、部署、运维、监控这 8 个环节描述流程规范。

（1）计划环节各项活动要求、输入输出要求以及相应的工具依赖如表 5-1 所示。

表 5-1　计划环节

活动	描述	输入	输出	工具依赖
DevSecOps 生态系统设计	设计特定的 DevSecOps 流程	变更管理流程；系统设计；发布计划和时间表	DevSecOps 过程流程图；DevSecOps 生态系统工具选择；部署平台选择	团队协作系统
项目团队入职计划	计划项目团队的入职流程、接口、访问控制策略	组织政策	入职计划	团队协作系统
变更管理计划	计划和变更控制流程	组织政策；软件开发最佳实践	变更控制程序和审查程序；控制审查委员会；变更管理计划	团队协作系统、问题跟踪系统
配置管理计划	配置控制过程的规划；识别配置项	软件开发、安全和操作最佳实践；IT 基础设施资产；软件的组件	配置管理流程和计划；配置管理工具的选择；负责任的配置项；标记的策略	团队协作系统、问题跟踪系统
软件需求分析	从所有干系人处收集需求	干系人的输入或反馈；操作监测反馈；测试反馈	功能需求、性能需求、隐私需求和安全需求	团队协作系统、问题跟踪系统
系统设计	基于需求设计	需求文档	系统架构、功能设计、流程图、测试计划、基础设施配置计划、工具的选择（开发工具、测试工具和部署平台）	团队协作系统、问题跟踪系统、软件/系统设计工具
项目计划	包含项目任务、管理和发布计划	—	任务计划和进度表；发布计划和时间表	团队协作系统、项目管理系统
风险管理	风险评估	系统架构；供应链信息；安全风险	风险管理计划	团队协作系统；
配置识别	发现或手动输入配置项；建立系统基线	资产；软件组件（包括 DevSecOps 工具）；代码基线；文档基线	配置项	配置管理数据库、源代码库、制品库、团队协作系统
威胁建模	识别潜在的威胁、弱点和漏洞；定义缓解计划	系统设计	潜在的威胁和缓解计划	威胁建模工具

续表

活动	描述	输入	输出	工具依赖
数据库设计	数据建模； 选择数据库； 设计数据库部署拓扑结构	需求文档； 系统设计	数据库设计文档	数据建模工具、团队协作系统
设计审核	核批计划和文档	计划和设计文档	审核意见和措施	团队协作系统
文档版本控制	跟踪设计变更	计划和设计文档	版本控制文档	团队协作系统

（2）开发环节各项活动要求、输入输出要求以及相应的工具依赖如表 5-2 所示。

表 5-2 开发环节

活动	描述	输入	输出	工具依赖
应用代码开发	开发人员编写代码	代码	源代码	IDE
基础代码开发	软件组件和基础设施的配置和编码； 编写单独组件配置脚本	代码	源代码	IDE
安全代码开发	编写安全策略实施脚本	代码	源代码	IDE
测试开发	基于具体测试工具开发详细的测试程序、测试数据、测试脚本和测试场景的具体配置	测试计划	测试过程文档； 测试数据文件； 测试脚本	IDE、测试工具
数据库开发	使用数据库所支持的数据定义语言（Data Definition Language，DDL）或数据结构来推行数据模型； 执行触发器、视图或适用的脚本； 实现测试脚本、测试数据生成脚本	数据模型	数据库制品（包括数据定义、触发器、视图定义和测试数据）生成脚本、测试脚本等	IDE 或数据库软件附带的工具
代码提交	将源代码提交到版本控制系统	源代码	版本控制源代码	代码库
代码扫描	将更改推送到主存储库之前，检查更改的敏感信息，如果发现可疑内容，通知开发人员并阻止提交	本地提交的源代码	安全监控及警告	代码库安全插件
代码评审	对所有源代码执行代码检查（注意结对编程）	源代码	评审意见	代码质量检查工具
文档生成	详细的实施文档	用户输入； 源代码	自动生成 API 文档	IDE、文档编辑器或构建工具
提交前的静态代码扫描	在开发人员编写代码时扫描和分析代码； 通知开发人员潜在的代码缺陷，并建议补救	源代码； 已知的缺陷	发现源代码缺陷	IDE 安全插件
容器或虚拟机固化	加强生产部署的可交付性	运行虚拟机或容器	漏洞报告及建议的缓解方案	容器安全工具、安全合规性工具

（3）构建环节各项活动要求、输入输出要求以及相应的工具依赖如表 5-3 所示。

表 5-3　构建环节

活动	描述	输入	输出	工具依赖
构建	编译和连接	源代码； 依赖关系	二进制制品	构建工具、组件库
SAST 和静态代码扫描	对软件执行 SAST	源代码； 已知的漏洞和缺陷	静态代码扫描报告和推荐的缓解方案	SAST 工具
依赖漏洞检查	识别漏洞开源代码依赖组件	依赖项列表或物料清单列表	漏洞报告	依赖性检查/物料清单检查工具
容器化	把所有必需的组件，开发的代码、库等打包进固化的容器	容器基础镜像； 容器构建文件	容器镜像	容器构建工具
发布、打包	把二进制制品、容器或虚拟机映像、基础设施配置脚本、适当的测试脚本、文档、校验和、数字签名和发布说明合成一个包	二进制制品、脚本、文档和发布说明	发布包、校验和和数字签名	打包发布工具
存储制品	将制品存储到制品库	二进制制品、数据库制品、脚本、文档和容器的镜像	版本控制制品	制品库
构建配置控制和审计	跟踪构建结果、SAST 报告和依赖检查报告； 生成操作项； 评审决定是否进入下一阶段	跟踪构建结果； SAST 报告； 依赖检查报告	版本控制构建报告； 构建过程中的操作项； 评审报告	团队协作系统、问题跟踪系统、CI/CD 编排器

（4）测试环节各项活动要求、输入输出要求以及相应的工具依赖如表 5-4 所示。

表 5-4　测试环节

活动	描述	输入	输出	工具依赖
单元测试	协助开发单元测试脚本和执行单元测试	单元测试脚本； 被测试的单个软件单元（函数、方法或接口）； 测试输入数据和预期输出数据	测试报告，以确定单个软件单元是否存在执行设计	测试工具套件、测试覆盖工具
DAST 和动态代码扫描	对软件执行 DAST 或 IAST	正在运行的软件/系统和底层操作系统； 模糊输入	漏洞、静态代码缺陷、动态代码缺陷的报告和修复方案	DAST 工具或者 IAST 工具
集成测试	针对软件单元间的交互的一组测试，通过开发集成测试脚本并执行脚本来测试	集成测试脚本； 测试输入数据和预期输出数据	测试报告（描述集成测试结果是否符合设计）	测试工具套件
系统测试	使用一组工具来测试完整的软件及其与用户或其他外部系统的交互	系统测试脚本； 软件和外部依赖关系； 测试输入数据和预期的输出数据	测试报告（显示系统测试结果是否符合设计）	测试工具套件

续表

活动	描述	输入	输出	工具依赖
手动安全测试	例如渗透测试,它使用一套工具和程序,通过向软件注入经过授权的模拟网络攻击来评估软件的安全性;CI/CD 编排器不自动执行测试,但是手动测试的结果可作为持续交付流水线中的控制点	运行软件、底层操作系统和托管环境	脆弱性报告和缓解措施建议	不同的工具和脚本(可能包括网络安全测试工具)
性能测试	确保软件在预期的工作负载下运行良好;测试的重点是软件的响应时间、可靠性、资源使用情况和可伸缩性	测试用例、测试数据和被测软件	性能指标	测试工具套件、测试数据生成器
回归测试	用来确认最近的程序或代码更改没有对现有的程序或代码产生不利影响	功能和非功能回归测试用例;被测软件	测试报告	测试工具套件
验收测试	软件的准备就绪测试,它一般包括可访问性和可用性测试,故障转移和恢复测试,性能测试、压力测试和容量测试,安全性测试和渗透测试,互操作性测试,兼容性测试,支持性和可维护性测试	被测软件和其支持系统的测试数据	测试报告	测试工具套件、非安全性合规扫描工具
容器策略实施	检查已开发的容器,确保它们符合要求	容器,安全内容自动化协议形式的策略	容器合规报告	容器策略实施工具
合规扫描	合规审计	制品、软件实例和组件	合规报告	非安全合规扫描、软件许可符合性检查器、安全合规工具
测试审计	记录谁在什么时间执行什么测试以及测试结果记录	测试活动和测试结果	测试审计日志	测试管理工具
测试交付	将基础设施作为代码部署应用和设置测试环境	制品(包含应用程序、测试代码)、IaC	测试环境就绪	自动化配置工具、IaC
数据库功能测试	对数据库进行单元测试和功能测试,以验证数据定义,按预期实现触发器、约束	测试数据	测试结果	数据库测试工具
数据库非功能测试	进行性能测试、负载测试和压力测试;进行故障转移测试	测试数据和测试场景	测试结果	数据库测试工具
数据库安全测试	执行安全扫描和安全测试	测试数据和测试场景	测试结果	安全测试工具
配置控制和审计测试	跟踪测试和安全扫描结果;生成操作项;评审决定是否进入下一阶段	测试结果;合规报告	版本控制的测试结果;操作项;评审报告	团队协作系统、问题跟踪系统、CI/CD 编排器

（5）发布环节各项活动要求、输入输出要求以及相应的工具依赖如表 5-5 所示。

表 5-5 发布环节

活动	描述	输入	输出	工具依赖
发布做/不做的决定	这是配置审计的一部分，决定了是否将制品发布到生产环境的制品库中	设计文档；测试报告；安全测试和扫描报告；制品	做/不做的评审结果（如果做，制品将被标记为 release）	CI/CD 编排器
提供发布制品	将已发布的制品推到制品库	发布包	新发布	制品库
制品复制	将新发布的制品复制到所有区域性制品库	制品	所有制品	制品库（发布和设置区域）

（6）部署环节各项活动要求、输入输出要求以及相应的工具依赖如表 5-6 所示。

表 5-6 部署环节

活动	描述	输入	输出	工具依赖
制品下载	从制品库下载新发布的制品	下载需求	要求的制品	制品库
基础设施配置自动化	基础设施自动配置（如软件定义网络、防火墙、DNS、审计和日志系统、用户/组权限等）	基础设施配置脚本、指引、清单和计划	配置和基础设施配置	自动化配置工具、IaC
创建虚拟机主映像的链接克隆	通过使用主映像创建父虚拟机的链接克隆来实例化虚拟机	新的虚拟机实例参数	新的虚拟机实例	虚拟化管理器
将容器交付容器注册中心	将固化的容器和相关制品上传到容器注册中心	固化的容器和相关制品	新的容器实例	CNCF 认证的 K8s、制品库容器注册表
部署后的安全扫描	软件和基础设施的安全扫描	访问软件组件和基础设施组件	安全漏洞	安全合规工具
部署后检查	运行自动化测试，确保软件的重要功能正常运行	冒烟测试场景和测试脚本	测试结果	测试脚本
数据库安装和数据库制品部署	包含数据库安装，集群或高可用性设置，数据库制品部署和数据加载	存储库中的制品；需要加载的数据	运行数据库	制品库、数据库自动化工具、数据屏蔽或加密工具

（7）运维环节各项活动要求、输入输出要求以及相应的工具依赖如表 5-7 所示。

表 5-7 运维环节

活动	描述	输入	输出	工具依赖
备份	数据备份和系统备份	访问备份数据库	备份数据和镜像	备份管理工具、数据库自动化工具
规模化	将虚拟机/容器作为一个组来管理，组中虚拟机/容器的数量可以根据需求和策略动态更改	实时需求和虚拟机/容器性能度量规模策略（需求或关键性能指标阈值，最低、期望、最大的虚拟机/容器数）	优化资源分配	环境上的虚拟机管理托管工具、宿主环境上的容器管理工具
负载均衡	均衡资源利用率	负载均衡策略，实时流量负载和虚拟机/容器性能度量	均衡的资源利用率	环境上的虚拟机管理托管工具、集装箱管理托管环境

（8）监控环节各项活动要求、输入输出要求以及相应的工具依赖如表 5-8 所示。

表 5-8 监控环节

活动	描述	输入	输出	工具依赖
日志记录	记录系统登录等事件	所有用户、软件和数据活动	日志	日志记录
日志分析与审核	过滤或聚合日志；分析日志并使其相互关联	日志	警报和补救报告	日志聚合器日志分析与审核
性能监控	监控硬件、软件、数据库和网络性能，基线化软件性能	运行的系统	性能指标；建议的行动；警告或警报	运行监控问题跟踪系统、报警和通知工具
安全监控	监控所有软件组件的安全性，采用安全漏洞评估系统进行安全合规扫描	运行的系统	漏洞；不合规的结果；评估和建议；警告和警报	信息安全持续监控工具、问题跟踪系统、报警和通知工具、业务仪表盘
管理资产清单	管理系统 IT 资产库存	IT 资产	资产清单	清单管理工具
系统配置监控	系统配置（基础设施组件和软件）遵从性检查、分析和报告	运行的系统配置；配置基线	合规报告；建议的行动；警告和警报	信息安全持续监控工具、问题跟踪系统、报警和通知工具、业务仪表盘
数据库监测和安全审计	数据库性能和活动的监测和审计	数据库流量、事件和活动	日志；警告和警报	数据库监控工具、数据库安全审计工具、问题跟踪系统、报警和通知工具、业务仪表盘

4. 岗位职责设计

组织结构是指组织的全体成员为实现组织目标，在管理工作中分工协作，在职务范围、责任、权利方面所形成的结构体系。引入 DevSecOps 体系，组织结构会发生一些变化。DevSecOps 体系的引入将质量、安全职责从安全团队、测试团队，分散给需求、开发、测试、运维等阶段的相关人员。然而公司目前的人员岗位设置中，缺乏符合 DevSecOps 要求的岗位职责设计，因此需要进一步分析，对现有人员岗位职责进行优化设计。

（1）DevSecOps 体系下的岗位职责。可以采用矩阵表的形式设计 DevSecOps 体系下每个工作阶段和活动环节下需求、开发、测试、运维各岗位的职责和技能要求。

（2）DevSecOps 体系下的人员技能。人员技能是指组织中的成员对于各类专业领域技术和能力的掌握程度。在 DevSecOps 体系下，专业化能力和掌握多项技能的综合能力是在复杂环境中解决问题、提升绩效的关键要素。鼓励员工在精通自己专业领域技能的基础上，理解软件生命周期上下游的多种技能，成为企业里的"多面手"，能够促进整体价值流在公司内部更顺畅地流动。

5.3 某电信运营商公司 DevOps 平台规划

下面介绍某电信运营商公司在 DevOps 平台规划过程中的一些实践。

5.3.1 平台建设目标

通过 DevOps 平台打通从需求、开发、测试,到发布、上线、运维的各个环节,可以促进开发团队、测试团队、运维团队更紧密地合作,提高系统发布的效率,也让我们及时了解业务需求开发的进度和质量状态,如图 5-5 所示。

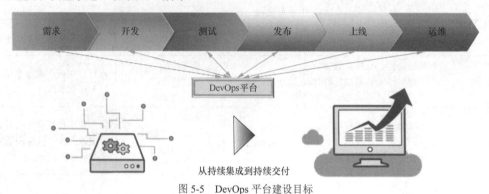

图 5-5　DevOps 平台建设目标

5.3.2 平台建设范围

为了实现持续交付,我们需要建立一个涵盖基础信息维护、运营分析、集成管理、发布管理等功能的 DevOps 平台,如图 5-6 所示。

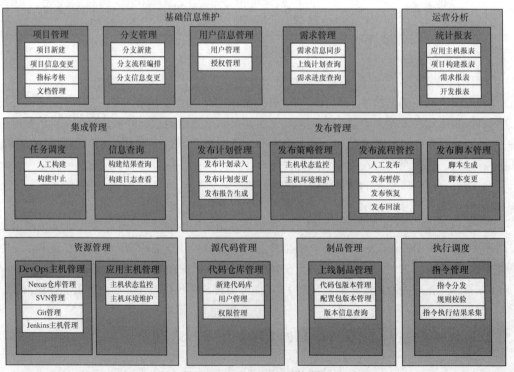

图 5-6　DevOps 平台涵盖的功能

5.3.3 平台需求分析和规划设计

针对平台建设目标和范围，我们开展平台需求分析和规划设计工作。

1. 从需求到开发

DevOps 平台对接需求管理平台、SVN 和 Jenkins，打通需求与代码、版本的关联，实时掌握业务需求开发的进度。从需求到开发流程如图 5-7 所示。其中，需求管理平台主要实现需求或用户故事（Story）的管理，并且跟踪需求到开发计划和对应的代码文件；SVN 主要负责代码管理；Jenkins 主要负责从 SVN 拉取代码进行编译，并构建出对应的版本。

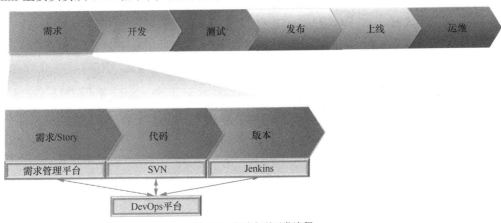

图 5-7 从需求到开发流程

2. 需求开发进度持续跟踪反馈

通过 DevOps 平台打通需求与开发过程。业务部门提出业务需求，然后需求部门负责需求分析与管理。在 DevOps 平台中集成需求管理平台，后续业务部门及需求部门可对需求开发进度进行持续跟踪。需求开发进度持续跟踪反馈流程如图 5-8 所示。

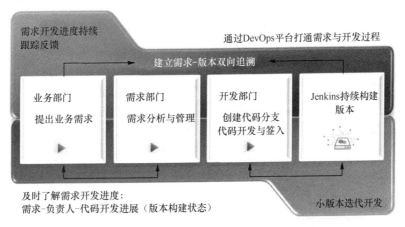

图 5-8 需求开发进度持续跟踪反馈流程

开发部门建立需求与代码的关联，从而实现业务部门提出的业务需求与版本之间的双向追溯。

需求部门将业务需求录入需求管理平台，开发部门创建代码分支并进行代码开发与签入。在代码签入时需要录入需求编号及对应 SVN 代码路径，根据 Jenkins 持续构建版本是由哪些代码变更触发的，查找 SVN 代码路径，从而找到关联的需求。DevOps 平台将展示哪些需求对应的代码已进入构建阶段，以及构建的状态等信息。

3. 持续集成

结合 Jenkins+Sonar+CheckMarx+DCOS 平台实现开发过程的代码编译、代码审查、单元测试和自动部署，及时展示开发进度和代码质量状态以及集成联调等情况，降低开发风险。持续集成流程如图 5-9 所示，其中 DCOS 平台是客户公司内部的一个云平台。通过 Jenkins 集成项目的编译脚本进行编译构建、执行单元测试脚本、对接容器云平台进行自动部署，结合 Sonar 定义代码规范进行代码自动审查，展示代码质量趋势、单元测试结果、测试覆盖率等维度的代码质量度量结果，结合 CheckMarx 进行代码审查。DevOps 平台将对比标准进行告警和反馈（通过邮件、短信、大屏幕等方式）。

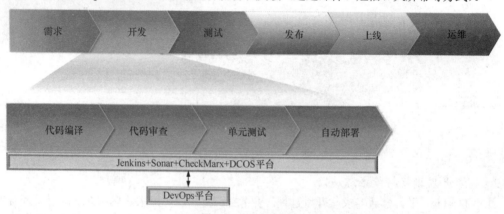

图 5-9 持续集成流程

持续集成的第一步是代码编译，如图 5-10 所示。开发人员在本地编译代码通过后，提交代码到 SVN，DevOps 平台通过 Jenkins 从 SVN 提取代码，执行 Gradle 脚本编译，编译过程中需要从 Nexus 私有服务库下载依赖包，并确保依赖包来源统一。在这一步，如果编译失败，DevOps 平台展示代码编译失败的情况，包括编译失败的项目和对应的负责人，并统计编译失败率。

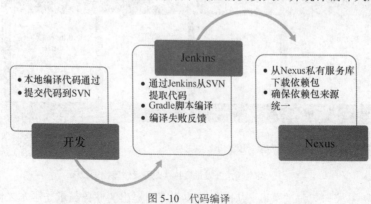

图 5-10 代码编译

持续集成的第二步是代码审查，如图 5-11 所示。开发人员代码自检之后，开发团队内部进行代码审查，确认并提交代码后，DevOps 平台通过 Jenkins 调度 Sonar 平台的代码规范进行代码自动检查，调度 CheckMarx 等工具进行代码安全审查。在这一步，DevOps 平台展示代码规范符合度、代码违规超过阈值的项目和对应的负责人，并展现代码质量发展趋势。

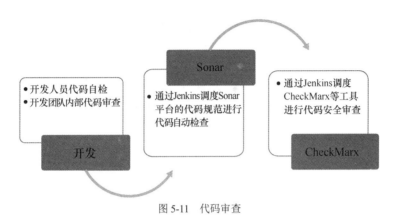

图 5-11　代码审查

持续集成的第三步是单元测试，如图 5-12 所示。开发人员负责编写单元测试代码，DevOps 平台通过 Jenkins 调度 JUnit 等单元测试框架进行测试，整合 JaCoCo 等代码覆盖率工具收集信息，通过 Sonar 统计和展示单元测试相关信息。在这一步，DevOps 平台展示单元测试通过率、代码覆盖率等信息，展示不满足要求的项目和对应的负责人，并展现单元测试通过率、代码覆盖率等发展趋势。

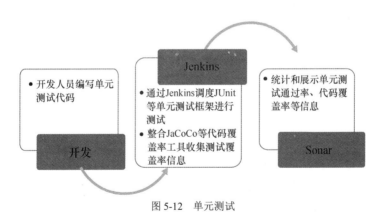

图 5-12　单元测试

持续集成的第四步是自动部署，如图 5-13 所示。DevOps 平台通过 Jenkins 编译构建出相应的版本之后，在开发环境、测试环境和准生产环境以 Docker 镜像的形态进行部署。在这一步，DevOps 平台展示版本部署成功率等信息，展示版本部署失败的项目和对应的负责人。

4. 让测试跟上敏捷开发的节奏

结合 Jenkins 平台实现功能、性能、安全等测试的自动化执行，及时反馈开发团队构建版本的质量状态，让测试跟上敏捷开发的节奏，如图 5-14 所示。

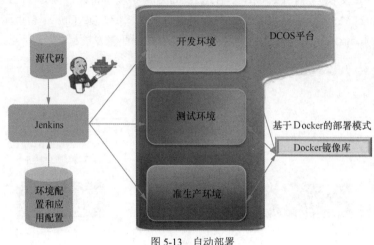

图 5-13 自动部署

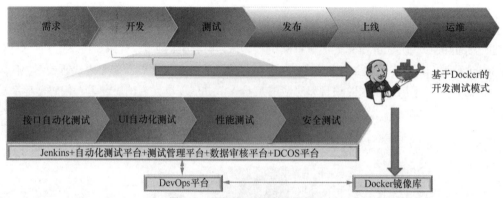

图 5-14 让测试跟上敏捷开发的节奏

通过 Jenkins 调用自动化测试平台，触发接口自动化测试、UI 自动化测试脚本，调用性能测试工具进行性能验证，调用安全测试工具进行安全漏洞扫描，将测试结果与版本进行关联。DevOps 平台对比标准进行告警和反馈（通过邮件、短信、大屏幕等方式）。

5. 持续反馈开发满足需求的程度

通过 DevOps 平台打通需求与开发测试过程，及时展示开发满足需求的程度，如图 5-15 所示。通过统计分析测试充分程度，对版本测试通过状态进行反馈。由于在 DevOps 平台中建立了需求、版本与测试的关联，因此可在 DevOps 平台上实时反馈某个需求的开发进度、代码测试进展等信息。

6. 持续跟踪反馈测试进展

经过几个阶段的测试，越往后的阶段，所用环境与生产环境的相似度越高，对产品可在生产环境上运行的信心指数也越高,如图 5-16 所示。

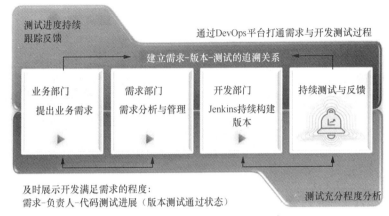

图 5-15 持续反馈开发满足需求的程度

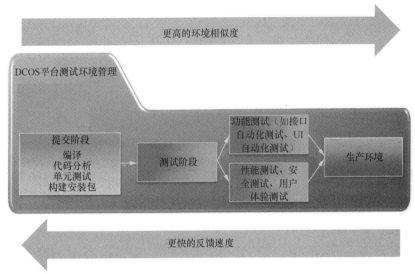

图 5-16 持续跟踪反馈测试进展

DevOps 平台通过集成 DCOS 平台进行测试环境管理,确保提交阶段的开发环境、测试阶段的测试环境以及生产环境基于 DCOS 平台的 Docker 镜像保持环境一致性,并且对提交阶段、测试阶段的各类测试进展持续跟踪反馈。

7. 发布自动化

结合 Jenkins 平台实现测试环境、准生产环境、生产环境的自动部署和发布,如图 5-17 所示。

通过 Jenkins 调用 DCOS 平台自动搭建测试环境、准生产环境和生产环境的基础设施,应用自动部署,并结合数据审核平台进行数据库自动变更、SQL 自动审核。DevOps 平台全程跟踪发布过程,并及时反馈状态。

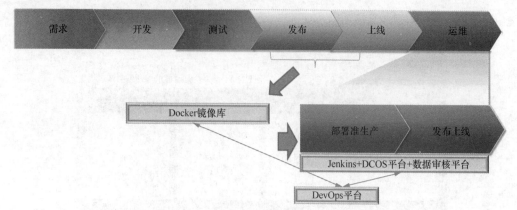

图 5-17 发布自动化

5.3.4 平台技术实现方案

DevOps 平台开发过程的各类工具如表 5-9 所示。

表 5-9 DevOps 平台开发过程的各类工具

工具	整合目的	整合方式	备注
Jenkins	作为持续集成的核心引擎	使用 Jenkins 命令行、Remote API； 从 Jenkins 数据库、日志读取信息； Jenkins 插件开发	—
Sonar	用于管理代码开发质量	通过 Jenkins 整合 Sonar； 通过 Sonar 的各类插件支持 Java 语言和 C 语言的代码分析和单元测试； 从 Sonar 数据库读取信息	针对 C 语言的 Sonar 插件需要购买许可证
CheckMarx	用于代码安全扫描	通过 Jenkins 整合 CheckMarx； 从 CheckMarx 数据库读取信息	—
Find Security Bugs	用于代码安全扫描	通过 Jenkins 整合 Find Security Bugs 命令行； 解析 Find Security Bugs 输出文件信息	—
WebScan	用于 Web 漏洞扫描	—	—
SVN	用于管理源代码	通过 SVN 命令行控制 SVN 库； 通过 StatSVN 查询 SVN 库信息	—
Nexus	用于管理依赖包		
JaCoCo	用于统计代码覆盖率，体现单元测试、接口测试、系统测试的测试充分程度	通过 Gradle 脚本整合 JaCoCo 进行代码插桩编译生成测试版本，并在测试过程中搜集覆盖率信息； 解析 JaCoCo 报告输出信息	
客户公司内部的 SQL 审核工具	用于审核 SQL，查找并诊断当前数据库系统中影响性能的数据库运用语句、对象定义等	—	

DevOps 平台开发过程的各类平台如表 5-10 所示。

表 5-10 DevOps 平台开发过程的各类平台

平台	整合目的	整合方式	备注
需求管理平台	打通需求与代码、版本的关联，实时掌握业务需求的开发进展情况	录入需求及 SVN 代码路径，根据 Jenkins 持续构建版本是由哪些代码变更触发的，查找 SVN 代码路径，找到关联的需求	敏捷开发的 Story 目前没有录入需求管理平台
自动化测试平台	实现版本构建后自动验证接口及系统功能	通过 Jenkins 调用自动化测试平台，触发接口自动化测试和 UI 自动化测试脚本；访问自动化测试平台获取测试结果	—
性能测试平台	实现版本构建后自动验证接口和系统性能，对比性能基线	整合 LoadRunner、SoapUI、APM 等性能测试工具；自动执行性能测试；收集性能测试结果	待开发
测试管理平台	打通需求与开发、测试过程，及时展示开发满足需求的程度，实时反馈版本测试通过状态	标注需求与测试用例的关联、针对某个版本的测试用例的执行状态和关联的缺陷	—
DCOS 平台	实现开发环境、测试环境、准生产环境等资源的动态分配、环境装配自动化和应用自动部署	通过 Jenkins 触发 DCOS 平台接口从镜像库拉取镜像、编排和启动容器、执行应用部署脚本	待开发接口
测试环境管理平台	测试资源分配管理、测试数据管理、环境模拟管理	—	待开发
数据审核平台	SQL 规范自动审核、数据变更稽核	数据库管理员执行数据库相关变更测试，数据审核平台反馈审核信息	待开发

DevOps 平台架构设计如图 5-18 所示。其中，DevOps 平台外部系统部分功能如下。

- 需求管理平台：DevOps 平台定期通过实时接口与需求管理平台同步需求信息；DevOps 平台对需求进行构建后，通过实时接口将需求状态更新至需求管理平台。
- 测试管理平台：DevOps 平台调用测试管理平台的实时接口获取需求的测试进度；在功能测试完成后，DevOps 平台调用接口进行自动化/性能测试；测试管理平台自动化/性能测试完成后，调用 DevOps 平台接口反馈测试结果。
- DCOS 平台：在测试环境下，DevOps 平台对某个上线周期内的代码完成版本构建后，通过 Shell 命令行将代码包上传 DCOS 平台并完成应用启停；在生产环境下，DevOps 平台完成上线代码版本构建后，将代码包存入上线版本库；上线时，由系统或人工触发 DCOS 平台的 Shell 脚本执行完成代码包上传及应用的启停。
- 数据审核平台：DevOps 平台将日常开发过程中的数据库脚本通过 FTP 方式上传至数据审核平台进行 DDL 定义、审核和执行；数据审核平台将审核结果通过 FTP 方式回传至 DevOps 平台。

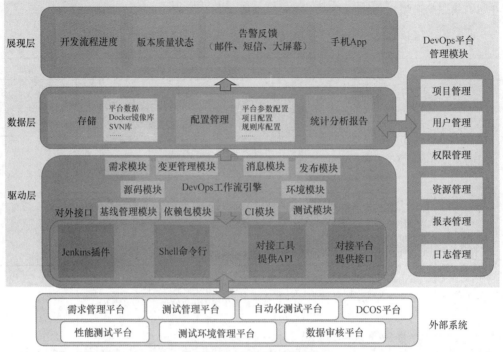

图 5-18　DevOps 平台架构设计

　　DevOps 平台工作流设计如图 5-19 所示。由于 DevOps 平台与需求管理平台、SVN、Sonar 等工具和平台之间存在互动关系，因此需要进行工作流设计，具体如下：

　　（1）在需求管理平台中新增需求并同步到 DevOps 平台；

　　（2）DevOps 平台关联需求到 SVN 库；

　　（3）开发人员签入代码，触发 DevOps 平台上的 Jenkins 构建；

　　（4）DevOps 平台调度 Sonar 平台进行代码质量度量、单元测试；

　　（5）Sonar 平台的数据同步回 DevOps 平台，由 DevOps 平台统一反馈和展示版本代码质量相关数据；

　　（6）DevOps 平台调度 DCOS 平台执行版本部署脚本；

　　（7）DCOS 平台在开发、测试、准生产等环境部署 Docker 镜像；

　　（8）DCOS 平台的部署相关数据同步回 DevOps 平台，由 DevOps 平台统一反馈和展示部署相关数据；

　　（9）DevOps 平台调度测试资源管理平台进行测试资源的准备；

　　（10）测试资源管理平台执行测试数据准备任务和测试环境模拟任务；

　　（11）DevOps 平台调度测试管理平台、自动化测试平台、性能测试平台和 Web 漏洞扫描工具执行测试；

　　（12）由测试管理平台收集测试结果相关数据并同步给 DevOps 平台，由 DevOps 平台统一反馈和展示版本测试结果相关数据；

（13）DevOps 平台调度数据审核平台，由数据库管理员执行数据变更及审核；

（14）数据审核平台反馈数据变更及审核结果相关数据给 DevOps 平台，由 DevOps 平台统一展示数据变更及审核结果。

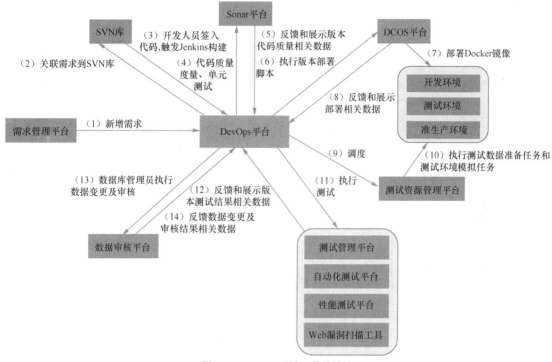

图 5-19　DevOps 平台工作流设计

5.4　双模发布管理平台的设计与应用

下面介绍 DevOps 平台设计及 DevOps 实施方案的一些实践。

5.4.1　产生背景

双模发布管理平台是为了解决传统企业数字化转型过程中碰到的"双模"挑战而设计的 DevOps 平台。

1. 传统企业数字化转型浪潮下的双模挑战

在传统企业数字化转型的过程中存在两种应用模式：记录型系统和客户接触型系统。记录型系统是指支撑企业关键业务的后台类系统，也称为稳态类系统；客户接触型系统是指各类提供给最终客户使用的系统，如网上业务办理系统，也称为敏态类系统。这两类系统由于功能定位、业务影响面等诸多方面的不同，因此在业务场景、开发模式、组织架构、系统架构、需求管理、测试模式、监控与运维要求等方面都存在很大的差异，对比分析如表 5-11 所示。

表 5-11　双模对比分析

对比项	稳态	敏态
业务场景	后台类业务	渠道类、营销类系统等业务
管理方式	项目管理，关注实现过程的管控和项目成果的交付	产品管理，关注业务价值的过程实现与产品形式
组织架构	临时组织，规模较大	固定组织，规模较小
人员能力要求	项目经理：计划能力、组织能力、协调能力、应变能力、风险识别能力等。 各专业有具体明确的技能要求	产品经理：要求具备敏锐的市场洞察力，竞品分析、市场营销、项目管理能力，具有较宽泛的技术和业务知识，与各类角色交流无障碍，具备战略理解与战术执行能力。 技术体系的角色要求为 T 型人才
预算方式	一次性投入	持续投入
开发模式	瀑布开发模式	敏捷开发模式
系统架构	3 层架构，数据访问层、业务逻辑层（又称为领域层）、表示层	分布式、微服务、云原生、FaaS 等
部署架构	资源视角。使用物理机（小型机、x86）、虚拟机、云和成熟的商业组件保证系统的可用性	应用视角。利用云或者容器的弹性伸缩能力，大规模 x86 架构服务器和开源组件，通过分布式架构来实现容错，确保整体可用性
计划管理	有明确的起始和结束时间要求或约束，按照需求、设计、开发、测试、部署等里程碑阶段逐步推进	采用迭代计划方式，每个迭代周期都存在需求、设计、开发、测试、部署等工作
需求管理	具有业务需求说明书、系统需求说明书	使用用户故事，例如作为一个<角色>，我想要<活动>，以便于实现<商业价值>
设计要求	具有概要设计说明书、详细设计说明书	初始阶段注重架构的设计，保证在一段时间内的持续迭代开发和扩展性。每个迭代周期都存在设计工作，文档工作简化，只编写必要的设计说明。
编码及版本分支策略	分支开发、主干发布；具有周期长、并行开发的特点；管理复杂，代码合并冲突概率大，解决成本高	主干开发、分支发布；具有单一开发分支、无并行开发的特点；管理简单、每日提交代码，冲突解决成本低，效率高
测试要求	开发完成后进行测试，人工与自动化测试工具相结合，人工测试为主	在一个迭代周期内，完成测试用例编写和测试，自动化测试程度高，人工测试程度低
持续集成、部署与发布要求	完成版本测试后进行部署与发布，采用人工或半自动方式部署，发布周期固定	按需进行持续集成、部署和测试。相关 DevOps 工具链是必需的工具；简单场景按需随时发布，复杂场景采用版本火车发布方式或者采用功能开关方式。
监控与运维要求	结合面向资源的层级监控体系与专业化监控工具；IT 服务管理流程繁重	结合面向应用的监控体系，按照弹性伸缩等架构特点，注重动态监控、会话链监控等；具有轻量级的 IT 服务管理

2. 双模发布管理平台

虽然两种应用模式存在诸多差异，但是从软件生命周期来讲，这两种模式的软件交付过程是一致的，都涵盖了需求提出、代码配置管理、持续集成、自动化部署（测试环境）、上线发布、运维监控等过程。

所谓双模发布管理平台是指同时支撑两种应用模式的软件发布管理平台，虽然稳态与敏态在软件交付过程方面是一致的，但是在代码配置管理方面及自动化部署方面（例如稳态的单体架构的部署模式和敏态的微服务架构的部署模式）还存在很大的不同，因此需要区别对待。

双模发布管理平台以 DevOps 为主导设计思想，定位企业级软件交付协作平台，兼容稳态过程和敏态过程，如图 5-20 所示。稳态过程通过集成用户已有的项目管理和任务管理工具，实现从需求、计划、设计、开发、测试、部署发布等软件交付全过程要素的统一管理，采用持续交付流水线（持续集成、自动化部署）的方式，提升代码配置管理、编译、部署发布、运维的规范性和高效性。同时，平台将快速反馈软件交付过程中的进度和结果，提高各类角色在软件交付过程中的沟通和协同效率。敏态过程与稳态过程整体相似，但是需求管理通常采用用户故事，计划管理采用冲刺计划，因此平台对接的需求管理平台等需要支持敏捷开发模式，如 Jira。

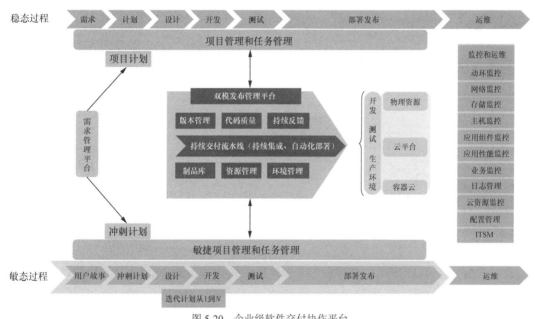

图 5-20　企业级软件交付协作平台

5.4.2　双模发布管理平台设计

下面介绍双模发布管理平台的设计思路和架构设计。

1. 设计思路

基于双模发布管理平台的功能定位，其本质是一套集成平台，因此平台的设计思路主要包含以下几部分。

- 面向软件交付过程的资源配置管理。借鉴运维过程配置管理数据库的设计思路，将软件交付过程中的代码配置管理、持续集成、自动化部署等过程中使用到的参数数据，按照业务应用、应用组件和主机模型进行实例数据的维护和管理。将自动化操作步骤与资源配置数据解耦，可以满足软件交付自动化流水线的使用场景，当需要扩缩容资源时修改资源实例即可；还可以满足多维度数据分析的数据消费场景，避免资源配置数据散落在各工具中难以管控。

- 具有持续交付流水线。持续交付流水线如图 5-21 所示，其设计灵感来源于制造业流水线的高效生产体系。在具体的设计过程中，主要考虑两方面：一是工具维度，需要集成软件交付过程中的各种专业工具，并且按照软件交付过程进行有机调度执行；二是数据维度，需要将软件交付过程中的过程数据和结果数据按照一定的逻辑进行关联，形成软件交付端到端数据的全过程追溯能力。

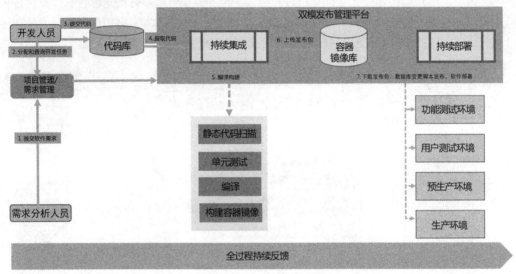

图 5-21　持续交付流水线

2. 架构设计

我们采用分层的设计理念，将平台划分为外部系统层、功能驱动层、数据层和展现层，架构设计如图 5-22 所示。

外部系统层主要由 Jenkins（提供持续集成服务）、SaltStack（提供发布与配置管理服务）、数据库、SVN（提供代码版本管理服务）、项目管理系统等构成。

功能驱动层主要由功能层和接口层组成。功能层实现版本自动化发布平台的主要功能，根据业务场景和业务逻辑，通过调度引擎触发接口层实现与各组件的数据和功能交互。接口层实现与各外部系统和组件 API 的对接，主要接口如下。

- Jenkins API，主要用于实现 Jenkins 流水线的编排、调度、执行等功能场景。
- Salt API，主要用于实现应用发布的批量操作执行和主机管理等功能场景。
- DB Agent（自主开发），主要用于实现数据库脚本的发布和回滚等功能场景。
- SCM Agent（自主开发），主要用于实现代码版本的合并、冲突检测和比对等功能场景。
- VP_API，VP 是平台集成的一个项目管理系统。

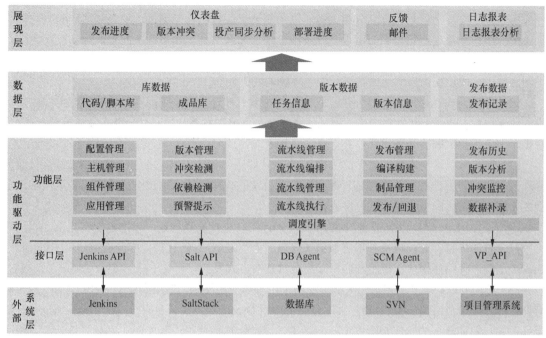

图 5-22　架构设计

数据层主要包含库数据（代码/脚本库、制品库）、版本数据（任务信息、版本信息）和发布数据（发布记录）3 类数据。其中，库数据主要用于实现代码版本管理、编译构建及部署交付；版本数据和发布数据主要用于实现版本自动化平台日常应用发布的操作，即记录系统、任务、版本、环境、基线等信息，为版本管理、统计分析等场景提供数据基础。

整体上来看，数据层主要为功能驱动层访问各种类型的数据源提供基础服务，通过接口交互为功能驱动层和外部系统层提供基础服务。数据层可以选择 Java 数据库连接（Java Database Connectivity，JDBC）访问数据库，或者使用 Web 服务接口访问外部系统等其他自定义的数据访问方式。数据访问组件可以将业务与特定数据存储解决方案的细节隔离开来。这种隔离具有许多优点，例如可以尽量减少数据库提供方的更改所造成的影响、封装操作单个位置的特定数据项的所有代码等。

展现层实现统计数据及相关内容的呈现，呈现的数据和相关的业务组件来源于功能驱动层。展现层支持多种服务接口调用标准，并提供基于不同用户策略的个性化定制。

5.4.3　案例及功能说明

本节将通过在某大型金融机构建设双模发布管理平台的案例来进行相关功能的说明。

1. 案例背景介绍

（1）IT 组织架构。客户的 IT 组织架构的一级部门主要包含项目管理部、架构部、开发中心和数据中心。开发中心下设应用开发部、配置管理部、测试部和应用运维部。每个二级部门按照业务应用划分小组，例如测试部划分测试组，每个测试组还按照功能测试、集成测试、验收测试等阶段进一步划分角色。数据中心下设基础设施运维部和网络部。本案例由配置管理部发起建设，该部门主要负责各应用待测代码的合并/撤版、编译、部署到测试环境，以及上线制品的制作，上线制品制作完成后交由应用运维部进行生产环境的变更发布。

（2）开发模式。客户主要以外包开发为主，对于大部分应用采用瀑布开发模式，上线成功后进入快速迭代，两周上线发布一次，测试环境的部署不限制发布次数，只根据实际情况进行部署；对于个别应用尝试敏捷开发模式。

（3）代码配置管理。客户主要使用 SVN 作为代码版本管理工具。业务应用完成上线后，业务应用的代码配置管理在配置管理部管控范围内，日常的代码提测、测试阶段的代码版本流转、上线发布均严格按照配置管理计划有序进行。

（4）编译构建。客户的绝大部分应用采用 Ant 工具进行编译构建，以增量发布为主（即构建出代码变更的增量部分，再单独部署增量代码包，而不是全部代码包）；部分应用采用 Maven 和 Gradle 工具进行编译构建；极少数应用采用全量发布方式发布。

（5）应用及基础架构。客户的大部分应用采用单体应用架构，使用商业的 WebLogic 作为应用容器，部分应用使用 Tomcat 容器；大部分应用使用 Oracle 数据库，也有少量应用使用 MySQL 数据库；客户的计算机的操作系统以 Linux 为主，少量计算机使用 Windows；基础设施基本采用商用虚拟化平台。

2. 痛点诊断及建设目标

我们通过调研客户现状和诊断痛点，得出主要问题如下。

- 专业工具竖井化，在技术架构、功能上不能满足高压力、高频率的发布要求。
- 软件交付过程中存在大量的人工执行，效率不高且存在上线风险。
- 软件交付过程中各部门之间没有建立高效、自动化的协作模式。
- 缺乏涵盖整个运营体系的、跨部门的、支撑软件生命周期管理的持续交付系统。

针对这些问题，我们定义 DevOps 平台的建设目标如下。

- 建立统一的代码配置管理、编译构建、自动化部署和发布的规范，通过自动化流水线的方式固化软件交付的生产工艺，消除人工误操作导致的风险，提升软件发布的成功率和回滚效率。
- 以需求为主线，打通项目管理、需求管理、代码配置管理、持续集成、自动化部署的全过程。
- 建设统一的制品库，实现测试制品和生产发布制品的统一管理。
- 实现需求、代码、制品和环境的全过程追溯能力。
- 实现软件交付过程的透明化和快速反馈机制，强化各角色协同工作的效率。

3. 功能说明

根据平台建设目标，我们设计了集成管理、资源配置管理和模型管理 3 个模块。

集成管理主要通过界面配置方式，实现对各外部系统的集成。例如，项目管理和需求管理平台（如 Jira 或客户自建平台）、代码配置管理平台（如 GitLab）、持续集成工具（如 Jenkins）、依赖包管理工具（如 Nexus）、部署管理工具（如 Puppet）、统一身份认证管理平台的集成配置和管理。同时，每个工具都可以定义多个实例，实现水平方向的扩展，以适应各种规模及管理要求的场景。系统集成定义页面如图 5-23 所示。

	名称	状态	OS	分类	类型	巡检	更新时间 ▼	描述	操作
	SALT	✓	🐧	服务器管理引擎	SaltMaster	5分钟	2018-06-27 12:09:24		操作▾
	Jenkins_Master	✓	🐧	持续集成引擎	jenkinsMaster	5分钟	2018-06-27 12:09:24		操作▾
	Scm_Agent	✓	🐧	版本管理引擎	scm_agent	5分钟	2018-06-27 12:09:24		操作▾
	Comapre_Agent	✓	🐧	比对代理引擎	compare_agent	5分钟	2018-06-27 12:09:24		操作▾
	SVN	✓	🐧	代码仓库引擎	svn	5分钟	2018-06-27 12:09:24		操作▾

图 5-23　系统集成定义页面

资源配置管理主要面向软件交付的数据消费场景，按照单体应用架构和微服务应用架构分别进行建模。

（1）单体应用架构资源模型包括基础设施层、应用组件层和业务应用层。

- 基础设施层主要描述服务器模型，创建服务器实例。
- 应用组件层主要描述应用组件和集群模型，创建应用组件和集群实例，如 WebSphere、Oracle、WebLogic 集群等。
- 业务应用层主要描述业务模型，创建业务应用实例及其与应用组件实例的关系（主要是包含关系）。

（2）微服务应用架构资源模型包括基础设施层、服务层和应用系统层。

- 基础设施层主要描述服务器模型，创建服务器实例。
- 服务层主要描述微服务模型，创建微服务实例等。
- 应用系统层主要描述业务模型，创建业务应用实例及其与微服务实例的关系（主要是包含关系）。

存放基础设施、应用组件和业务应用的模型、实例和关系采用关系数据库的方式，将源代码、数据库脚本、构建和部署脚本、应用组件配置、业务应用配置、各环境操作系统配置和环境变量按照规范纳入 SVN/Git 版本管理，实现规范和标准的落地，并将上述配置信息与相应的实例进行关联，为多种场景提供数据服务。在模型管理模块中，灵活创建、修改资源对象模型，同时定义资源类之间的关系。

下面介绍模型管理模块中建模并创建的功能场景。

（1）服务器管理通过集成 SaltStack 实现自动发现、纳管。在服务器或虚拟机上安装 Salt-minion 并将其自动注册到 SaltMaster，将服务器纳入资源池。服务器概览页面如图 5-24 所示，管理状态为"已纳管"的服务器，均可以通过点击"操作"按钮进行脚本下发。在定义应用组件实例和下发相关脚本后，通过服务器管理入口来进行相关数据的消费，服务器详情页面如图 5-25 所示。

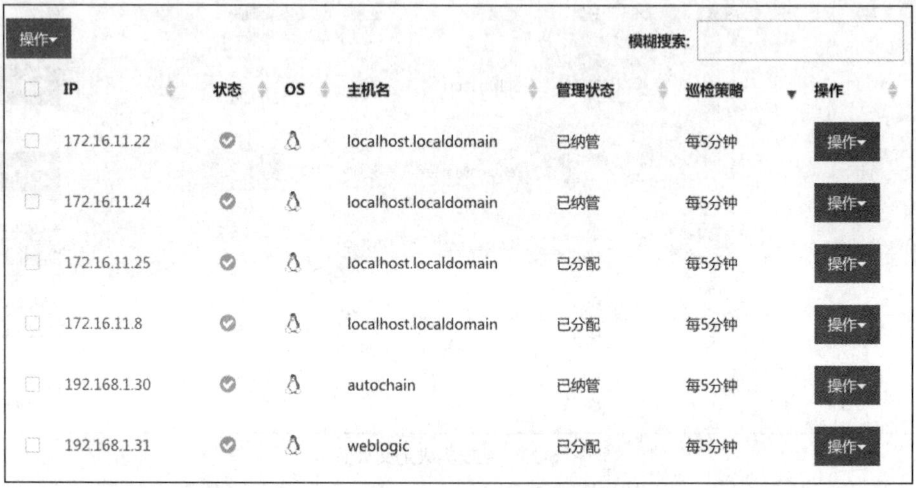

图 5-24 服务器概览页面

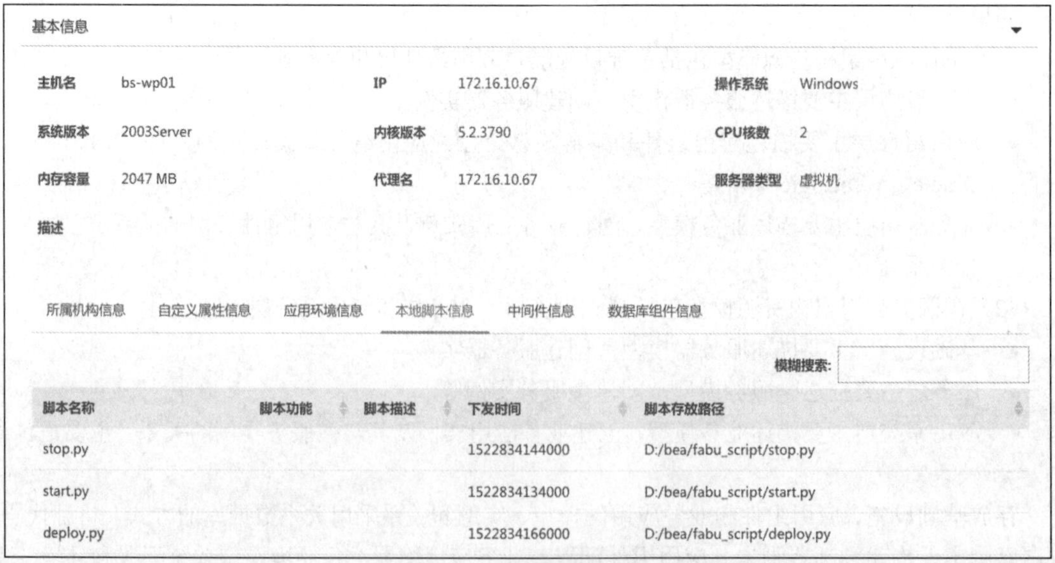

图 5-25 服务器详情页面

（2）应用组件管理主要实现中间件组件和数据库组件的创建、删除和修改。应用组件页面如图 5-26 所示。由于客户测试资源都非常紧张，普遍存在多个业务应用实例在一套环境中运行的情况，因此双模发布管理平台部署流水线是按照应用组件实例来定义部署目标的，而非服务器主机，这样就可以实现单台主机运行多个业务应用或多个应用组件实例的场景，更符合客户实际环境。

图 5-26　应用组件页面

（3）业务应用管理主要实现业务应用的创建、删除和修改。业务应用定义页面如图 5-27 所示。按照基本信息，如仓库配置、分支配置、工程配置、构建配置与部署配置等，顺序进行定义，实现对前序环节定义的系统集成组件实例、应用组件实例等数据的关联定义。

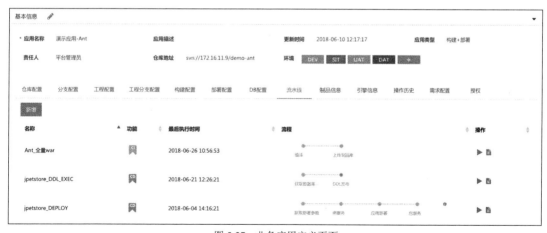

图 5-27　业务应用定义页面

（4）脚本管理主要实现对应用发布过程中各类编译类、部署类脚本的集中管理，为后续流水线编排定义的原子操作打下基础。脚本概览页面如图 5-28 所示。通过制定各类脚本的命名规范及存放路径规范，将脚本统一纳入代码版本管理；通过 DevOps 平台实现脚本的导入、修改、下发和删除，为用户提供方便、快捷的一键部署和维护，也为部署编排和操作提供能力支撑。

图 5-28 脚本概览页面

（5）流水线管理实现持续集成、自动化部署等的流水线编排和定义，按照测试环境自动编译、构建、部署和一键发布等软件交付场景，灵活定义相关阶段、任务、步骤及参数，最终为发布管理提供流水线实例支撑。流水线定义页面如图 5-29 所示。

图 5-29 流水线定义页面

（6）代码版本管理主要需要考虑和设计相关的代码分支策略，分支策略通常按照特性、发布、修复等设计。但是无论是复杂的分支策略还是简单的分支策略都可以抽象为以下两类。

- 主干开发、分支发布模式，又称为不稳定主干模式。使用主干作为新功能开发主线，如果主干不能达到稳定的标准，则不可以进行发布。分支用于测试和发布，缺陷的修复需要在各个分支中进行合并。这种模式的优点是分支数量少，开发人员专注在主干开发，没有分支合并的工作量，因此较为简单。这种模式的缺点是不适用于较大规模开发团队和并行开发的模式。

- 分支开发、主干发布模式，又称为稳定主干模式。使用主干作为稳定版本的发布，新功能的开发和缺陷的修复全部在分支上进行。分支间隔离，分支上的代码测试通过后才合并到主干，主干每次发布成功后都做一个标签用于标注生产代码基线。这种模式的优点是支持并行开发场景。这种模式的缺点是分支合并冲突概率大、解决成本高。

通过对上述分支策略的分析，我们可以得出，没有哪种分支策略适用于所有场景，需要根据现实情况进行设计和选择。通过对用户代码版本管理现状的调研和需求分析，我们设计了以下两类代码分支策略。

敏态类应用代码分支策略的适用场景是处于快速迭代及维护阶段的应用、敏捷开发模式串行开发的应用、发布频率高的应用，以及开发、测试、运维等角色的差速协同工作场景。敏态类应用代码分支策略的分支作用分别为：

- Dev（开发）分支用于新功能的开发；
- SIT（系统集成测试）分支用于 SIT 提测；
- UAT（用户验收测试）分支用于 UAT 提测；
- 准生产分支用于准生产提测。

敏态类应用代码分支策略的使用方式如图 5-30 所示。

- 相关功能开发或缺陷修复的代码均提交到 Dev 分支；开发人员完成自测后提测到 SIT 分支，将相关需求、功能、任务涉及的代码合并到 SIT 分支，进行 SIT。
- SIT 通过后，将相关需求、功能、任务涉及的代码从 SIT 分支合并到 UAT 分支，进行 UAT。
- UAT 通过后，将相关需求、功能、任务涉及的代码从 UAT 分支合并到准生产分支，进行准生产验证。验证通过后，在准生产分支上制作生产上线版本。

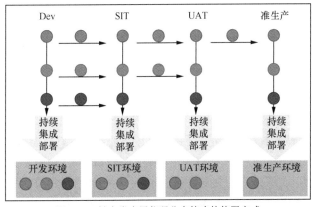

图 5-30 敏态类应用代码分支策略的使用方式

稳态类应用代码分支策略的适用场景是处于建设阶段的应用、瀑布开发模式并行开发的应用和发布频率低的应用。稳态类应用代码分支策略的分支作用分别为：

- Feature 分支是功能分支，用于新功能的开发；
- Develop 分支是开发分支、代码集成分支，用于多个 Feature 分支代码的合并集成；
- Release 分支是上线发布分支，用于提交上线发布的代码版本；
- Hotfix 分支是修复分支，用于提交上线缺陷修复的代码；
- Master 分支是主干分支，用于标注生产代码基线。

稳态类应用代码分支策略的使用方式如图 5-31 所示。

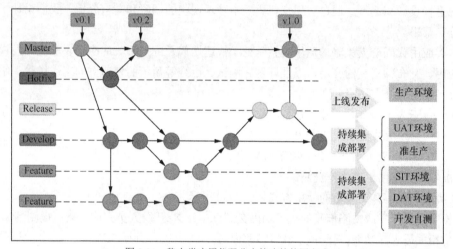

图 5-31　稳态类应用代码分支策略的使用方式

具体流程如下。

- 根据需求、功能开发或项目发布排期创建分支，必须从 Develop 分支拉出代码并创建新分支。
- 开发人员在 Develop 分支上提交代码，完成自测后，进行 DAT（开发验收测试）和 SIT。
- DAT 与 SIT 通过后，将相关功能分支合并到 Develop 分支，进行 UAT 和准生产验证。
- 准生产验证通过后，将 Develop 分支合并到 Release 分支进行生产发布，发布成功后，将 Release 分支合并到 Master 分支并标注版本标签。
- 当需要修复缺陷时，从 Master 分支拉出 Hotfix 分支，提交完修复代码后，合并到 Develop 分支进行 UAT 和准生产验证，通过后将 Develop 分支合并到 Release 分支。

（7）发布管理。敏态类应用发布过程，首先是代码合并，如图 5-32 所示。通过集成项目管理/需求管理平台，按照代码版本管理部分关于敏态类应用的分支策略，根据需求或功能提测状态实现代码有序合并。在代码合并过程中，先进行代码冲突模拟检测，如图 5-33 所示。如果有冲突则反馈开发人员进行解决，如果没有冲突则执行合并动作，代码合并结果如图 5-34 所示。

然后是测试环境编译构建部署，编译构建部署流水线如图 5-35 所示。在完成代码合并后，执行相关流水线，一键完成编译构建、上传制品、测试环境数据库脚本发布和应用部署。

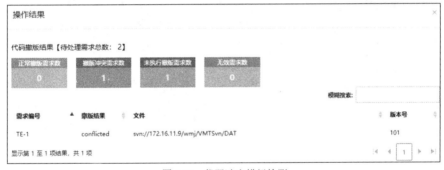

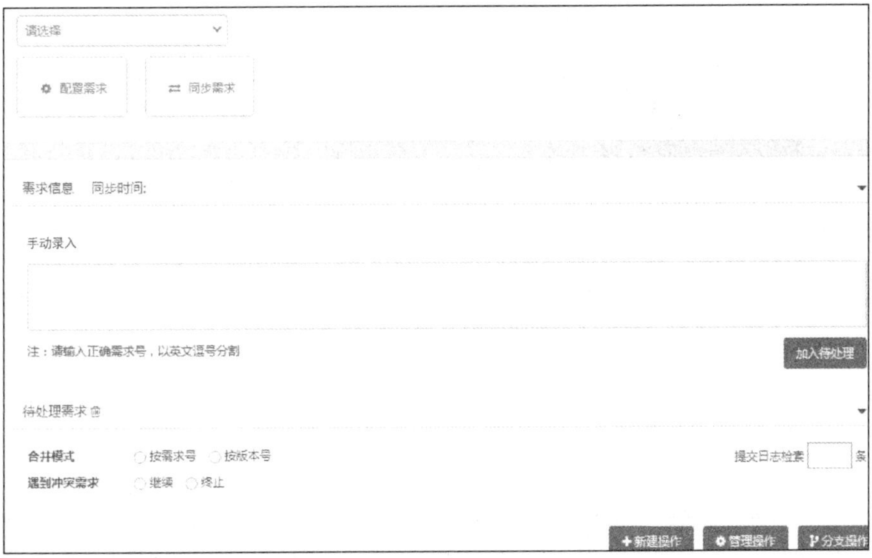
请选择
配置需求
同步需求
需求信息 同步时间:
手动录入
注：请输入正确需求号，以英文逗号分割
加入待处理
待处理需求
合并模式
按需求号
按版本号
遇到冲突需求
继续
终止
提交日志检索
新建操作
管理操作
分支操作
图 5-32　代码合并

操作结果
代码撤版结果【待处理需求总数：2】
正常撤版需求数
0
撤版冲突需求数
1
未执行撤版需求数
1
无效需求数
0
模糊搜索:
需求编号
撤版结果
文件
版本号
TE-1
conflicted
svn://172.16.11.9/wmj/VMTSvn/DAT
101
显示第 1 至 1 项结果，共 1 项
图 5-33　代码冲突模拟检测

操作结果
代码合并结果【待处理需求总数：3】
正常合并需求数
0
合并冲突需求数
0
未执行合并需求数
0
无效需求数
3
模糊搜索:
图 5-34　代码合并结果

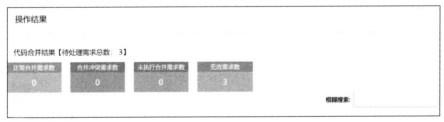

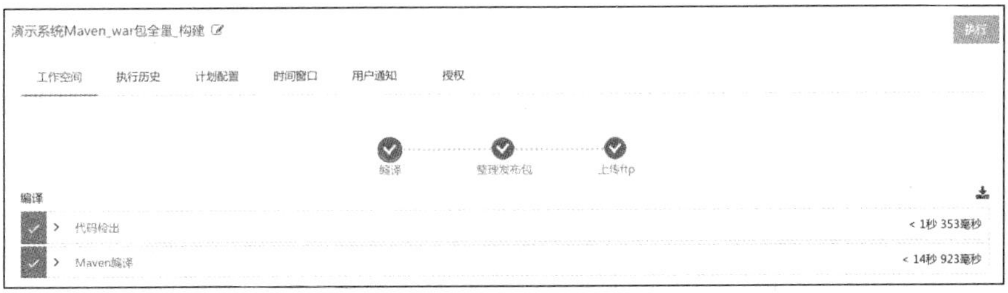
演示系统Maven_war包全量_构建
执行
工作空间
执行历史
计划配置
时间窗口
用户通知
授权
编译
代码检出
Maven编译
1秒 353毫秒
14秒 923毫秒
图 5-35　编译构建部署流水线

最后是生产环境一键发布，一键发布流水线如图 5-36 所示，在传统架构发布方式下，与测试环境的流水线相比，生产环境只有数据库脚本发布和应用部署的环节。发布包由准生产分支制作而成，而且单独创建生产回滚流水线，实现快速回滚上一版本的功能。发布管理支持指定发布包发布（默认取最新版本进行发布），还支持多个版本包合版上线的功能。通过设置分组、分批部署策略，支持蓝绿部署等发布场景，还支持对 DDL 和 DML（Data Manipulation Language，数据操纵语言）类数据库脚本执行顺序的调整，分组、分批部署策略设置页面如图 5-37 所示。

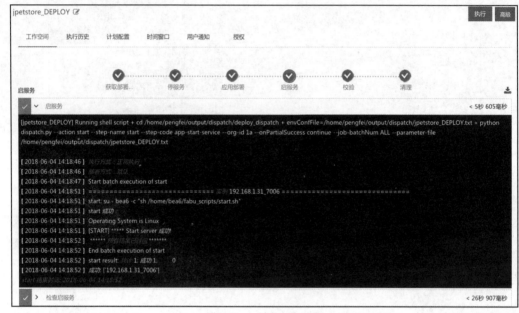

图 5-36　一键发布流水线

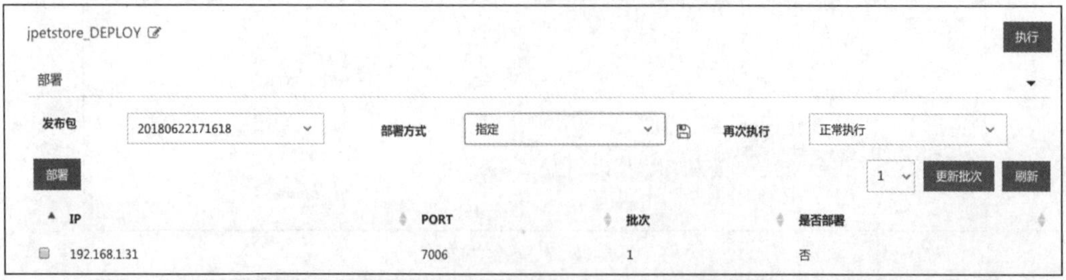

图 5-37　分组、分批部署策略设置页面

稳态类应用发布过程，首先是代码合并，通过集成管理/需求管理平台，按照分支策略，根据需求或功能分支实现代码有序合并，代码合并页面如图 5-38 所示。

在完成开发自测与 SIT 后，选择源分支（Feature 分支）和目标分支（Release 分支），如图 5-39 所示。在代码合并的过程中，先进行代码冲突模拟检测，如果有冲突则反馈开发人员进行解决，如果没有冲突则执行合并动作。代码冲突模拟检测及合并结果如图 5-40 所示。

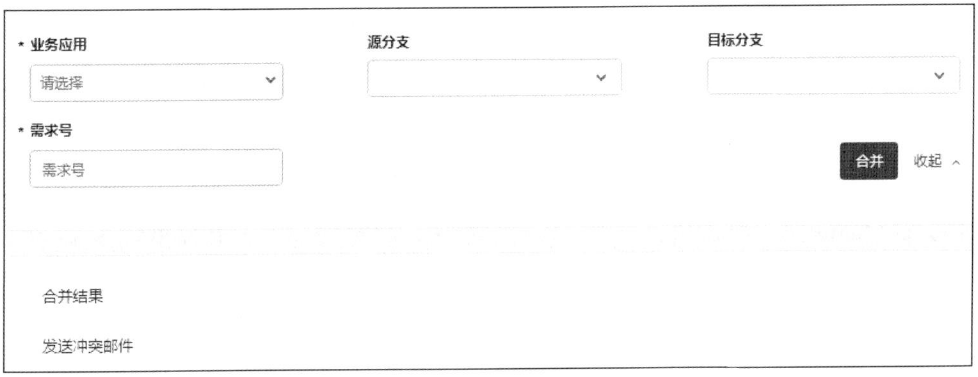

图 5-38 代码合并页面

图 5-39 分支合并

图 5-40 分支冲突模拟检测及合并结果

然后是测试环境编译构建部署。由于稳态类应用代码分支策略中 Feature 分支和 Develop 分支是临时分支，而且部署环境的目标可以有多个，因此在流水线执行前，需要进行代码分支和部署环境的选择。其他操作方式与敏态类应用发布过程的测试环境编译构建部署流水线一致，此处不赘述。

最后是生产环境一键发布。发布包由 Release 分支制作而成。其他操作方式与敏态类应用发布过程的生产环境一键发布一致，此处不赘述。

自 2013 年 Docker 开源以来，微服务架构基于容器技术的发布方式因其易用性和高可移植性而在开源社区非常热门。Docker 将软件与其依赖环境打包起来，以镜像方式交付，让软件运行在"标准环境"中，加速本地开发和构建流程，使软件更加高效和轻量化。开发人员可以构建、运行和分享容器，并轻松地将容器镜像提交到测试环境中，最终进入生产环境。虽然市场上主流的商用容器集群管理产品都包含了持续集成和持续部署的功能，但是考虑到传统企业一般业务需求上线，需要多个软件按照一定的次序进行发布才能完成，有些软件是传统单体应用部署方式，有些软件是容器化部署方式。而容器厂商的产品还不能满足传统软件架构的部署及数据库脚本发布等需求，因此我们将双模发布管理平台与容器集群管理系统（如 K8s）进行集成，实现传统应用部署方式与容器化部署方式混合的发布能力。

在容器技术应用发布方式下，我们向代码库提交代码，代码中需要包含 Dockerfile，如图 5-41 所示。我们在发布应用时需要先填写代码仓库地址和分支、服务类型、服务名称、资源数量、实例个数等，然后触发自动构建；持续集成流水线自动编译代码，并打包成 Docker 镜像推送到容器镜像库。持续集成流水线包括自定义脚本，即 K8s 的 YAML 模板，将自定义脚本中的变量替换成输入的选项，生成应用的 K8s YAML 配置文件。持续部署流水线调用 K8s 的 API，拉取相应的容器镜像，部署应用到 K8s 集群中。

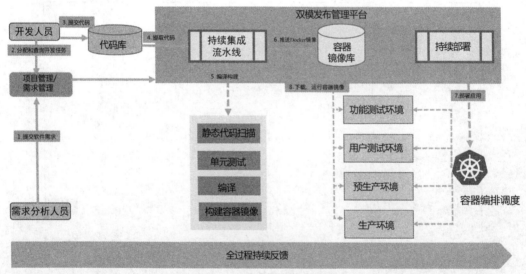

图 5-41　容器技术应用发布方式

（8）制品库管理主要实现对增量和全量软件发布包的存储和管理。制品库概览页面如图 5-42 所示。一方面，支持对编译构建流水线生成的制品进行管理；另一方面，对于出现源代码未纳入管理、更新频次低、只提供发布包等情况的软件，支持以人工上传制品的方式纳入管理，在这种情况下可以直接通过执行自动化部署流水线的方式进行部署发布。对于发布包审核的场景，可以通过下载发布包的方式进行审查。

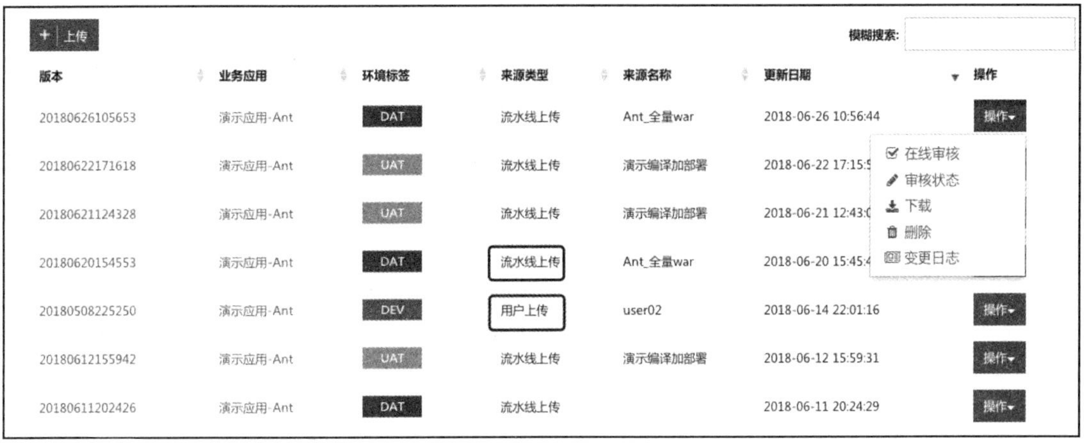

版本	业务应用	环境标签	来源类型	来源名称	更新日期	操作
20180626105653	演示应用-Ant	DAT	流水线上传	Ant_全量war	2018-06-26 10:56:44	
20180622171618	演示应用-Ant	UAT	流水线上传	演示编译加部署	2018-06-22 17:15:5	☑ 在线审核
20180621124328	演示应用-Ant	UAT	流水线上传	演示编译加部署	2018-06-21 12:43:0	✎ 审核状态
20180620154553	演示应用-Ant	DAT	流水线上传	Ant_全量war	2018-06-20 15:45:4	⬇ 下载
20180508225250	演示应用-Ant	DEV	用户上传	user02	2018-06-14 22:01:16	🗑 删除
20180612155942	演示应用-Ant	UAT	流水线上传	演示编译加部署	2018-06-12 15:59:31	▣ 变更日志
20180611202426	演示应用-Ant	DAT	流水线上传		2018-06-11 20:24:29	操作▼

图 5-42　制品库概览页面